試験の一部免除

学科一般・専門のいずれか、または両方に合格○○○○により合格発表日から1年以内に行われる当該学科試験が免除されま○。

また、気象業務に関する業務経歴または資格を有する方については、申請により学科試験の一部または全部が免除になります（詳細は試験案内書参照）。

試験日および受験申請受付等

試験は、1年に2回行われます（例年、8月と1月の最終日曜日）。

試験日の約3か月前には、試験要項が発表されるので、気象業務支援センターにお問い合わせください。

年度毎の試験日程については、毎年4月上旬頃に確定するので、ホームページ等でご確認ください。なお、全国の気象官署（管区気象台、地方気象台等）にも試験要項が公示されます。

試験科目と出題範囲

学科試験の科目

1　予報業務に関する一般知識
　イ．大気の構造
　ロ．大気の熱力学
　ハ．降水過程
　ニ．大気における放射
　ホ．大気の力学
　ヘ．気象現象
　ト．気候の変動
　チ．気象業務法その他の気象
　　　業務に関する法規

2　予報業務に関する専門知識
　イ．観測の成果の利用
　ロ．数値予報
　ハ．短期予報・中期予報
　ニ．長期予報
　ホ．局地予報
　ヘ．短時間予報
　ト．気象災害
　チ．予想の精度の評価
　リ．気象の予想の応用

実技試験の科目

1　気象概況及びその変動の把握
2　局地的な気象の予想
3　台風等緊急時における対応

気象予報士試験のご案内

(財)気象業務支援センター より

100年後の平均気温の変化予想（気象庁温暖化予測情報第6巻）

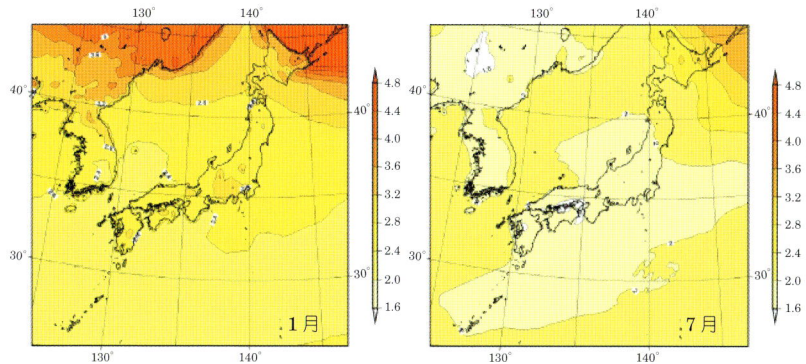

「2081〜2100年平均気温」と「1981〜2000年平均気温」との差を表しています．
高緯度ほど気温は高くなり，冬の北日本では，2〜3℃も高く予想されています．

図1.2　地球温暖化の予想（100年後の日本）（気象庁提供，本文11頁参照）

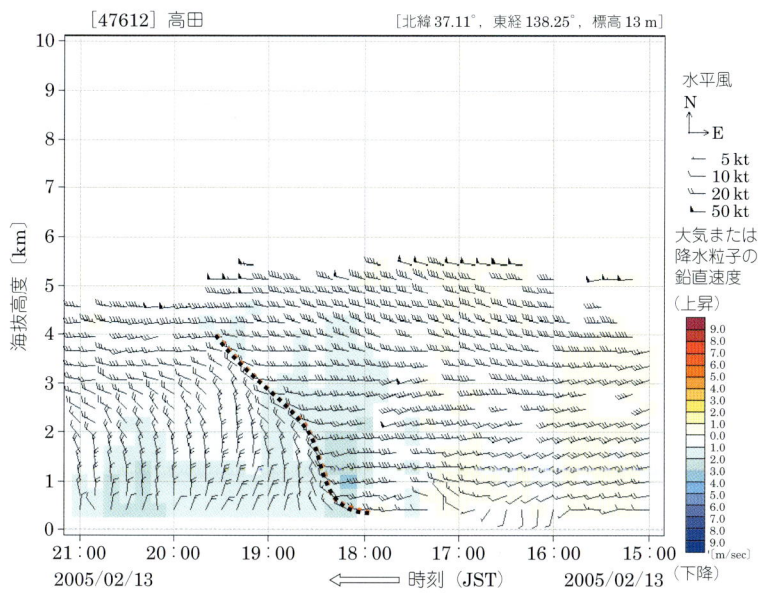

2005年2月13日15〜21時の高田の高層風．
高層風の変化で18〜19時に，高度4kmまでの背の低い渦が
通過したことがわかります．その変化を太破線で示します．

図2.6　ウィンドプロファイラによる観測例（気象庁提供，本文43頁参照）

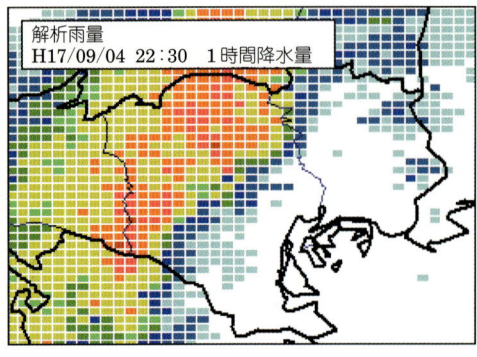

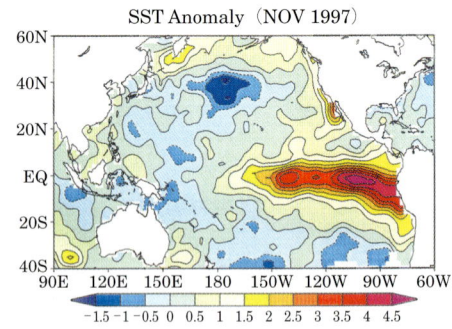

解析雨量により，レーダー観測とアメダス観測の各々の長所を取り，きめ細かく精度の高い降水量分布を得ることができます．1 km格子の1時間降水量を30分ごとに解析しています．上図では埼玉県南部から東京23区西部にかけて強い雨域が解析されています．

図2.14　解析雨量図の例
（気象庁提供，本文55頁参照）

図2　21世紀最大のエルニーニョにおける海面水温の平年偏差（本文112頁参照）

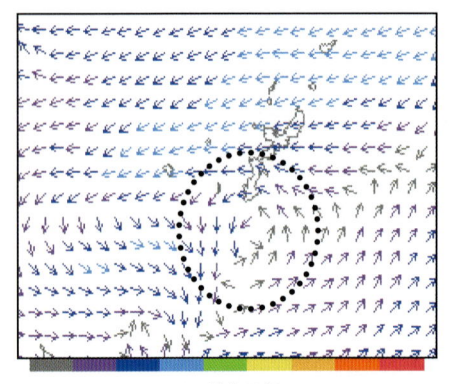

メソ数値予報　　　　　　　　　　大気解析

2003年10月19日06UTC（日本時間15時）の沖縄付近の上空700 hPa（約3 000 m）の風の状況です．
右図の矢羽は航空機の自動観測で得られた風のデータです．これで左図の数値予報の予想結果を，右図のように修正しています．点線の渦の位置が補正されたことがわかります．

図2.15　毎時大気解析の例（気象庁提供，本文56頁参照）

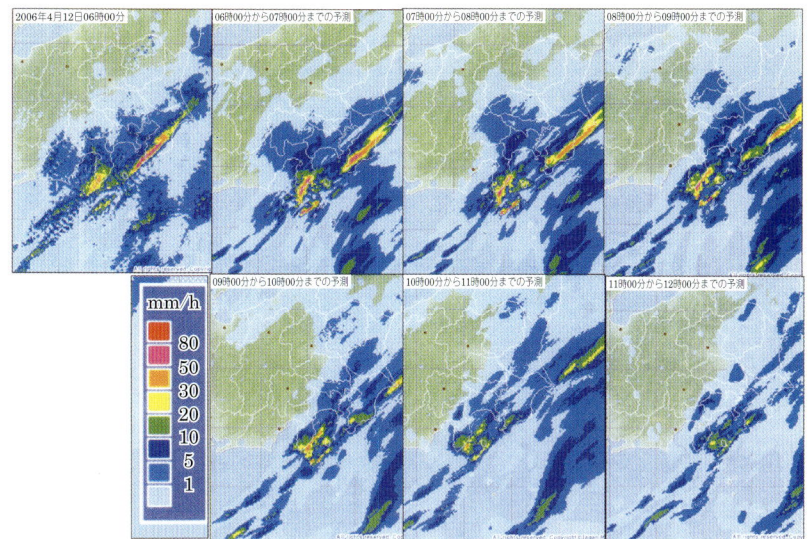

初期の時刻には，関東南部と山沿いで降水が見られ，5 mm/h 以上の強さの降水域も見られます．その後，時間とともに降水域は東に延び，10時には関東のほぼ全域に及びます．やや強い降水域が発達しながら関東の南岸を通過し，茨城県北部から福島県南部に一部かかる様子が，降水短時間予報から知ることができます．

図 5.5（a） 降水短時間予報（関東地方）の例（2006 年 4 月 12 日 06 時の実況と 18 日 07 〜 12 時まで 1 時間毎）（気象庁提供，本文 122 頁参照）

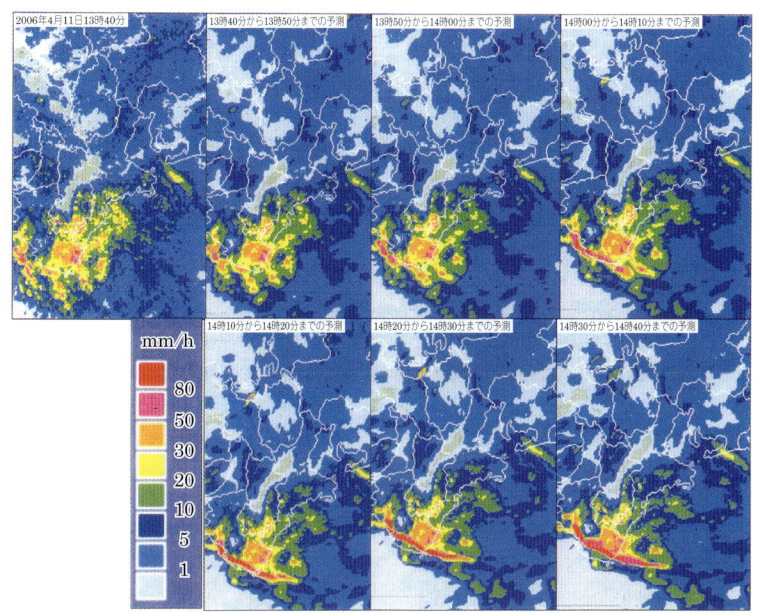

日本海側の山沿いに停滞性の降水域があり，その中には 10 mm/h 以上の降水が見られます．関東地方北部にも動きの遅い 5 mm/h 程度の降水が見られます．一方，伊豆諸島南部には 30 mm/h 以上の強い降水を伴う移動性のレーダーエコーが見られ，降水はやや弱まりながら東に移動している状況が予想されています．

図 5.5（b） ナウキャスト（東海地方）の例（2006 年 4 月 11 日 13 時 40 分の実況と 13 時 50 分から 14 時 40 分まで 10 分毎）（気象庁提供，本文 123 頁参照）

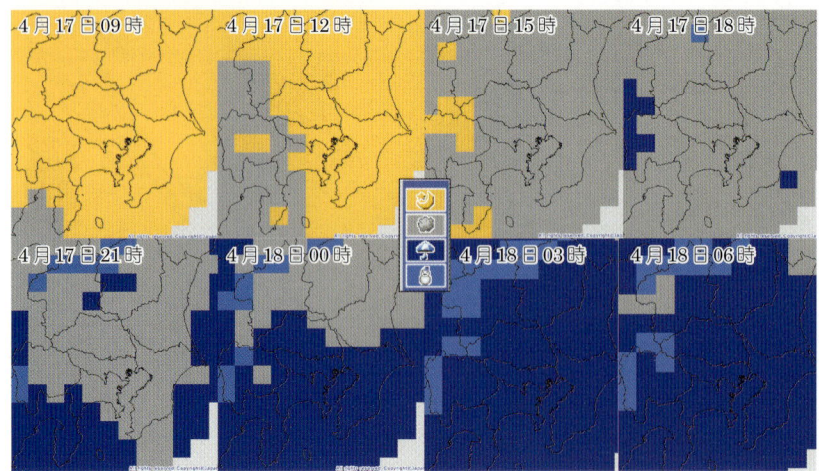

17日の朝に大部分の地域で晴れていますが，昼過ぎには西から次第に曇り，午後になって雨が降り出すところが出てきます．夕刻には南部から雨が降り出し，山沿いでは雪になります．雨や雪は明け方まで続き，その後，北部から次第に雨や雪が止んできます．

図 5.4　地方天気分布予報（関東地方）の例（2006 年 4 月 17 日 09 時〜18 日 06 時の 3 時間毎）（気象庁提供，本文 121 頁参照）

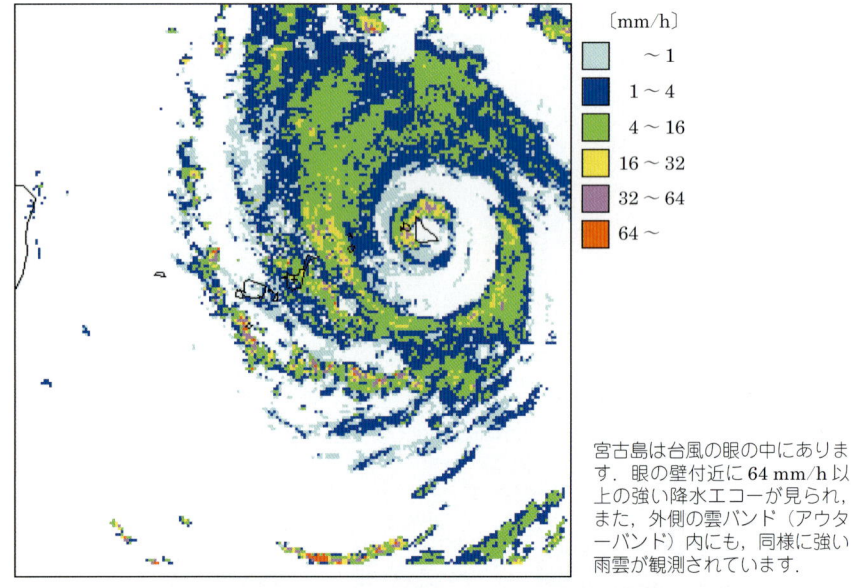

宮古島は台風の眼の中にあります．眼の壁付近に 64 mm/h 以上の強い降水エコーが見られ，また，外側の雲バンド（アウターバンド）内にも，同様に強い雨雲が観測されています．

図 6.24　台風のレーダエコー合成図（2003 年 9 月 11 日 05 時（10 日 20UTC））（気象庁提供，本文 180 頁参照）

入門 気象予報士試験

よくわかる合格へのガイド

新田 尚 監修　土屋 喬・田沢秀隆・市澤成介 共著

Ohmsha

● 監修者 ●

新田　尚（元 気象庁長官，理学博士）

● 執筆者一覧 ●

土屋　喬（株式会社ハレックス）
田沢　秀隆（気象庁中部航空地方気象台）
市澤　成介（株式会社ハレックス）

　本書は、「著作権法」によって、著作権等の権利が保護されている著作物です．本書の複製権・翻訳権・上映権・譲渡権・公衆送信権（送信可能化権を含む）は著作権者が保有しています．本書の全部または一部につき、無断で転載、複写複製、電子的装置への入力等をされると、著作権等の権利侵害となる場合がありますので、ご注意ください．
　本書の無断複写は、著作権法上の制限事項を除き、禁じられています．本書の複写複製を希望される場合は、そのつど事前に下記へ連絡して許諾を得てください．

　　（株）日本著作出版権管理システム（電話 03-3817-5670, FAX 03-3815-8199）

JCLS ＜(株)日本著作出版権管理システム委託出版物＞

はじめに

　気象予報士制度が発足して10年余りが経過しましたが，2007年3月現在で6 400名余りの気象予報士が誕生しています．平均の合格率が6％台という難関ですが，それにもかかわらずこの試験にチャレンジしようとする人数は，依然右肩上りに増加しています．それにはいろいろな理由があるのでしょうが，最近テレビ，ラジオ，新聞などの報道メディアやインターネットを通して気象や大気環境に関連した情報が大量に流布され，かつ容易に入手できるようになりました．このため，これまで一部の専門家しか接することができなかった本格的な情報にもアクセスでき，気象や大気環境について誰でも扱える時代を迎え，そのための専門知識や実務的な技能を身につけようとする人々が増えてきたのも大きな要因だと思います．また，社会の各方面に進出してきた気象予報士の方々の活躍を目にして，自分もやってみようとする人々も多く，中でもテレビやラジオのキャスターへの注目度は相当高いと考えられます．

　この気象予報士試験には年齢制限がないうえに，天気のような日常身近な現象の予想を扱う資格試験なので，誰でも簡単に受かるような気がしますが，これから説明するように気象予報士として気象予報を専門的に出すわけですから，それを科学技術の1つとしてきちんとこなすための，相当の学力と技能に裏付けられた実務経験が要求されています．しかし，はじめに強調しておきますが，宣伝のための歌い文句に釣られないで，自信と執念を持って地道にやり抜く意思を固めて準備すれば必ず合格できる試験です．この初志貫徹の気持ちを忘れないでください．

　気象予報士試験は，学科試験（予報業務に関する一般知識と専門知識）および実技試験から成り立っています．学科試験の一般知識は，気象学の

基礎と気象業務関連法令，専門知識は気象（観測・予報）技術を主な対象としています（第7章に，詳しい試験科目と出題範囲を示しています）．他方，実技試験では，温帯低気圧，台風，梅雨前線（大雨），寒冷低気圧（寒冷渦），大雪，北東気流などの，日本付近にみられる顕著な気象現象を取り上げて主テーマとし，その現象の一生のある期間をめぐるストーリー展開に沿ったシナリオがベースとなって，天気予報作業の手順の各段階に対応した設問が設けられています．そして，さまざまな先端技術を用いた多彩な気象資料・予報資料にもとづいて，総合的な学科の知識，各種資料の見方・読み方，解析手法などの実技操作の技能が試されます．したがって，学科試験での知識も実技試験で大変役立ちます．

先に述べたように，この試験は誰でも受験できます．しかし，軽い気持ちで受けるとたいがい失敗します．それは，受験者のレベルと実際の本番の試験問題のレベルとの間には，かなりのギャップがあるからです．したがって，以下に示す「**ギャップの克服法**」に沿って一歩一歩進んで行くと，必ず合格できます．この試験のレベルは，アマチュアの気象マニアより上，プロの気象庁予報官より下とみなされるので，そこにターゲットを絞ってください．試験に合格するコツは，何よりも「相手をよく知る」ことだからです．

ギャップ克服法①——基礎学力として，高校卒業程度の数学，物理学，地学の学力が必要ですから，復習してください．

ギャップ克服法②——応用学力として，中学・高校程度の学力で読める気象の入門書で，気象技術を学習してください．

ギャップ克服法③——本書は，上述の①と②を前提として，その準備ができているものとしますので，①と②に続いて本書で少し時間をかけた学科試験の勉強をしっかりとやってください．そして，学科試験の過去問題や演習問題などで，「試験勉強」をしてください．そしてまず，学科試験（一般知識と専門知識の両方）に合格してください．

ギャップ克服法④——本書は入門書ですが，実技試験についても，受験者の

レベルと本番の試験問題との間のギャップの解消に役立つことを目指しています．実技試験の基本は，資料の見方・読み方・使い方をマスターすることです．そして天気予報作業の手順を身につけてください．第7章でも試験科目を示したように，実技試験は天気予報にかかわる実務経験を問うものなので，当然各種気象資料・予報資料に慣れてください．

ギャップ克服法⑤──日常的に，④で述べたような実務にかかわる環境にない人（ほとんどの方がそうだと思いますが）は，インターネットの気象情報や専門気象情報サービスからリアルタイムに気象資料・予報資料を入手してよく観察し，できれば同好の仲間と一緒に気象のグループ検討会などを定期的に開いて，2，3日前からの天気の経過，当日の気象状態の解析と今後の予想を話し合う「マップ・ディスカッション（天気予報会報）」を行って，気象の変化，天気の変化を追跡する努力も，「実務経験」を養ううえで役立つと思います．また，気象庁のホームページ（http://www.jma.go.jp/jma/）も役に立ちます．進展著しい気象業務全般はもとより，気象技術に関する新しい情報や業務変更の内容の把握に欠かせませんし，リアルタイムの気象資料（気象データを含む）の取得にも便利です．大いに活用してください．後は，本書に書いてあることを，まずしっかりと身につけるようにしてください．

さて，上述の「ギャップ克服法」を実践して，気象予報士試験のレベルに達したという自信ができたら，相手をよく知る意味でも過去問題を自分なりに研究してください．そして学習の成果を効果的に活かすためには，学科試験・実技試験を問わず，出題者がその設問で問おうとしている意図を分析してください．最初（受験者の力が未熟な段階）は，何を分析すれ

ばよいのかよくわからないかもしれませんが，あまり細かいことを気にしないで大筋を追っていくと，出題者が意図している目的が見えてきます．本書は入門書ですから，何から何まですべてを網羅していませんが，基本事項を中心に構成してありますので，くり返し学習して，いつでも基本事項がすぐに出てくるようにしてください．

　気象予報士試験の合格基準は，学科試験はだいたい 15 問中 11 問以上が正解，実技試験はだいたい 70％±5％以上となっています．実技試験のような記述式解答の場合の定量的な評価については，不明な点が多いのですが，平均合格率 6％台，合格ラインのすれすれの所に多勢がひしめいているのであろうことを考えると，少し時間がかかることを覚悟のうえで，本書の内容をマスターし，続いてより進んだ段階へとステップアップしていってください．

　ローマは一日にして成りませんから，無理な飛躍や丸暗記は避けて，気象予報士として活躍する自分をイメージしながら，気象予報士として必須の知識・技能を身につけ，それに支えられた実務経験を積んでいくようにしてください．そして，常に自然に対して謙虚に学ぼうとし，かつ気象や大気環境の問題に興味を持ち，真実を知る喜び，楽しみを知ってください．

監修者記す

目　次

第0章　気象予報士と受験の準備（土屋　喬）……………1
- 0.1　気象予報士の仕事とは　2
- 0.2　予報業務とその許可　2
- 0.3　気象予報士の登場－その仕事の位置づけ　3
- 0.4　気象予報士として求められる知識と技能　4
- 0.5　気象予報士試験のための勉強　6

第1章　天気予報のしくみ（田沢秀隆）……………9
- 1.1　天気予報の始まりと今　10
- 1.2　天気予報の成り立ち　12
  - 〔1〕観測と観測データの収集　12
  - 〔2〕気象現象の解析－気象現象の理解　14
  - 〔3〕天気予報の技術　15
- 1.3　数値予報の実際　17
  - 〔1〕観測データの品質管理　17
  - 〔2〕初期値の作成　19
  - 〔3〕数値予報の手順　21
  - 〔4〕数値予報モデルの予想の限界　23
- 1.4　予報精度の評価　25
  - 〔1〕予報誤差　25
  - 〔2〕適中率とスレットスコア　26
  - 〔3〕ブライアースコア　28
- 練習問題　30

第2章 観測とその成果の利用 （田沢秀隆） ……………… 33

2.1 地上気象観測　34
〔1〕地上気象観測の分類と観測時刻　34
〔2〕自動観測の観測種目と方法　34
〔3〕目視観測の観測項目と方法　37
〔4〕アメダス観測　38

2.2 高層気象観測　39
〔1〕ラジオゾンデ観測　39
〔2〕ウィンドプロファイラ観測　41
〔3〕航空機による観測　43

2.3 気象レーダー観測　44
〔1〕気象レーダー観測の原理　45
〔2〕レーダーエコー合成図とその利用　47
〔3〕気象ドップラーレーダー　48

2.4 気象衛星観測　49
〔1〕世界の気象衛星　49
〔2〕静止気象衛星（ひまわり6号）　50
〔3〕気象衛星画像　52

2.5 解析値とその利用　54
〔1〕解析雨量　54
〔2〕毎時大気解析　55

練習問題　56

第3章 気象と地球の基礎知識 （田沢秀隆） ……………… 59

3.1 大気の構造　60
〔1〕惑星としての地球大気　60
〔2〕地球大気の鉛直構造　61

3.2 大気における放射　63
〔1〕放射についての法則　63
〔2〕太陽放射と地球放射　64

〔3〕地球の熱収支　*66*
　3.3　**大気の熱力学**　*68*
　　　〔1〕基本的な物理法則　*68*
　　　〔2〕大気中の水蒸気　*70*
　　　〔3〕気温の断熱減率　*71*
　　　〔4〕大気の鉛直安定度　*72*
　　　〔5〕温位と相当温位　*75*
　3.4　**大気の力学**　*77*
　　　〔1〕大気に働く力　*77*
　　　〔2〕上空の大気の運動　*80*
　　　〔3〕地表付近の風と大気境界層　*82*
　　　〔4〕収束・発散，上昇流，渦度　*83*
　練習問題　*86*

第4章　さまざまな気象現象（土屋　喬）……………… 87

　4.1　**大気の運動の規模**　*88*
　4.2　**対流圏内の大規模運動**　*88*
　　　〔1〕大規模な流れ①−超長波　*88*
　　　〔2〕大規模な流れ②−長波と傾圧不安定　*89*
　　　〔3〕温帯低気圧と前線　*93*
　4.3　**対流圏内の中小規模運動**　*95*
　　　〔1〕台　風　*95*
　　　〔2〕熱対流　*98*
　　　〔3〕海陸風　*101*
　4.4　**降水過程**　*103*
　　　〔1〕雲粒と氷晶の生成と降水現象　*103*
　　　〔2〕雲粒と氷晶の成長　*104*
　　　〔3〕暖かい雨と冷たい雨　*105*
　4.5　**成層圏と中間圏内の運動**　*105*
　　　〔1〕平均的な状態と長周期の変動　*106*

〔2〕突然昇温　*106*
〔3〕準2年周期振動（QBO）　*106*
〔4〕半年周期振動　*108*
4.6　気候変動　*108*
練習問題　*113*

第5章　天気予報（土屋　喬・市澤成介）　……………… *115*
5.1　天気（短期）予報　*116*
〔1〕府県天気予報　*117*
〔2〕地域時系列予報　*117*
〔3〕地方天気分布予報　*120*
〔4〕降水短時間予報　*120*
〔5〕降水ナウキャスト　*120*
5.2　週間天気予報と季節予報　*125*
〔1〕週間天気予報　*125*
〔2〕季節予報　*127*
5.3　防災気象情報　*127*
〔1〕気象災害と防災気象情報　*127*
〔2〕警報と注意報　*130*
〔3〕気象に関する情報　*130*
〔4〕洪水予報　*133*
5.4　気象関連情報の提供と利用　*136*
〔1〕気象資料の流れと提供形態　*136*
〔2〕気象関連情報の伝達と利用　*137*
練習問題　*139*

第6章　実技試験対策（土屋　喬）　……………… *143*
　　　　－気象衛星画像・天気図・エマグラムの読み方－
6.1　実技試験の鍵－実況（観測）や解析資料と予想資料　*144*

〔1〕実況（観測）図　*144*
　　　〔2〕解析図　*155*
　6.3　数値予報の資料－数値予報図　**160**
　　　〔1〕初期（解析）値　*160*
　　　〔2〕予想値　*161*
　6.4　大気の状態を読む　**161**
　　　〔1〕温帯低気圧（2005年11月28〜29日）　*162*
　　　〔2〕寒冷低気圧（寒冷渦：2005年10月22日）　*171*
　　　〔3〕台風（2003年9月11日）　*178*
　　　〔4〕梅雨前線（1977年7月9〜11日，2004年7月9日）　*185*
　練習問題　**192**

第7章　気象予報士試験に臨むためのアドバイス（土屋　喬）……………**195**

　7.1　気象予報士試験とは　**196**
　7.2　学科試験の傾向と対策　**198**
　　　〔1〕一般知識のポイント　*198*
　　　〔2〕専門知識のポイント　*200*
　7.3　実技試験の傾向と対策　**202**

　付録　1　数式に慣れよう　**205**

　付録　2　天気図記入形式（地上・高層）　**209**

　参考図書・通信講座案内　**216**

　練習問題の答えと解説　**218**

　索　引　**224**

コラム

数値予報とスーパーコンピュータ　24
天気予報の適中率　28
予報技術の評価　30
世界と日本の大雨　58
気象学の勉強　81
ジェット気流　85
位置エネルギーの大きさ　92
エルニーニョ現象とは　111
ガイダンス　124
季節予報の地域区分　128
台風予報　135
地方予報区　138
細分地域　141
台風の強さ・大きさ　184

第0章
気象予報士と受験の準備

本章について

　本章では，気象予報士の仕事の概要，および気象予報士として求められる知識・試験のための勉強の準備とその要点を解説します．学科試験の一般知識・専門知識（気象業務法などの法令関連の知識を含む）に関する習得と理解は，気象予報士の仕事に役立つと思います．気象予報士とはどんな資格なのかを学んでほしいと思います．

0.1 気象予報士の仕事とは

　気象予報士は，ある特定の地域を対象として気象現象の予測を行います．それは気象庁の発表した天気予報をさらにきめ細かくしたもので，最終的には利用者のニーズに合わせた形での気象情報として提供されます．その際，気象予報士は独自の判断を加えることができますが，その根拠となる観測データや予測資料は当然用意しておく必要があります．また，気象注意報や警報などについては，気象庁の発表したものをすばやく入手し，速やかに利用者に伝えなければなりません．

　気象予報士は，自分の趣味としても，種々の活動を自由に行うことができますし，仲間うちで気象情報を提供することも認められています．しかし，営利行為として天気予報や気象情報を利用者に提供したり販売したりする場合や，国民に向けてそれらを発表する場合には，気象庁長官の許可を受けなければなりません．こうした決めごとは，すべて気象業務法という法律によって定められています．

0.2 予報業務とその許可

　天気予報にかかわる仕事を予報業務といいます．予報業務は，通常，気象庁で行われることが多いのですが，次の条件を満たしていると認められた場合には，気象庁以外の者が予報業務を行うことが許可されます．
① 希望する予報業務を適確に行うのに十分な予想資料が収集され，それを解析する施設と要員が用意されていること．
② 希望する予報業務の目的と範囲に関係する，気象庁発表の注意報や警報などを迅速に受けることができる施設と要員が用意されていること．
③ 希望する予報業務を行う事業所ごとに，気象予報士が配置されるようになっ

ていること．

0.3 気象予報士の登場－その仕事の位置づけ

1995年から，気象予報士はいよいよ本格的に仕事を始めました．それまでは，天気予報も気象観測データも気象庁から直接民間の利用者に提供されるか，日本気象協会や大手の民間天気会社を経由して提供されていました．天気予報も，気

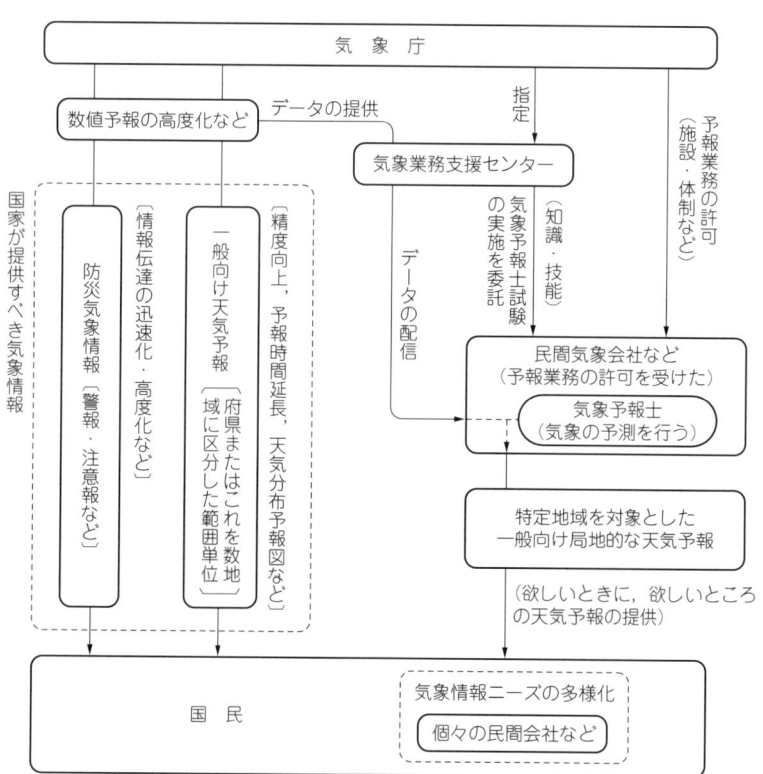

図 0.1 気象情報の流れと気象サービスのネットワークにおける気象予報士の位置づけ

象庁以外では大変限られた形でしか行えず，その内容も，かなり広範囲を対象とした一般的なものが大部分でした．しかし，1993年の気象業務法の改正により，気象情報の流れと気象サービスのネットワークが大きく変わったのです．「欲しいときに，欲しいところの天気予報」の提供を目指して，次の2つの制度が登場しました．

① 財団法人気象業務支援センターの設立
② 気象予報士制度の発足

近年，気象庁での技術開発が進み，より小規模な現象での数値予報精度が向上してきました．通常，その種の気象資料は，連続した気象要素（気圧，風，気温場など）を格子点網の上の分布に置き換え，それぞれの格子点値（Grid Point Value：略してGPV）の形で表されます．これまでは，気象庁から部外に提供されていなかったGPVデータも含めて，気象庁から提供された天気予報・数値予報・気象観測データなどは，**図0.1**に示すように，気象業務支援センターを介して，民間天気会社などの利用者に提供されます（経費は受益者負担）．防災気象情報や一般向け天気予報は，気象庁から直接国民にも提供されます．

さらに，気象業務支援センターは，気象庁から気象予報士試験を実施する機関としての指定も受けており，現在に至っています．気象予報士は，こうした気象情報の流れと気象サービスのネットワークの中で，予報業務の許可を受けた気象事業者などで気象現象の予測を行っています．

0.4 気象予報士として求められる知識と技能

気象予報士の資格を得る試験については，第7章で詳しく説明してあるので参照してください．それらから見た気象予報士として求められている知識と技能を以下に要約します．

①**試験**：学科試験と実技試験から構成されます．
②**試験の目的**：気象予報士として，

1. 今後の技術革新に対処するうえで必要な気象学の基礎的知識.
2. 各種データを適切に処理し，科学的な予測を行う知識および能力.
3. 予測情報を提供するうえで不可欠な防災上の配慮を適確に行うための知識および能力の認定.

③**学科試験の概要**：設問の形式は，原則として5つの選択肢の中から1つを選択する多肢選択問題です（マークシート方式で，コンピュータが採点する）.
（予報業務に関する一般知識）
　　科目1．**気象学の基礎**：大気の構造，大気の熱力学，降水過程，大気における放射，大気の力学，気象現象，気候の変動.
　　科目2．**関連法令**：気象業務法その他の気象業務に関する法規.
（予報業務に関する専門知識）
　　科目3．**気象予測の基礎**：観測の成果の利用，数値予報，短期予報・中期予報，長期予報，局地予報，短時間予報，気象災害，予想の精度の評価，気象の予想の応用.

「（予報業務に関する）一般知識」「（予報業務に関する）専門知識」ともに各15問が出題され，試験時間はそれぞれ60分です.

④**実技試験の概要**：原則として，記述方式です.
　　科目1．気象現象とその変動に関する総合的な判断能力.
　　科目2．局地的な気象予測のための能力.
　　科目3．特に，災害の発生が予想される現象に関するデータの処理能力.
実技試験は2題出題され，試験時間はそれぞれ75分です.

　これらを見て最初に気が付くことは，気象予報士試験はなかなか手ごわいということです．読者の皆さんが初めて目にする科目や分野もあると思います．学科試験では，気象学と気象技術に関する広範囲な知識や気象業務および防災関連の法律知識などが求められており，そのレベルは大学初級にまで及んでいると思われます．実技試験では，気象現象と観測や予報の資料について，かなり専門的な知識と実務経験が前提となっています．

　実際に気象関係の仕事についていなくてもかまいませんが，単なるお天気マニアでは歯が立ちません．相当な時間をかけて，気象現象をよく勉強し，現象を予想する作業を実際に行えるとともに，気象現象が推移していくしくみについても

かなり深い気象学的理解力を養っておく必要があります．これまでの平均合格率は5％未満ですが，自信と執念をもって勉強をし続ければ必ず合格します．

0.5 気象予報士試験のための勉強

　先に見たように，気象予報士試験はなかなかハードルの高い試験で，それをクリアするためには，集中した勉強が必要です．その前段階で，物理学・地学・数学について高校から大学初級の学力が必要となります．そのうえで，気象現象や天気についての自分なりのフィーリングを養い，天気図類，気象レーダーや気象衛星資料，数値予報図などの作業図に十分慣れ親しんで欲しいと思います．気象予報士試験に初めてチャレンジするとはいっても，条件や学力は人さまざまだと思われます．ここでは，一般的な勉強の方針とそのための準備を説明します．いわば入門編です．気象予報士試験に関することは第7章で説明します．

　気象予報士試験では，まず学科試験の採点を行います．学科試験は予報業務に関する一般知識と専門知識に分けて採点され，それぞれの合否判定がなされます．両方とも合格点に達していたときのみ実技試験が採点されます．したがって，学科試験が不合格なら，仮に実技試験が満点の出来であったとしても採点してはもらえません．学科試験に合格した場合には，向こう1年間，学科試験は免除されます．ですから，試験勉強では，最初に学科試験の合格を目指すべきです．そのうえで実技試験に集中する二段構えが有効といえるでしょう．

　学科試験に対しては，これまで気象にあまりなじみのない人は，最初に現象を単純化し，図で上手に説明してある子ども向けの気象図鑑などを見ながら，気象とはどんなものかを理解する方法もありますし，また足りないと思われる部分は，巻末にある各レベルの参考書を読み加えるなどの工夫が必要です．

　勉強がある程度進んだ段階で有効なのは，過去に気象予報士試験で出題された問題（過去問）に取り組んでみることも一つの方法です．これにより，試験本番の感じをつかむことができます．実力の幅を広げる意味で解いてみる価値が大いにあります．ただ，それだけでは必ずしも万全ではないので，もっと力を付けた

い人は，巻末の文献・通信講座案内などを参照して勉強を行い，知識を深めてください．しっかりと地に付いた勉強を積めば，道は自ずと拓けてきます．

　実技試験については，まず各種気象資料（地上天気図・高層天気図・レーダーエコー合成図・数値予報図，気象衛星雲画像・ウィンドプロファイラ・エマグラム）など，出題される図になじむことが大切です．近年，インターネットが普及するにつれて，観測方法などの学科に関する事項，および実技に関連するアメダス（地域気象観測網）資料や気象衛星による可視・赤外・水蒸気の各チャネルで観測した画像およびウィンドプロファイラの図などは，気象庁のホームページ上にも提供されるようになりました．このように，インターネットを活用した学科・実技に関する知識や技術の習得も行えますので，大いに活用すべきです．

メ モ

第1章
天気予報のしくみ

本章について

本章では，これから気象予報士のための勉強をしていく時に登らなければならない山とそのルートを概観してもらいます．はじめに天気予報の歴史を振り返り，現在はさまざまな種類の天気予報があること，そして天気予報ができるまでのしくみを説明します．その中で学科試験の科目の中から，天気予報技術の基礎となる数値予報とその予想の可能性，そして予報精度の評価の要点について解説していきます．

1.1 天気予報の始まりと今

　1884 年（明治 17 年）6 月 1 日午前 6 時，気象庁の前身である内務省地理局気象台から日本で最初の天気予報が発表されました．「全国一般風ノ向キハ定リナシ天気ハ変リ易シ　但シ雨天勝チ」と，いたって大雑把な内容でした．**図 1.1**

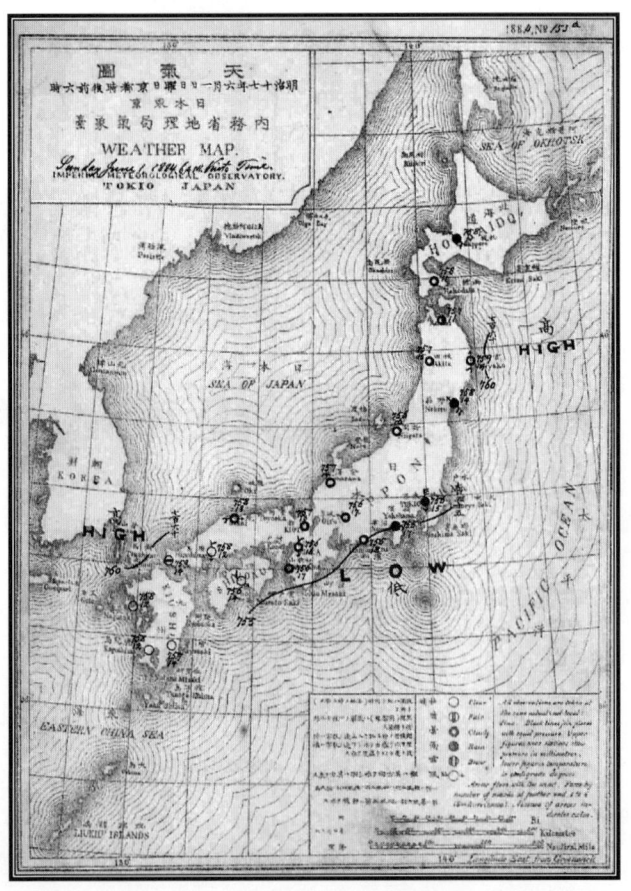

図 1.1　明治 17 年 6 月 1 日午前 6 時の天気図（気象庁提供）

がその時の天気図です．観測点も日本だけで22地点しかありません．等圧線もわずかで，南の海上に低気圧，三陸沖に高気圧が張り出し，梅雨時期らしい気圧配置だと推定できます．この程度のデータしかなければ日本をひとまとめにした天気予報が精一杯だったのもやむを得ません．しかし，それまでは「夕焼けは晴れ，朝焼けは雨」などの「天気俚諺（てんきりげん：天気に関する言い伝え）」しかなかった時代に比べれば，正確な観測データと科学的根拠に基づいた天気予報の始まりとしては，たいへん意義のあるものでした．

さて，現在はどうでしょうか？ 天気予報の始まった時に比べて科学・技術の著しい進歩，そして何より社会・経済活動の多様化により天気予報も多種多様に発展しています．

時間的にみると，目先1時間の降水量を予報する降水ナウキャストから毎日の予報，週間天気予報，季節予報（1か月，3か月予報そして寒候期予報・暖候期予報：長期予報ともいう）まであります．さらに最近は地球温暖化に伴う100年先の気候まで予想され，気象庁からは「地球温暖化予測情報」として公表もされています（**図1.2**，口絵参照）．

空間的にも，全国を1つの予報で括っていたのに対して，今は2 000以上の予報地域に分割した「地方天気分布予報」，さらには民間気象事業者が行っているポイント予報にいたっては数限りがありません．

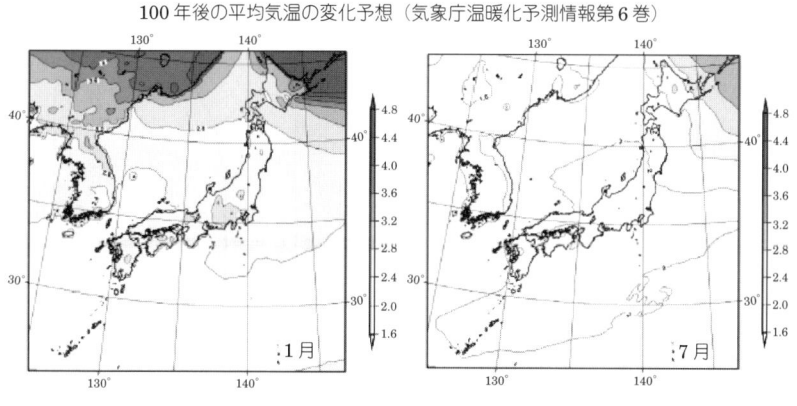

「2081～2100年平均気温」と「1981～2000年平均気温」との差を表しています．高緯度ほど気温は高くなり，冬の北日本では，2～3℃も高く予想されています．

図1.2 地球温暖化の予想（100年後の日本）（気象庁提供，口絵参照）

天気予報の形態も，昔から行われている晴れか曇りか雨かなどを予報する「カテゴリー予報」，毎日の最高気温や最低気温，降水量や降雪量などを予報する「量的予報」，そして雨の降る可能性や気温の平年並・高い・低いかのそれぞれの可能性を予報する「確率予報」も行われています．

さらには，気象要素に別の要素を加えた予報，「紫外線情報」，「黄砂情報」そして「花粉情報」や「洗濯指数」等々，さまざまな社会のニーズに合わせて付加価値をつけた多様な予報が発表されています．

このように多種多様な天気予報も，これから学ばれる気象学とさまざまな気象現象の解明，数値予報をはじめとした予報技術に基づく大気のふるまいの予想，気象予想に基づいています．

1.2 天気予報の成り立ち

天気予報ができるまでのしくみを示した図 1.3 に沿って説明します．

〔1〕 観測と観測データの収集

天気予報を行うには，まず現在の大気の状態がわからなければなりません．現

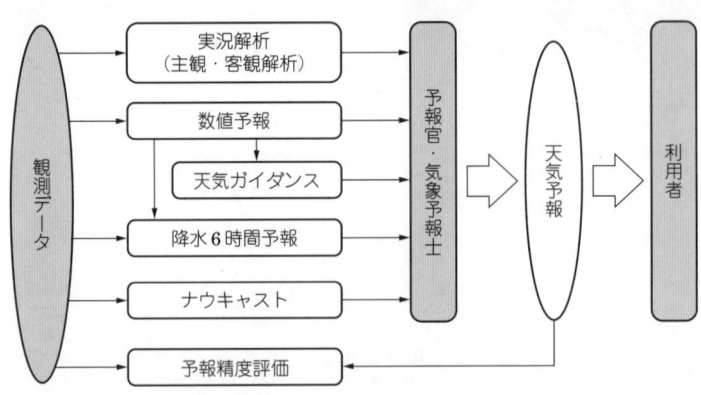

図 1.3　天気予報のしくみ

在の状態を知るための観測技術の進歩がなければ，気象学の進歩も気象現象の解明もありませんし，予報の正確さや多様さの発展はありませんでした．

従来は，気圧計，温度計，風向風速計，雨量計等々，観測した場所のデータしか得ることはできませんでした．天気予報が始まった当時は日本全国でも20地点程度の観測データしか得られませんでしたが，今は例えばアメダスだけで1 300か所以上の雨量のデータが10分毎に得られます．さらに，河川やダムの管理などの各行政機関の雨量計も合わせると何千か所のデータが得られます．しかし，これだけの緻密な観測データでも，集中豪雨などのごく局地的な現象には充分でない場合があります．

そこで，現在はリモートセンシング技術が進展し，降水量を面的に推定する気象レーダ，上空の詳細な風向・風速を観測するウィンドプロファイラなどによって，10分毎に日本上空をくまなく観測することができます．また，気象衛星ひまわりは日本のみならず極東域の広い範囲の雲の分布，大気中の水蒸気などの観測を30分毎に地上に送ってきてくれます．

ここで，大切なことはこれらの膨大なデータを観測後，直ちに集めて利用できることが必要です．明日の予報のためのデータを1日がかりで集めていては間に合いません．世界中のデータを観測後直ちに集める必要があります．通信技術，コンピュータ技術の進歩がこれに寄与しています．気象庁では国際気象通信網を

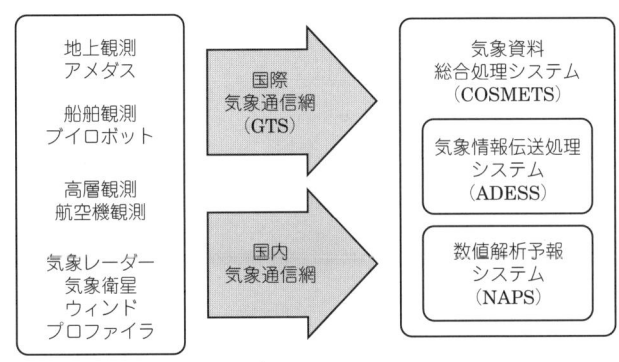

GTS：Global Telecommunication System
COSMET：Computer System for Meteorological Services
ADESS：Automated Data Editing and Switching System
NAPS：Numerical Analysis and Prediction System

図1.4　気象観測データの収集と処理

通じて世界中のデータを，国内気象通信網を通じて日本中のデータを直ちに集め，気象情報伝送処理システムで編集して，再び世界各国や日本中の必要な所へ配信する高度な情報処理システムを使っています（図 1.4）．

〔2〕 気象現象の解析 − 気象現象の理解

このように膨大な量の観測データは集めただけでは天気予報の役には立ちません．気象現象にはさまざまなスケールの現象が混在しており，その結果として天気が現れます．図 1.5 は，縦軸に空間スケール（現象の大きさ），横軸に時間スケール（現象の寿命）を表し，いろいろな現象の大きさと寿命の関係を表したものです．大きな現象は寿命が長く，小さな現象は寿命が短いことがわかります．例えば台風は，1 000 〜 2 000 km 程度の大きさで，発生から消滅まで数日〜 10 日位の寿命があります．これに対して激しい雨を降らせる積乱雲は数 km の大きさで 1 時間程度の寿命しかありません（なお，この分類はあくまで目安です）．

しかも，これらさまざまな大きさと寿命を持った現象が相互に影響を及ぼしあっているのです．これが，天気予報の難しさでもあります．

また，大気だけでなく地球の表面積の 7 割を占める海洋との相互作用も重要

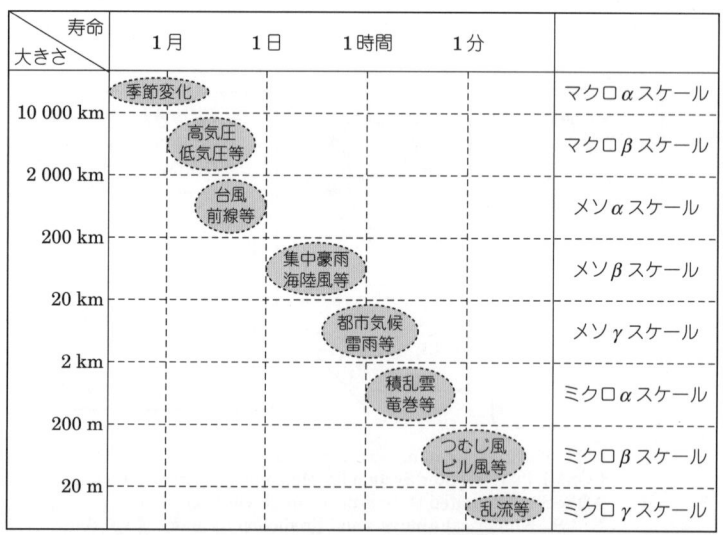

図 1.5　気象現象の大きさと寿命による分類（オーランスキー，1975）

です．さらに，地球温暖化，ヒートアイランドなど，人間活動そのものが大気に与える影響も考慮しなくてはならなくなりました．

　集められた観測データから幾種類もの天気図を作成し，スケールの異なる現象が交じり合っている現在の大気の立体構造とそれまでの推移を読み解きます．これを実況解析といい，大変重要な技術です．例えば，前線活動の強弱，低気圧や台風の発達の程度，天気分布等々，さらには数値予報が正しく予想しているかなどを点検します．また，天気図や数値予報では表せないような小さい現象が起こっていないか，その兆候はないかなどはアメダスやレーダーや気象衛星の観測データを解析することにより点検します．

〔3〕天気予報の技術
（a）数値予報技術－物理的な予想

　大気のふるまいは，気象力学や気象熱力学などの物理学の法則によって説明することができます．この物理学の法則に基づく方程式は，気圧・風・気温などの気象要素の時間変化を表す数式です．それをコンピュータで解くことによって，将来の大気の様子を予想することができます．コンピュータの中に仮想的な大気を作り（大気のモデル化）その後のふるまいを計算するというわけです．これを数値予報といい，このしくみやコンピュータのプログラムを総称して数値予報モデルといいます．

　このことは，ずいぶんと前から考えられていたことです．20世紀の初頭にノルウェーの気象学者V．ビヤークネスが提唱し，1920年代にイギリスの気象学者リチャードソンが実際に手計算で試みましたが，その時はうまくいきませんでした．観測データも気象学の知識の裏付けもまだまだ不足しており，「リチャードソンの夢」として語り継がれることになりました．

　しかし，1950年代にコンピュータが実用化されるとともに，観測データも充実し，気象学の理論も発展し，数値予報が現実のものになってきました．そして，コンピュータ技術が急速に発展した現在は，数値予報は予報技術の根幹となり，欠かすことができないものになっています．実際の数値予報について，次項に改めて説明します．

（b）天気翻訳技術－統計的な予想

　数値予報では気圧，風，気温，湿度などの気象要素（大気の物理量）は予想し

てくれますが，実際の天気や降水確率などは直接予想してくれません．また，数値予報で使う地形は数値予報の解像度や安定的な計算の関係から現実の地形を平滑化している事などから，数値予報には系統的な誤差が生まれることもあります．

このため，数値予報結果から実際の天気予報を作るための予想資料として「天気ガイダンス」が作成されています．「天気ガイダンス」は，過去の数値予報の結果と実際の天気から統計的な関係式を求めておき，現在の数値予報に当てはめて作ります．現在では，カルマンフィルターやニューラルネットワークといわれ，一度作った関係式を日々の観測データと数値予報の結果から逐次学習しながら修正し，最適な関係式に作り直していく手法が用いられています．

統計的な関係式から予想する「天気ガイダンス」の弱点は，どうしても数多く現れる現象に適合するように関係式ができあがることです．つまり稀に現れる現象を予想するのは苦手となります．このため，「数値予報」や「天気ガイダンス」をもとに，現実の天気の推移を加味しながら，最終的に予報官（気象予報士）が判断することになります．

（c） ナウキャスト技術－工学的な予想

目先 1～2 時間後の雨の予想は，現在の精密な数値予報でも，単に雨雲の動きを外挿（過去の変化傾向が今後も継続すると仮定）した予想にかなわない場合があります．

そこで，ナウキャスト技術が取り入れられています．これは降水ナウキャストとして知られており，一連の観測結果から求めた移動速度を外挿することによって予想します．物理的な考え方に基づく雨雲の発生・消滅などは現行では見込んでいません．Fore（先に）cast（予想する），つまり「（天気を）先に予想する」に対して，Now（今を）cast（予想する），つまりナウキャストは「今を予想する」なのです．したがって，このナウキャストは観測結果に大きく依存するので，なるべく最新の観測結果を利用することが大事です．このため，現在の降水ナウキャストは 10 分毎に，1 時間先までしか予想しません．

またナウキャスト技術を発展させて「降水 6 時間予報」が発表されています．降水ナウキャストと違う所は，レーダーデータをアメダス降水量で修正し，より正確な降水量分布の初期値を使うこと，簡便な地形による降水の消長の効果を採用していることなどです．さらに数値予報の結果と比較してその時々の予想精度に応じた組合せにより，「降水 6 時間予報」が 30 分ごとに作成されています．

降水ナウキャストや降水6時間予報は，集中豪雨の際の注意報や警報などの防災気象情報の発表にも利用されています．

(d) 客観的予報技術と主観的予報技術

これまで見てきた「数値予報」，「ガイダンス」，「ナウキャスト」は，みなコンピュータで予想計算をするものです．このような技術を「客観的予報技術」といいます．

これに対して，これらの技術が無かった頃の予報官達は，気象現象の正しい理解に基づく実況気象資料の注意深い観察などによって，主に経験に裏づけられた天気予報を行っていました．これを「主観的予報技術」といいます．

技術が進歩した現在は客観的予報技術が主になってきていますが，気象現象の複雑さや多様さは客観的予報技術だけではまだまだ不十分です．

客観的予報技術を駆使しながら，総合的な判断において主観的予報技術を活かすことが必要です．このためには，「1.2〔2〕気象現象の解析」の項で述べたように，多様で複雑な気象現象そのものに対する正しい理解を欠くことはできません．

1.3 数値予報の実際

前節で述べた数値予報の実際を説明します．まず，気象庁が天気予報に使っている主な数値予報モデルは**表 1.1** の通りです．コンピュータの資源にも限りがあるので，用途によって，解像度や予想領域や予想期間の異なるいろいろな数値予報モデルが使われています．

数値予報がどのように作られているのか，**図 1.6** に示した概略の手順に沿って説明します．

〔1〕 観測データの品質管理

観測データにはどうしても誤差は避けられません．観測機器の故障や系統的な誤差，人為的な観測ミス，通信上のエラーなどにより誤った観測データが生じてしまいます．日本などの先進国ではごく稀ですが，観測機器や通信回線や機器が

表1.1　気象庁が使っている主な数値予報モデル（2007年5月現在）

予報モデルの種類	水平解像度	予想領域	予想期間	予想回数	主な用途
全球モデル（GSM）	60 km	地球全体	最大216時間	4回/日	週間天気予報 府県予報
領域モデル（RSM）	20 km	東アジア	51時間	2回/日	府県予報 時系列予報 分布予報
メソ数値予報モデル（MSM）	5 km	日本周辺	最大33時間	8回/日	防災気象情報
台風モデル（TYM）	24 km	北西太平洋	84時間	4回/日*	台風予報
アンサンブル週間天気予報モデル	120 km	地球全体	9日間	1回/日	週間天気予報
アンサンブル1か月予報モデル	120 km	地球全体	34日間	1回/週	1か月予報

＊　最大2個で4回/日です．

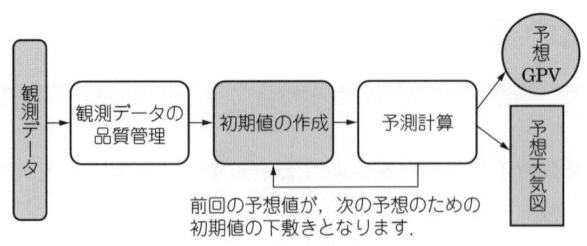

GPV：格子点値．数値予報計算は格子点網上で行います．

図1.6　数値予報ができるまで

決して充分でない発展途上国の観測には時に誤差を含んでいることがあります．このような誤差が混じった観測データを使うことは致命的で，予想精度に大きく影響し，時間が進むにつれ全く違った予想結果になることもあります．

このためまず厳重な観測データの品質管理を行います．気候値から著しくかけ離れたデータは無いか，前回の観測データと比べて矛盾は無いか，鉛直方向や水

平方向に矛盾したデータは無いか等々をデータ入手後直ちに調べ，疑問のあるデータは除去し，信頼できる観測データのみ採用していきます．

〔2〕 初期値の作成
（a） 離散化

まず，大気の運動をコンピュータで扱うための準備をしておくことにします．大気は流体であり空気は隙間無くびっしりと詰まっています．そのため，例えば気温の分布を厳密に表そうとすると無限個の数値が必要になります．しかし，コンピュータの中では処理できる数値には限りがあります．

このため，連続的な流体である大気の状態を，無限個の数値から規則的に飛び飛びの点の数値を抜き出して表すことにします．これを離散化といいます．大気の流れを複数の波の重ね合わせで表すスペクトル法もありますが，ここでは理解が容易な格子点法を説明します．

地球をとりまいて3次元の規則正しい格子点を作り（図1.7），その格子点毎

地球大気に隈なく格子点を配置して，大気の分布や流れを表します．

図1.7 地球を取り巻く格子点（気象庁提供）

に気温や気圧や風向・風速などの大気の状態をあてはめて計算します．格子点にあてはめた気温や気圧の数値を格子点値（Grid Point Value：GPV）といいます．格子間隔が小さいほど厳密に大気の状態を表すので，格子間隔の大きさが数値予報の分解能（解像度）になります．走査線の多いハイビジョンテレビが鮮明に見えるのと同じで，分解能が小さいほどより鮮明に大気の状態を表現できるし，より精度の高い予想もできるようになります．それでは格子間隔をどんどん細かくして分解能を上げていけばよいのでしょうが，それでは等比級数的に計算時間がかかってしまいます．例えば格子間隔の大きさを縦横高さ各々半分にすると，格子点の数は2の3乗の8倍となり，計算時間も8倍必要になります．また，後で触れますが，大気中で作用しているさまざまな物理過程もより厳密なものが必要となり，その計算にも時間が必要になります．このため，表1.1に示したように，用途によって分解能の違う数値予報モデルを使います．

（b） 初期値

予想計算をするためには，まず計算の出発点となる初期値が必要です．そして初期値としてできるだけ正確な大気の状態を格子点上の数値として，コンピュータに入力しなければなりません．初期値は数値予報にとってたいへん重要で，数値予報の精度を決めるといっても過言ではありません．実際にできるだけ正確な初期値を作るために（この過程を客観解析といいます），観測データの品質管理から初期値の作成まで時間は，予想のための計算時間の2倍以上をかけています．

初期値は，前回の数値予報モデルの予想値を下敷きにして，品質管理を通った観測データでその下敷きを修正することにより作成されます．地上気象観測（アメダスも含む），船舶観測，海洋ブイ観測，高層観測（ラジオゾンデ，ウィンドプロファイラ），航空機観測，レーダー観測（ドップラーレーダーも含む），気象衛星観測（静止衛星，極軌道衛星）等々によって得られた，あらゆる観測データを利用してできるだけ正確な初期値を作ることが，数値予報精度の向上につながります．

ところで，観測データは空間的にも時間的にもまばらで不規則に分布しています．気象衛星観測も極軌道衛星は時間的，空間的に均一なデータが得られません．航空機の観測は決められた場所で報告することになっており，時刻は決まっていません．同じ高層観測でも1日2回のラジオゾンデデータもあれば，10分毎の

ウィンドプロファイラデータもあります．これらの空間的にも時間的にもまばらな観測データを使って格子点にできるだけ正確な初期値をつくるため，現在は「4次元変分法」という技術が使われています．4次元変分法では，単に初期値を作成する時刻の観測データだけではなく，それ以前の観測データも使って，大気の時間的な変動を考慮して初期値を作成しています．

〔3〕 数値予報の手順

データの品質管理を行い，初期値を作った後はいよいよ予測計算を行います．

（a） 方程式系

大気の状態を表す方程式系は次の4種類の方程式から成っています．付録に実際の方程式を掲載しているので，参考にしてください．気圧・風速・気温・水蒸気量などのいろいろな物理量の時間変化を決める式などから成っています．方程式系は複雑ですが，考え方はそれほど難しいものではありません．

運動方程式：物体に働いている力は物体の質量と加速度の積に等しいという，ニュートンの運動の第2法則に基づくものです．つまり，山道を登る時に後ろから押してもらえば，早く歩くことができると考えてください．水平方向と鉛直方向の方程式があります．

熱力学方程式：物体に与えられた熱量は物体の内部エネルギーと物体の仕事量に等しくなるという熱力学の第1法則に基づくものです．つまり，毎月の給料は貯金（内部エネルギー）と消費（仕事）に使われると考えてください．

保存式：大気の質量保存則に基づく「連続の式」や大気の水蒸気保存則に基づく「水蒸気輸送の式」があります．

気体の状態方程式：気体の圧力はその体積に反比例し温度に比例する，とするボイル・シャルルの法則に基づくものです

（b） 物理過程

上の方程式系は格子点毎の気象要素の値が与えられて，初めて答えとしてそれらの時間変化を求めることができます．しかし，気象現象は，大気放射（日射や地球放射），山岳地形，海洋からの熱，地表面摩擦等々の影響を受けます．さらに，積乱雲の活動といった普通の格子間隔よりもはるかに小さな現象があります．数値予報では，このような現象をサブグリッドスケールの現象といいます．サブグリッドスケールの現象でも，その集合体となると格子間隔のスケールの現象に

22　第1章　天気予報のしくみ

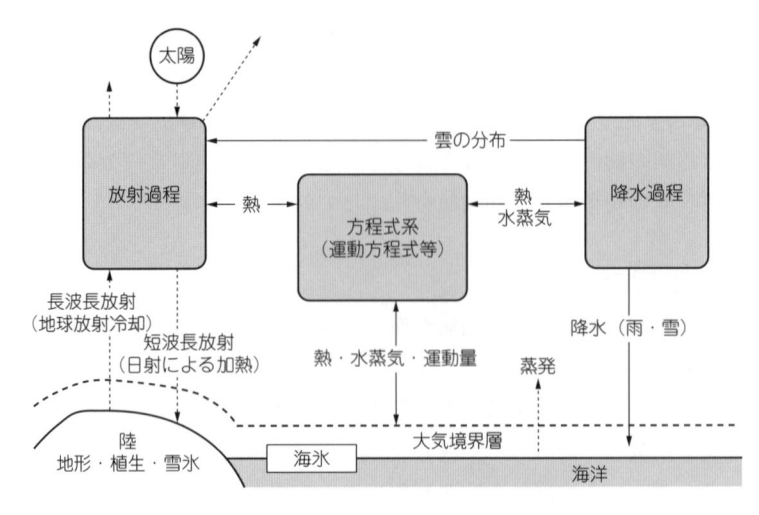

図 1.8　数値予報モデルの物理過程

大きな影響を及ぼすので無視することはできません．つまり，地表面付近で起こる乱流による熱や水蒸気の輸送，雲の分布の違いによる放射熱の影響，水の相変化（水蒸気・水・氷）に伴う凝結熱や蒸発熱等々です．これらの現象が格子間隔のスケールの現象に及ぼす効果を，総じて物理過程と呼んで，格子点毎の値として上の方程式系に取り込んでいます（図 1.8）．

(c)　予測計算の方法

　これらの方程式系は複雑で，例えば中学校で習った数学の2次方程式の根の公式のように，1つの式としては解くことはできません．

　上に述べた種々の方程式系は，その後の気象要素の時間変化量が刻々と変化する周囲のいろいろな気象要素で決まることは既に述べました．そこでまず，ある時刻の時間変化量を使い，例えば10分後の格子点毎の気象要素を計算します．その格子点毎の計算結果をもとに次の時間変化量を計算します．その新しい時間変化量を使い10分後の気象要素を計算するということを繰り返して，24時間先，48時間先まで計算していきます（図 1.9）．時間変化量はその都度変化するので，一度で24時間先，48時間先の物理量を求めることはできません．こつこつと時間変化量を求めて積み重ねていく必要があるため，膨大な計算時間が必要となります．実際には繰り返し時間の間隔は，メソ数値予報モデル（MSM：5 km 格

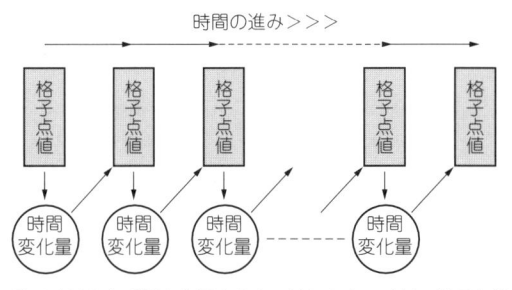

格子点値から時間変化量を求め，それを今の時刻の格子点値に加え，次の時刻の格子点値を求めます．これをくり返しながら積み重ねて24時間後，48時間後の予想を得ます．

図1.9 予測計算の方法

子間隔）の30秒弱から，全球モデル（GSM：55 km格子間隔）の15分位まで，数値予報モデルの格子間隔の大きさによって異なります．

〔4〕 数値予報モデルの予想の限界

（a） 数値予報モデルの分解能からくる限界

数値予報モデルの分解能によって表現できる現象の大きさ（スケール）には限界があります．格子間隔の大きさの5〜8倍までと考えられています．つまり，一番分解能の良いメソ数値予報モデル（MSM）でも格子間隔の大きさは5 kmなので，25〜40 km程度の現象が限界です．一般的な高気圧や低気圧，台風などは充分よく表現できますが，夏の雷雲などの数km程度の大きさの気象現象（サブグリッドスケールの現象）は予想できませんし，20 km程度の範囲に集中的に降る豪雨の精度も決して万全とはいえません．

（b） 数値予報モデルの地形からくる限界

数値予報モデルで取り扱う地形は，数値予報の格子間隔の大きさと安定的な計算を行うため，実際の地形を平滑化しています．このため，地形に起因する比較的小規模の気象現象は予想が困難となり，系統的な誤差を生む場合があります．

（c） 物理過程の不完全さからくる限界

サブグリッドスケールの現象の集団効果を，格子点の値を用いて見積るにはなんらかの仮定をおかざるを得ません．さまざまな工夫がなされますが，結局は実際の現象を完全に取り込むことはできず，誤差を生む原因となります．

(d) 初期値に含まれる誤差からくる限界

　初期値の誤差はそのまま数値予報の誤差となりますが，数値予報の特徴の1つとして初期値の僅かな誤差は時間が経つにつれて，急速に大きくなっていきます．数値予報の方程式系は複雑であるため，たとえ初期値では目に見えないような小さな誤差でも，予想時間がたつと急速に拡大して，全く違った予想をしてしまいます．これは大気のふるまいの基本的な性質に起因するもので，「カオス（混沌）」といいます．このため，現在は1～2週間が数値予報の限界であるといわれています．

　週間天気予報や季節予報では，そうした限界をこえようとして，アンサンブル予報という手法を使っています．すなわち，故意に誤差を含ませた初期値の集団（アンサンブル）の数値予報を行い，異なる予想結果の平均（アンサンブル平均）をもとめます．それが個々の予想よりも，一般に精度がよいことが期待されます．そのようにして求められたアサンブル平均を予想として用います．例えば，1か月予報では，気温が平均から「高い」・「並」・「低い」というように，また予報の精度や信頼度の予報にも利用されています．アンサンブル予報を得るために用いる複数の初期値をアンサンブルメンバーと呼びます．気象庁の週間天気予報と季節予報のためのアンサンブル予報では，メンバー数はそれぞれ51個と50個になっています（**図 1.10**）．

コラム

数値予報とスーパーコンピュータ

　数値予報を行うにはスーパーコンピュータが必要です．なぜなら，例えばメソ数値予報モデル（MSM）を考えて見ましょう．MSMは格子間隔が5kmで日本周辺を予想するので，格子の数は東西721個，南北577個です．これが，鉛直方向に50層あるから，格子の数は全部で 721×577×50 ≒ 2000万個になります．予測計算のタイムステップを30秒とすると，15時間先まで予測するには1800回の計算が必要になります．つまり，たった1つのことを15時間先まで計算するだけで 2000万×1800 ≒ 360億回の計算が必要になります．

　2006年3月に気象庁ではコンピュータを更新しました．演算速度は21.5 TFLOPS（テラフロップス）で1秒間に20兆回も計算をします．

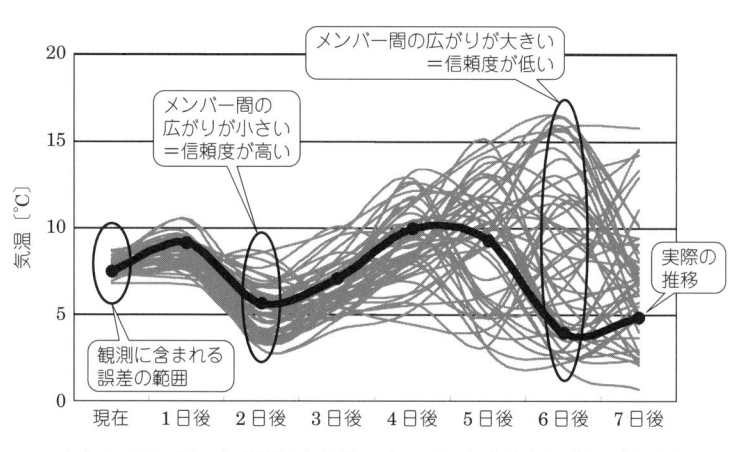

図 1.10 アンサンブル予報（気象庁提供）

気象庁のアンサンブル週間天気予報モデルでは，初期値をわずかに変えた初期値を50個も予想します．1つ1つの予想結果をメンバーといいます．細い曲線がメンバー1つ1つの予想値です．2日後の予想に比べて，6日後の予想値がバラバラになっていることがわかります．メンバー間の広がり（スプレッド）が小さい（大きい）と信頼度が高い（低い）ことになります．

1.4 予報精度の評価

天気予報のしくみで最後に大事なのは，天気予報の精度を評価することです．観測データの収集から数値予報とそれを利用して天気予報を作成する作業の中で予報の精度を評価し，品質表示をしたり，技術改善に結び付けることにより，一連の天気予報のしくみは完結します．

予報精度評価の方法（スコア）は容易ではありません．予報の形態ごとに評価方法が考えられています．以下に代表的な評価方法について説明します．

〔1〕予報誤差

最高気温・最低気温などの量的予報の評価に使われます．日々の最高気温・最低気温の予報値と実際の観測値の差を予報誤差といいます．「予報誤差＝予報

値−観測値」ですから，高めに予報したらプラス，低めに予報したらマイナスとなります．
(a) 平均誤差
　平均誤差は，日々の予報誤差を一定期間平均したものをいいます．上で述べたように，日々の予報誤差はプラスの場合もマイナスの場合もあるので，平均すると打ち消しあって平均誤差が0という場合もあります．つまり，予報のバイアス（偏り，癖）を示すことになります．

(b) 2乗平均平方根誤差（Root Mean Squre Error：RMSE）
　日々の予報誤差の2乗の平均の平方根で表すので，平均誤差のように正と負の誤差が打ち消されることはありません．予報誤差の標準的な値を示します．当然0が最適な予報ですが，気象庁の明日の最高気温予報の全国平均では約1.8℃，最低気温予報では約1.5℃です．

〔2〕適中率とスレットスコア
　一般的な天気予報，例えば雨が降るのか降らないのかといったようなカテゴリー予報などの評価に使われます．まず，予報とその結果から図1.11のような分割表を作ります．

分割表の作り方
「雨有り」や「注警報の基準を越える」と予報して，実際に雨が降ったり，注警報の基準値を超えた場合には「A」に数え，そうで無かった場合には「C」に数えます．
「雨無し」等と予報した場合には，同じくそれぞれ「B」「D」に数えます．

分割表		予報		合計
		雨有	雨無	
観測	雨有	A	B	N1
	雨無	C	D	N2
合計		M1	M2	N

適中率　　　　＝(A＋D)/N
見逃し率　　　＝B/N
空振り率　　　＝C/N
スレットスコア＝A/(N−D)

左の分割表を元に，右の適中率，見逃し率，空振り率，スレットスコアを計算します．

図1.11　分割表と各種評価法（スコア）

(a) 適中率

「雨と予報して，実際に雨が降った回数 (A)」と「雨と予報せず，実際に雨が降らなかった回数 (D)」の和の，「全体の回数 (N)」の割合で示します．100％が最善の予報になります．気象庁における明日予報の「降水の有無」の適中率は全国平均で約82％です．

ところで，今日の東京地方の予報の適中率といった場合はどうなるのでしょうか．この場合には観測値としては10か所あるアメダスの観測値を使い，「雨有り」の予報に対して，1mm以上の降水があれば適中とします．つまり，同じ予報文を10回発表したものと考えて分割表を作って適中率を求めます．しかし，夏の雷雨のように10か所すべてで雨が降るとは限りません．もし，3か所しか降らなかったら，「雨有り」と予報すると適中率は3/10＝30％ですが，「雨無し」と予報しても適中率は7/10＝70％にしかなりません（**図 1.12**）．この場合最適予報適中率は70％といい，この最適予報適中率にどの程度近いかを評価の指数にする場合もあります．それを最適予報充足率と呼びます．

(b) 見逃し率と空振り率

見逃し率は「雨を予報しなかったが，実際に雨が降った回数 (B)」の「全体の回数 (N)」に対する割合で示します．また，空振り率は，「雨を予報したが，実際には雨が降らなかった回数 (C)」の「全体の回数 (N)」に対する割合で示します．見逃し率，空振り率ともに0％が最善の予報になります．

(c) スレットスコア

冬の太平洋側では良く晴れます．このような場合に毎日「降水無し」と予報しておけば，適中率は90％程度を得ることができます．このため，事象の少ない

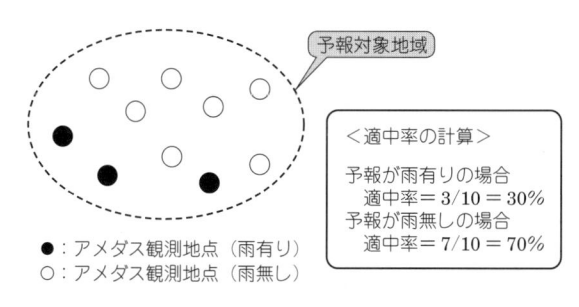

図 1.12　適中率の計算

現象の予報の評価にはスレットスコア（Threat Score）が使われます．「雨と予報し，実際に雨が降った回数（A）」の，「雨なしと予報して，実際に雨が降らなかった回数（D）」を「全体数（N）」から引いた回数の割合で示します．

（d）注意報や警報の精度の評価

これまでは，カテゴリー予報に関して説明してきましたが，注意報や警報もカテゴリー予報と同じ方法で評価します．注意報や警報には発表する基準値があります．例えば24時間で200 mmの雨を予想した場合には大雨警報を発表します．また最大風速13 m/s以上の風を予想したら強風注意報を発表します．これらの基準値は地域毎に異なり，それぞれの気象台で過去の災害との関係をもとに決められています．図1.11の分割表の雨有・雨無と同様に，これらの基準値を超えたか超えなかったかの2つのカテゴリーに分けて，適中率，見逃し率，空振り率を算出して評価します．

これとは別に，注意報や警報の評価では注意すべき重要なことがあります．注意報や警報は，大雨や大雪などの災害の発生に対して，防災機関などが事前に対策を講じることができるだけの時間的な余裕をもって発表する必要があります．発表時刻から基準値に達する時刻までの時間をリードタイムといいます．適切なリードタイムの確保も重要な評価の対象となっています．

〔3〕ブライアースコア

確率予報の精度評価に使われます．

（a）降水確率予報

ブライアースコアの説明をする前に，毎日発表されている降水確率予報につい

コラム　天気予報の適中率

夏の雷雨などではよくあることですが，予報対象地域の50％にしか雨が降らなかった場合，「雨有り」と予報しても「雨無し」と予報しても適中率は50％にしかなりません．昨日は100％だったけど今日は50％だといって，必ずしも今日の予報が悪いとはいえません．ある程度長い期間の平均で比較する必要があります．

1.4 予報精度の評価

て，説明をしておきます．降水確率予報は府県をいくつかに細分した地域を対象（週間天気予報は府県単位）としています．予報期間は6時間を単位としています．つまり，対象とした地域で6時間（週間天気予報は24時間）の内に，どこかで1mm以上の雨が降る確率を予報したものです．雨の多い少ないは予報していません．雪の場合は溶かした降水量が1mm以上となる確率です．

雨が降るか否かという断定したカテゴリー予報では，時に予報が外れることがあります．このため，予報の確からしさの情報も付加して各々の利用者の都合に合わせて有効に利用してもらうことを目的とした予報です．

それでは確率とはどういう意味でしょう．例えば降水確率30％と言った場合，100回の内30回は雨が降ると予報したことをいいます．対象とした地域でも山沿いのように雨の降りやすい場所や平野部のように降りにくい場所があります．しかし，降水確率予報は対象とした地域の中については区別していません．

（b） 降水確率予報の精度評価

さて，いま説明した確率予報の定義からは，30％の確率予報は，同じ予報が100回発表されたら，その内実際に30回現象が起こったら予報は最適だったといえます．

しかしこれでは1つ1つの予報の有効性がわかりません．最も有効な予報は，雨が降った時には100％，降らなかった時には0％と見なして評価します．このようなことから，予報の有効性を評価するにはブライアースコア（Brier Score：BS）が用いられます．予想された「確率値（$P = 0 \sim 100\% = 0 \sim 1$）」と「実際に起きた現象の有無（$O = 0$ または 1）」の差の2乗 $(P - O)^2$ を対象予報域内

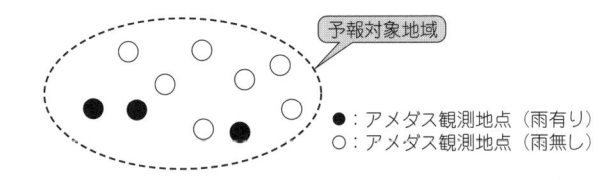

<ブライアースコア（BS）の計算>（降水確率予報が30％の場合）
● 印の地点の $BS = (0.3 - 1)^2 = 0.49$
○ 印の地点の $BS = (0.3 - 0)^2 = 0.09$
予報対象地域の $BS = (0.49 \times 3 + 0.09 \times 7)/10 = 0.21$

図1.13　ブライアースコアの計算

で求めて表します．ブライアースコアが0となるのが，最も有効な予報です（図 **1.13**）．

適中率と同様に降水確率予報も広がりのある予報対象地域に対して1つの予報ですから，アメダス観測地点毎のBSを平均して評価しています．この場合，BSを最小にする予報は，適中率で説明した最適予報，つまり雨を観測したアメダス観測地点の割合（実況降水面積率）になります．

コラム　予報技術の評価

予報技術の評価という点では，無作為に作った予報の精度と比較する方法が取られることがあります．例えば，今降っている雨がこのまま降り続くと予報する「持続予報」，平年値（過去30年間の平均値）を予報とする「気候値予報」と比較して，どの程度改善されているかで評価します．

練習問題

問題1

方程式系や物理過程が同じ数値予報モデルで，水平方向の格子間隔を半分にして，鉛直層を1.5倍に増やした場合に予測計算量は何倍になるでしょうか，正しいものを選びなさい．ただし，予測計算の時間間隔は同じとします．
① 8倍　　② 6倍　　③ 4倍
④ 3倍　　⑤ 2倍

問題2

数値予報には自ずと限界があります．限界の理由で正しくないものを選びなさい．
① 数値予報で扱う仮想空間の地形が実際と異なるため．
② 格子間隔以下の気象現象の取り扱いに実際とは違う仮定があるため．
③ 稀な気象現象の予測が困難なため．
④ 気象現象が複雑系をしているため．

⑤ 微細な気象現象に対しては格子間隔が粗く，それらを表現できないため．

問題3

気象庁が日々発表している降水確率予報について，記述が正しいものを選びなさい．
① 大雨が降ると予想される場合には降水確率は高い．
② 降水確率予報は発表された地域のどの地点でも同じ降水確率を示している．
③ 降水確率予報は3時間単位に発表されている．
④ 降水確率予報は冬になると降雪確率予報として発表される．
⑤ 降水確率予報30％以上なら，傘を持つなどの雨の対策が必要である．

問題4

午前5時に東京地方に「今日は晴れ後曇りで昼前から雨」という予報が気象庁から発表されました．東京地方のアメダス観測の記録は下表の通りでした．分割表を作って予報の適中率を計算し，正しいものを選びなさい．

表　東京地方の時間帯別降水量〔mm〕

	00〜06時	06〜12時	12〜18時	18〜24時
小河内	1	0	0	0
小　沢	2	0	0	0
青　梅	1	0	0	0
八王子	0	4	0	0
府　中	0	2	2	1
練　馬	0	3	6	2
東　京	0	1	3	2
世田谷	0	0	5	2
新木場	0	3	0	2
羽　田	0	2	0	1

① 40％　　② 50％　　③ 60％　　④ 70％　　⑤ 100％

メ　モ

第2章
観測とその成果の利用

本章について
　本章では，気象観測の種類や内容，そしてその利用について概略を解説します．現在の天気の状態がわからなければ，その後の天気予報はできません．第1章でも述べたように，注意深く気象現象を解析して，気象現象を正しく理解することが天気予報の第一歩です．観測データやその利用に関する知識も気象予報士にとって不可欠な事柄です．

2.1 地上気象観測

　地上気象観測は昔から行われている最も基本的な気象観測で，観測データは国際的に交換されています．船舶の海上気象観測は地上気象観測に準じて行われ，その他に波の高さ（波高），波が進んでくる方向（波向），周期などの観測が加わります．近年，気象観測は自動観測が進んでいますが，人間の目視による観測も行われています．日本では全国で約110の気象台や測候所で観測が行われています．これに加えて約50の特別地域観測所では自動観測のみ行っています．
　本節では，アメダス観測網も含めて地上気象観測の概要を説明します．

〔1〕地上気象観測の分類と観測時刻

　地上気象観測は通報観測と気候観測に分けられます．
　大気に国境が無いといわれるように，気象現象の把握には地球規模の監視と解析が必要です．このため，定められた時刻に定められた種目について観測し，その結果を直ちに世界各国で相互に交換しています．これを通報観測といいます．
　一方，気候観測は，長期にわたる大気の変動を監視するとともに，観測結果を統計的に整理して気候資料としてさまざまな分野で利用することを目的としています．
　観測時刻は協定世界時の00UTC（日本標準時9時）を基点としています．1日の観測回数は各国・各気象観測所によってそれぞれ決められていますが，00UTCと12UTC（日本標準時9時と21時）の2回の観測は，後で述べる高層気象観測とともに重要な観測です．日本では，これ以外の時刻にも気象台や測候所によっては1日7回（15UTCを除いた3時間毎）の観測が行われています．また，観測種目によっては後述するアメダス観測と同様に10分毎に自動観測が行われています．

〔2〕自動観測の観測種目と方法

　図2.1に主な自動観測の測器を示します．以前は，気象台や測候所といえば，

2.1 地上気象観測

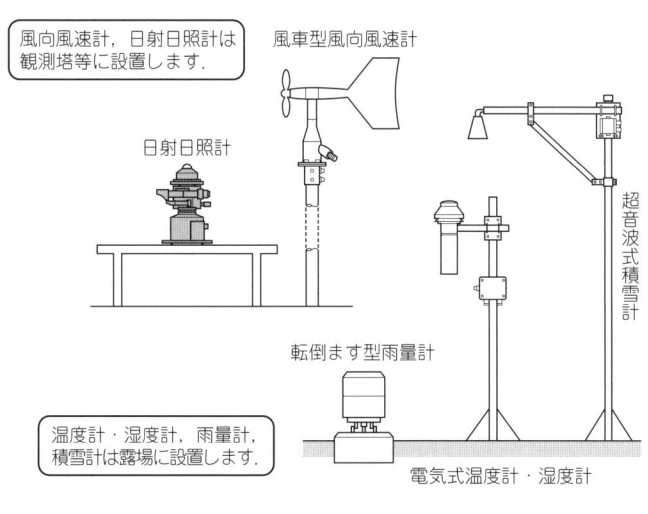

図2.1 気象台の地上気象観測測器（気象庁提供）

芝生を植えた緑の露場とまっ白い百葉箱（ひゃくようそう）が看板のようなものでした．現在は百葉箱を使っていません．露場には，日射の反射熱を軽減したり，雨が地面に跳ねて雨量計に入らないようにするために芝生を植えています．また，周囲の建物などの影響を受けないように，露場には一定以上の広さが必要です．

（a）気圧の観測

気圧は風によって微妙に変化するので，風の影響の少ない屋内の気圧計室で観測します．水銀気圧計が良く知られていますが，通常の観測を行う電気式気圧計を検定するための基準器として使われています．気圧（現地気圧）は標高によっても違うので，観測地点間の比較が必要な天気図などには東京湾平均海面高度に換算した「海面気圧」が用いられます．この補正を「海面更正」といいます．

（b）気温の観測

大気の温度（気温）を確実に測るために，日射や地表などからの反射熱の影響を受けない測器を用い，風通しの良い露場の地上 1.5 m の高さで観測します．

（c）湿度の観測

気温と同様に地上 1.5 m の高さで観測します．

（d）風の観測

周囲の建物などの影響を受けない開けた場所で，原則として測風塔などの地上

10 m の高さで観測します．瞬間の風速と 10 分間平均した風速を観測します．通常は風速と言えば 10 分間平均風速をいいます．

　風向は風が吹いてくる方向です．北風は北から南に風が吹いていること示しています．北→北北東→北東→東と 16 方位で観測する場合と北を 36 として 10 度ずつ刻む 36 方位で観測する場合があります．

(e)　降水量の観測

　周囲の建物の影響により気流が乱れないこと，地面で跳ねた雨が受水口に入らないことに注意して，一定の広さのある露場で観測します．

　降水量は，降った雨が地面に浸透せずに溜まった雨水の深さを表します．雪の場合の降水量とは地上に達した雪を溶かした時の水の深さになります．

　雨量観測には「転倒ます型雨量計」を使います．直径 20 cm の受水口に降った雨を溜めて「ます」に受けて，「ます」が一杯になったら転倒させて空にします．「ます」は 0.5 mm の雨で一杯になり転倒し，転倒した回数を合計して雨量とするので，降水量の観測は 0.5 mm 単位で行われます．

(f)　積雪の深さ・降雪の深さの観測

　雪の観測も，周囲の建物などの影響で吹き溜まりができないような開けた露場で観測します．

　積雪の深さは，レーザーや超音波を利用した積雪計で観測しますが，積雪計の無い雪の少ない地域では「雪尺」と呼ぶ物差しを建てて，積もった雪の深さを測定します．

　降雪の深さは，一定期間に降った雪の深さですが，降り積もった雪は溶けたり沈んだりします．このため，積雪計の 1 時間毎の増分を合計した降雪の深さとします．

(g)　日射量および日照時間の観測

　日射量の観測には，太陽から直接地上に達する日射量を観測する「直達日射」，これに加えて空の全方向から入射する散乱日射量や雲などからの反射日射量を合わせた「全天日射」の観測があります．また，日照時間は，直達日射が地表を照射した時間で表します．いずれも，地表が受ける熱量を観測するためのもので，動植物の生育をはじめ人間活動に直接影響を与える重要な観測種目です．

〔3〕目視観測の観測項目と方法
(a) 雲の観測

雲の観測には雲形，雲量，雲高などの観測があります．

雲形はその時の大気の状態，つまり低気圧の接近，大気の安定度などをよく表しており，大事な観測です．雲形は大きく分けて，もくもくと縦に発達した積雲系の雲と，水平方向に広がった層雲形の雲に分けられます．また，日本付近では地上から 2 km 位までにできる下層雲，2〜7 km 位までにできる中層雲，5〜13 km 位にできる上層雲の 3 種類にも分けられます．このような分け方をもとに，図 2.2 で示す 10 種類の雲形に分けて観測し，上層雲，中層雲，下層雲ごとにそれぞれ広がりの程度などを加味し，符号化して通報します．

雲量は雲が全天の何割を覆っているかを観測します．全天を 10 分割して，その内の 8 割が雲に覆われていれば雲量 8 となります．通報観測および航空気象観測の場合は全天を 8 分割して観測します．

雲底高度の観測は大気の安定度にも関係し，また着陸しようとする航空機にとっては重要な情報です．高度を下げて着陸する時に，どの時点で滑走路が視認できるか想定できるからです．航空気象観測ではレーザーを地上から発射し，雲に反射して返ってきた時間から雲底高度を測る「シーロメーター」を使った自動観測も行われています．

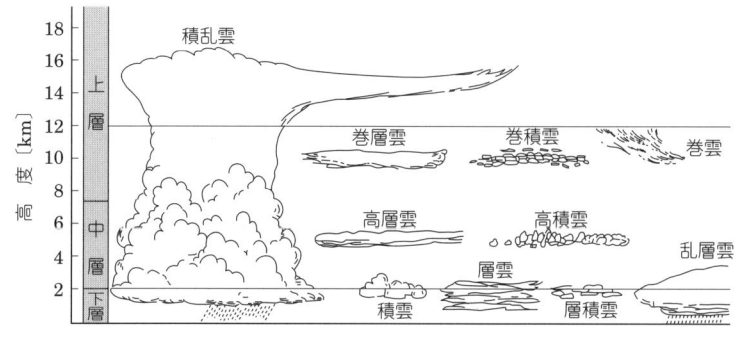

雲の形状（層雲系か積雲系）と現れる高度（下層/中層/高層）の組合せで分類されています．

図 2.2 国際 10 種雲形（出典：二宮洸三・新田尚・山岸米二郎，図解　気象の大百科，オーム社（1997））

（b） 大気現象の観測

　雨や雪や雷など，観測時刻とその前 1 時間以内に起こった重要な大気現象を観測して通報します．国際的に大気現象は 100 種類に分類され，00 ～ 99 の番号で通報します．例えば，40 番台は霧，50 番台は霧雨，60 番台は雨，70 番台は雪，80 番台はしゅう雨（しゅう雪），90 番台は雷などに分類されています．番号の 1 番台はそれぞれの現象の強弱などの状態を表します（詳細は巻末の付録 2 参照）．

（c） 視程の観測

　視程はどの程度見通しが利くのかを観測するもので，交通機関の運行，大気の汚染状況の監視などに必要な観測です．また，航空機の着陸時には雲底高度と同様に，どの時点で滑走路が視認できるかがわかる重要な要素です．

　観測の方法は，あらかじめ山や高い建物などまでの距離を調べた結果をもとに，「視程目標図」を作っておき，その目標物の視認の可否で決めます．

　特別地域観測所では「視程計」で自動観測をしています．また，航空気象観測では大気の混濁度を測定して滑走路上の視程に換算する「滑走路視距離計」により自動観測が行われています．

〔4〕アメダス観測

　テレビですっかりおなじみのアメダスは，正式には AMeDAS（Automated Meteorological Data Acquisition System）です．日本語では地域気象観測システムといい，世界にも稀な高度な観測システムです．観測を開始して以来およそ 30 年経ち，日々の天気予報や異常気象の監視などには，レーダー，気象衛星とともに欠かすことはできません．観測の方法は一般の地上気象観測に準じて自動的に行われています．

（a） 観測項目と観測地点

　「降水量，気温，風向・風速，日照時間」をアメダス 4 要素と呼び，全国で約 850 か所の観測所があります．平均すると約 21 km 四方に 1 つの観測密度になります．

　「降水量」の観測は全国約 1 300 か所で行われています．平均すると約 17 km 四方に 1 つの観測密度になります．

　「積雪の深さ」の観測はレーザーや超音波を用いた積雪計によって，多雪地域

を中心に全国290か所で行われています．また，積雪の1時間毎の増分を加えて「降雪の深さ」としています．
(b) 観測時刻

10分毎に観測し，直ちに日本中のデータが集められ，およそ5分後には全国の気象台，報道機関，民間気象事業者などに配信され利用されています．

2.2 高層気象観測

定常的な高層観測は第二世界大戦後から始まり，大気の立体構造の解析が可能になり，さまざまな気象現象が見つかりました．現在は，気球によるラジオゾンデや航空機による観測以外に，リモートセンシング技術によるウィンドプロファイラ観測も行われています．図2.3に気象庁の高層気象観測網を示します．ラジオゾンデ観測が18か所，ウィンドプロファイラ観測が31か所で行われています．

〔1〕 ラジオゾンデ観測
(a) 観測種目と観測時刻

観測種目は，気圧，気温，湿度，高度，風向・風速です．

協定世界時の00UTCと12UTC（日本標準時9時と21時）の1日2回，世界中で一斉に観測されています．観測結果は，指定気圧面（850 hPa，700 hPa，500 hPa，300 hPaなど），および「特異点」のデータを世界中に通報します．特異点とは気温の変化が高度とともに一定の基準以上に変わるような高度をいいます．

(b) 観測の方法

比重の軽い水素とヘリウムを気球に充填し，ゾンデ（観測機器）をぶら下げて，気球を上昇させます．上昇するゾンデから刻々と無線で送られてくる観測データは，ゾンデを自動的に追尾するパラボラアンテナで受信します．気球はおよそ90分で高度30 km位にまで達します．さらに高度を上げ周囲の気圧が低くなると，気球の耐用限界にまで膨張し，最後には気球が破裂して，ゾンデは落下傘で

図 2.3　気象庁の高層気象観測網（気象庁提供）

地上に落ちてきます。

　上昇していく途中で気温などを瞬時に測る必要があるため，周囲の気温などにすばやく応答するセンサーが使われています．気圧計には，密閉した金属が気圧により伸縮して静電容量を変化させることを利用した「静電容量変化型空ごう気圧計」を使用しています．また温度計には，温度によって金属抵抗が違うことを利用した「サーミスター温度計」を使っています．さらに湿度計には，2枚の電極に挟まれた高分子膜の湿度による静電容量の変化を利用した「静電容量変化型湿度計」が使われています．

　高度のデータは，上昇途中で観測された気圧と気温から気層の厚さ（層厚）を

2.2 高層気象観測

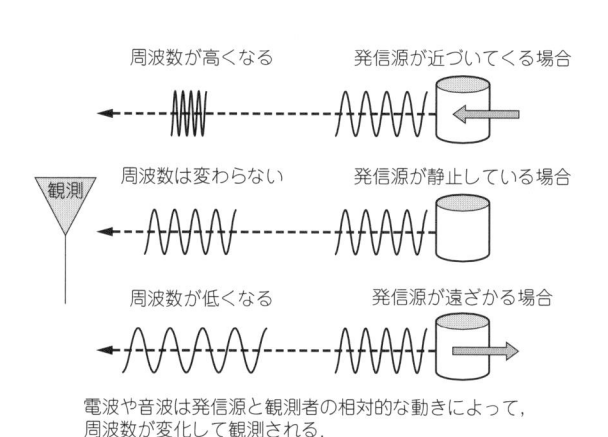

図2.4 ドップラー効果

計算し，それを順次積み上げることにより計算します．

風向・風速は，気球が気流に流されているものとして求めますが，レーウィンゾンデとGPSゾンデでは方法が異なります．

レーウィンゾンデでは，追尾しているアンテナの方位と仰角に高度のデータを加えて気球の位置を特定し，ある時間内に移動した距離と方向から風向・風速を計算します．

GPSゾンデは，アメリカ国防省の航法支援システム衛星から発射されている電波のドップラー効果による周波数の変化によって，衛星に対する気球の速度を求めます．ドップラー効果とは，図2.4に示すように，移動しているものから発射される電波や音波，または移動しているものが反射する電波や音波の周波数が変化する効果をいいます．近づきつつある場合には周波数は高く，遠ざかりつつある場合には周波数は低く変化します．1つの衛星に対する速度だけでは実際の風向・風速は求められないので，3つ以上の衛星を使っています．

気象庁のGPSゾンデはまだ5か所ですが，順次レーウィンゾンデからGPSゾンデへ更新されていく計画です．

〔2〕 ウィンドプロファイラ観測

(a) 観測種目と観測時刻など

ウィンドプロファイラは，およそ高度5kmまで300mごとの風向・風速，

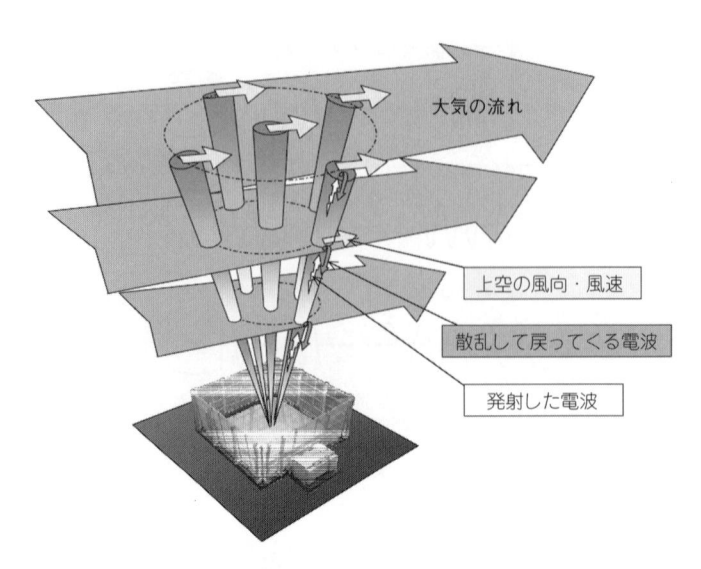

図 2.5 ウィンドプロファイラ観測のしくみ（気象庁提供）

鉛直速度などを観測しています．24時間10分間隔で観測していますが，1時間毎に集信して品質管理を経て，1時間分まとめて配信されています．

（b）観測の方法

電波を上空に発射して，大気の屈折率のゆらぎや降水粒子によって散乱されて戻ってきた電波を受信します．大気のゆらぎや降水粒子は風によって移動しているので，そのドップラー効果を利用して電波を発射したアンテナに近づいているのか，遠ざかっているのかを測定します．つまり，電波の進む方向に沿った風速の成分を測定します．

実際には図2.5に示すように，上空に電波を発射して5つのビームのそれぞれの電波の進む方向の風速から，風向・風速，鉛直速度を求めます．つまり，5つのビームが取り巻く範囲内の平均的な風を観測していることに注意が必要です．その範囲は高さとともに広くなり，5 kmの高さでは半径900 mの円になります．

（c）観測データ利用上の注意点

大気中の水蒸気が多い場合は，電波の散乱が大きいため約5 kmの高度まで観測できますが，乾燥した大気では観測できる高度は低くなります．

鉛直速度は，降水が無い場合は大気の鉛直流を，降水がある場合は降水粒子の

2.2 高層気象観測

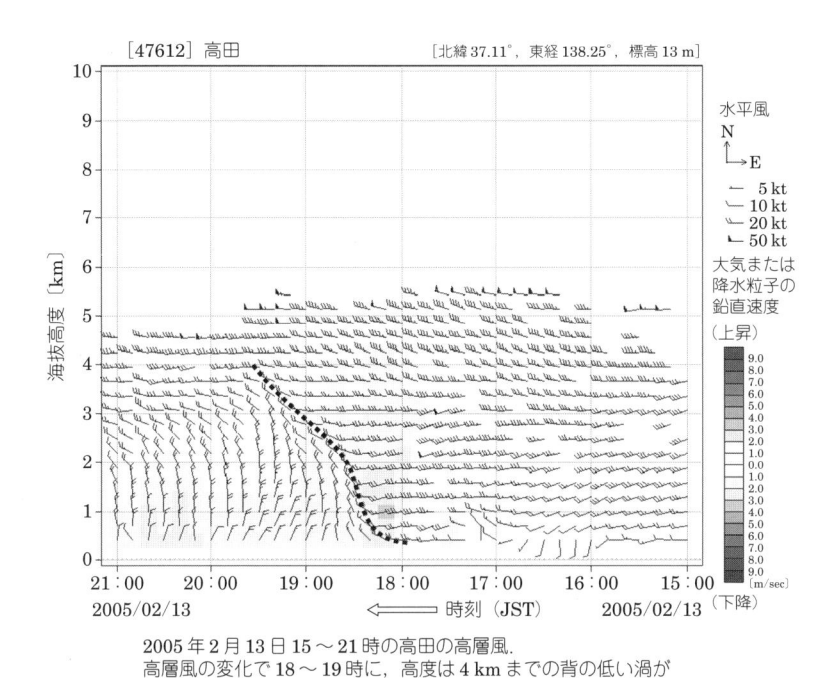

図 2.6 ウィンドプロファイラによる観測例（気象庁提供，口絵参照）

2005年2月13日15〜21時の高田の高層風．
高層風の変化で18〜19時に，高度は4 kmまでの背の低い渦が
通過したことがわかります．その変化を太破線で示します．

鉛直流を観測しています．

極端に短い時間スケールの現象や，降水粒子の分布が高度5 kmで半径900 mの円内で不均一な降水現象の始まりや終わりの時期には，品質管理によって観測データが削除されることがあります．

図2.6（口絵参照）に観測例を示します．ラジオゾンデ観測ではわからないような大気の小さな渦の存在も検出できます．

〔3〕航空機による観測

航空機は，国際的に定められた地点で航空管制センターに通報しなければなりません．その際に，時刻や自機の識別符号や飛行高度などの他，気温，風向・風速，乱気流や機体への着氷などの気象に関する通報も行われます．観測地点は限られてはいますが，特に海洋上の航空機の観測データは，ゾンデ観測などでは得

2.3 気象レーダー観測

られない貴重なデータといえます．また，航空機によっては自動的に風や気温を観測して通報するシステムを搭載しているものもあり，徐々に普及しつつあります．

降水があるかどうかは天気予報で一番気を使うところです．降水の様子を広範囲に観測できる気象レーダーは，天気予報には欠かせません．気象レーダー観測

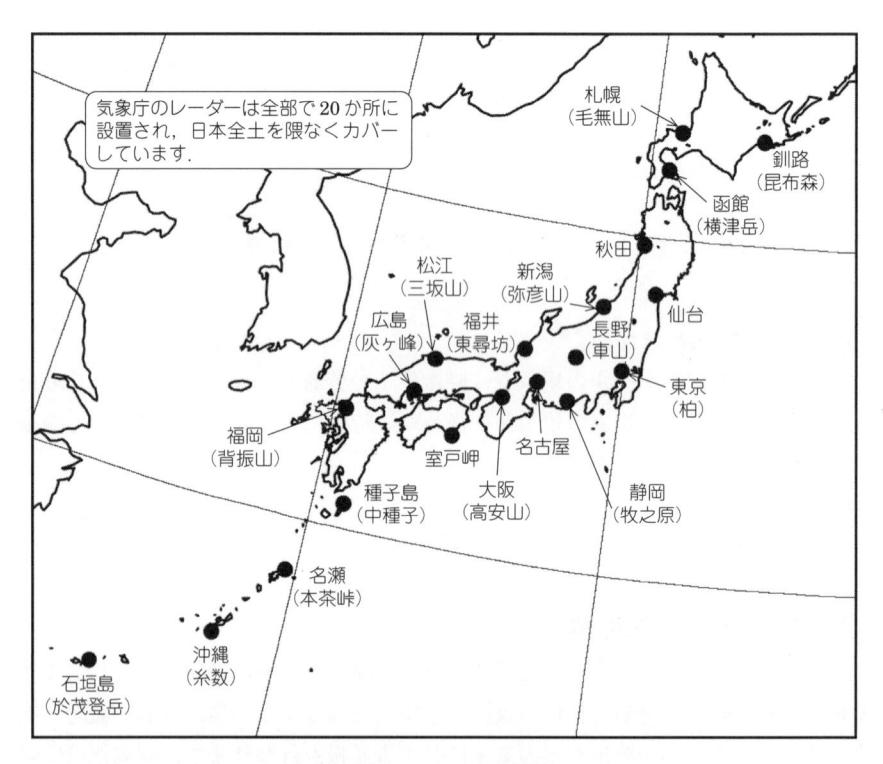

> 気象庁のレーダーは全部で20か所に設置され，日本全土を限なくカバーしています．

図 2.7　気象庁の気象レーダー配置図（気象庁提供）

は日本でもすでに40年以上の歴史があり，今では洪水対策やダムの水資源の管理などのために気象庁以外の機関でも観測を行っています．

また最近は，降水強度だけでなく，ドップラー効果を利用して，降水雲の中の気流も観測できる気象ドップラーレーダーが展開されつつあります．すでに主要空港の気象官署に設置されている他，一般の東京レーダーもドップラー化され，順次ドップラーレーダーに変える計画です．図 2.7 に気象庁のレーダーの配置を示します．全部で20台が配置され日本全体を隙間無く観測しています．

〔1〕 気象レーダー観測の原理
(a) 気象レーダーの原理

図 2.8 に気象レーダーの原理を示します．気象レーダーは周波数の高い電波を鋭いビーム状にして間けつ的に発射し，降水雲の中の降水粒子（雨粒や雪片）に反射し戻ってきた電波の往復の時間から，降水雲までの距離を測ります．また，アンテナを回転させ，その方位によって降水雲のある方向がわかります．さらに，アンテナの仰角を上下することにより鉛直方向の降水雲の分布や雲頂高度もわかります．

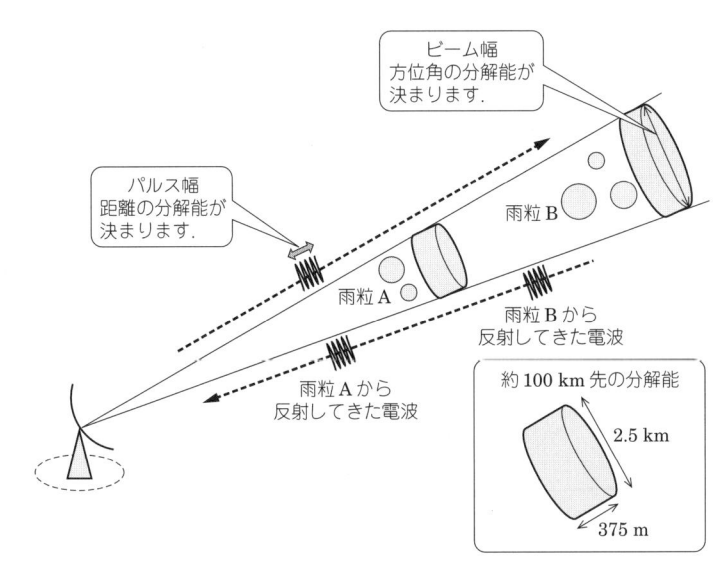

図 2.8 気象レーダーの原理

発射する電波の周波数は途中の降水粒子による減衰が少なく，かつ降水粒子からの反射が得られる必要があるため，気象レーダーの周波数は 5 GHz（ギガヘルツ）帯が一般的に用いられます．

電波のビームの幅は 1.5 度とたいへん鋭いのですが，それでも 100 km 先では直径はおおよそ 2.5 km にも広がります．これが，方位角の分解能になります．また，1 回に発射する電波は 2.5 μsec（2.5/1 000 000 秒）と極めて短く，この間に電波はおよそ 375 m の距離を往復します．これが距離の分解能になります．つまり，レーダーの分解能はレーダーサイトからの距離によって異なり，例えば 100 km 先では直径 2.5 km，長さ 375 m の円柱の大きさが識別できる最小の大きさになります．

(b) 気象レーダーの探知範囲

図 2.9 に基づいてレーダーの探知範囲について説明します．高い周波数の電波は直進性が強い性質を持っています．一方，地球は丸いためにレーダーサイトから水平に電波を発射しても，距離が遠くなれば，電波は降水雲の上を通ってしまいます．見晴らしの良いできるだけ標高の高い所にレーダーを設置するのはこのためです．気象庁のレーダーの探知範囲はおよそ 300 km です．さらに，当然ですが山かげまでは電波は届きません．このように，1 つ 1 つの気象レーダーの降水雲の探知能力には自ずと限界があるので，後述するレーダー合成図が作られています．

(c) 雨量計としての気象レーダー

降水粒子によって反射してきた電波の強さを降水強度に換算します．電波は大きな降水粒子が多いほど強く，逆に小さな降水粒子が少ないほど弱く反射してく

図 2.9 気象レーダーの探知範囲

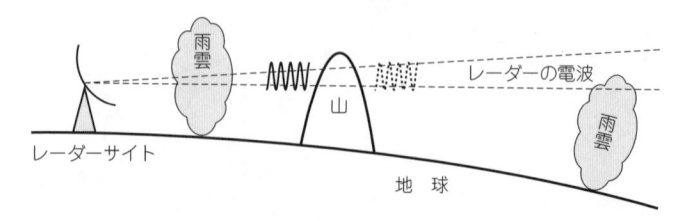

るだろう，ということはわかります．しかし，実際には雷雨のような大粒で激しく降る雨，低気圧に伴ってしとしと降る雨など，降水によって降水粒子の大きさとその数はさまざまです．また，降水も雨なのか雪なのか霰なのかによっても反射する電波の強さは違います．それらの気象状況や降水の種類によって換算式を替えればよいのですが，日々の天気予報で常に使われている気象レーダーでは，最も汎用性のある換算式の1つを使っています．

このため，雨量計としての気象レーダーの精度は決して高くはなく，相対的な降水強度の分布としてみるべきです．この欠点をアメダス観測所の降水量のデータで補ったものが解析雨量（レーダー・アメダス）です．これについては，本章の最後で説明します．

〔2〕 レーダーエコー合成図とその利用
(a) レーダーエコー

アンテナから発射して物体に反射して戻ってきた電波をレーダーエコーまたは単にエコーと呼びます．電波は降水粒子だけでなく，さまざまなものから反射してきます．この中で降水粒子によるエコーを降水エコーと呼び，それ以外のエコーを非降水エコーと呼びます．天気予報で使う気象レーダーでは，降水エコーだけを取り出す必要があります．

非降水エコーの1つに山などから戻ってくるエコーがあります．地形エコーと呼びます．1つ1つの降水粒子が気流に乗って激しく動いているので，降水エコーは戻ってきた電波に細かい強弱の変動があります．それに比べて地形エコーには変動がないので，その差で区別して地形エコーを除去します．

また，海の波から反射してくるエコーがあります．シークラッターとも呼びます．海が荒れ波の高い時にはシークラッターも強くなります．シークラッターは降水粒子と同様に戻ってきた電波の強弱は変動が激しく，降水エコーとは区別できません．これには，アンテナの仰角を上げることにより，降水と区別します．しかし，気象状況によっては地形エコーやシークラッターが消え残る場合もあるので注意が必要です．

(b) 降水エコーの鉛直分布

降水雲の中は複雑で，上空に多量の降水粒子があっても，雲の中の上昇流や落下してくる途中で蒸発するなどのため，降水として地上に落ちてくるとは限りま

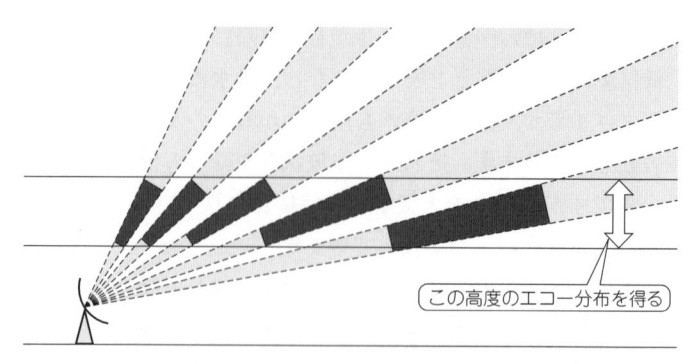

1回転ごとにアンテナの仰角を変えてビーム状に電波を発射します．仰角ごとに違う距離のレーダーエコー（ビームの中の黒い部分）を抽出し，合成すれば矢印で示した一定の高さの雨雲の分布がわかります．

図2.10　高度2kmのレーダーエコー

せん．つまり，降っている降水強度がそのまま上空まで続いているのではありません．そこで，気象レーダー観測ではアンテナを1回転するたびに，アンテナの仰角を上下させて降水強度の鉛直分布も観測しています．

　日常的な天気予報では，実際に地上に降ってくるだろう降水強度の監視を主眼として，おおむね高度2kmにおける降水を監視しています．**図2.10**のようにアンテナ仰角の大きい時に観測したエコーはレーダーサイトから近い所だけを，仰角の小さい時のエコーは遠い所だけを使い，各々合成して一定高度のエコー分布を得ています．およそ2kmの高度の降水強度をみています．このため，2kmの高度で降水エコーが観測されても，地上には降水が無いという場合もあります．このようなエコーを「上空のエコー」と呼びます．

（c）　レーダーエコー合成図

　前述したように1つ1つのレーダーの探知能力には限界があります．そこで，隣接するレーダー同士でお互いの分解能や探知能力を補い合うために，レーダー合成図が作られます．レーダーエコー合成図は，1km格子毎に1時間雨量に換算した強度として10分毎に作られて利用されています．

〔3〕　気象ドップラーレーダー

　降水粒子は降水雲の中の気流によって流されています．そこで，レーダーの電

波が降水粒子に反射され戻って来た時のドップラー効果を利用すれば，降水粒子のスピードつまり雲の中の気流がわかります．これを観測するレーダーを気象ドップラーレーダーといいます．ウィンドプロファイラの場合には，降水粒子が無くとも空気の屈折率のゆらぎで戻ってきた電波のドップラー効果も利用していましたが，ドップラーレーダーの場合には降水粒子がなければなりません．

現在，主要空港の気象台や測候所に設置されている気象ドップラーレーダーのデータは，航空機の離着陸に大きな影響を与える積乱雲からの強い下降流に伴うマイクロバーストや低層ウィンドシアー（風向や風速の急激な変化）の検出に使われています．

一般の気象台のレーダーも東京レーダーはすでにドップラー化され，今後順次ドップラー化される計画です．今後の活用が期待されています．

2.4 気象衛星観測

気象衛星による観測は，広い範囲の雲の状態を一望できる点で他に勝るものはありません．静止気象衛星「ひまわり」の観測が始まって30年近く経ちます．この間，雲や大気中の水蒸気あるいは上層風や海面水温の常時観測が続けられ，さまざまな気象現象が明らかになってきました．今では台風の発生から消滅までの推移，冬の日本海の雪雲の状況等々の気象現象の監視には不可欠になっています．2005年からは気象観測と航空管制の2つの役割を持った運輸多目的衛星「ひまわり6号」が観測を続けています．

〔1〕 世界の気象衛星
（a） 静止気象衛星

人工衛星を赤道上空およそ36 000 kmに打ち上げて地球の自転と同じ方向に地球の周りを回転させると，その回転周期は地球の自転周期と同じとなり，地球からみると相対的に静止していることになります．

これに可視光線や赤外線のセンサーを搭載した衛星が静止気象衛星です．可視

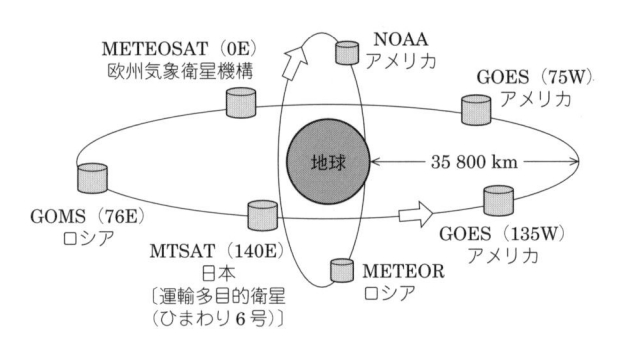

図 2.11　世界の気象衛星

光線は太陽光の反射を観測し，赤外線は地球表面の物体から放射されるエネルギーを観測します．赤道上空に静止しているために，北極や南極に近い高緯度ほど斜めから観測することになり解像度（分解能）は悪くなるという短所があります．しかし，広範囲に，そしてなによりも常時観測できるという長所から日常的な天気予報に使われています．

現在，世界に5つの静止気象衛星が常時観測をしており，地球全体の雲や水蒸気などの観測が行われ，その結果は世界中で交換されています．図 2.11 に世界の気象衛星を示します．

（b）極軌道気象衛星

極軌道気象衛星は，およそ上空 1 000 km の高度を北極と南極を通り南北方向に2時間で1周します．極軌道気象衛星にはアメリカの NOAA，ロシアの METEOR があります．

極軌道気象衛星は，軌道の高度が低いので1回の観測範囲が狭く，静止気象衛星のように一定領域を常時観測することはできません．しかし，軌道高度が低いため衛星直下での解像度は静止気象衛星よりはるかに高いという長所があります．また，大気の鉛直気温分布を観測したり，海上風を観測する極軌道気象衛星もあります．極軌道気象衛星のデータは日常的には，砂漠や海洋上のデータ空白域における数値予報の初期値を作るためなどに使われています．

〔2〕静止気象衛星（ひまわり6号）

ひまわり1号～5号までは，自らを回転させてセンサーが地球を東西に走査し

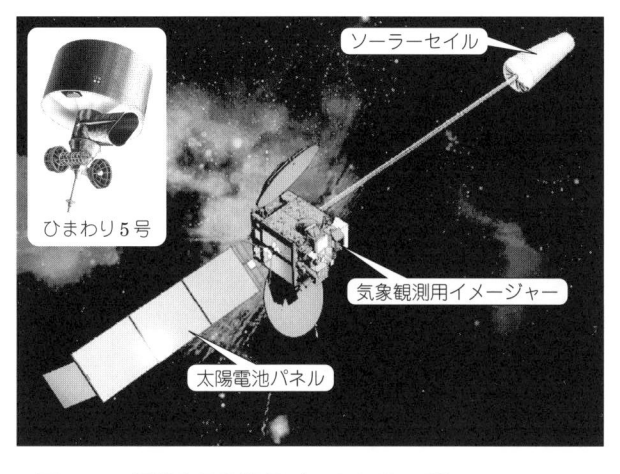

図2.12 運輸多目的衛星（ひまわり6号）（気象庁提供）

表2.1 ひまわり6号の性能

チャンネル	観測波長帯 〔μm〕	分解能 空間〔km〕	分解能 反射量・輝度温度〔階調〕
可視（VIS）	0.55～0.90	1	1 024
赤外1（IR1）	10.3～11.3	4	1 024
赤外2（IR2）	11.5～12.5	4	1 024
赤外3（IR3）	6.5～7.0	4	1 024
赤外4（IR4）	3.5～4.0	4	1 024

て観測していました．つまり，1回転のほとんどの時間は，センサーが宇宙空間に向いていたことになります．一方，ひまわり6号は，「衛星の進行方向」「地球の自転軸の方向」「地球に向う方向」の直交した3軸で制御されており，常にセンサーは地球の方向を向いています．これまでのひまわりに比べて1回の観測時間を短縮したり，解像度を上げることも可能になります．**図2.12**のように，これまでの見慣れた「ひまわり」は長さ3～4m程度の円筒形でしたが，6号では太陽電池パネルを含めて30m以上とずいぶん大きくなっています．

表2.1に「ひまわり6号」の観測チャンネル，空間分解能，反射量・輝度温度

分解能を示します．また，観測は，北半球（北極から赤道まで）だけの観測をおおむね30分毎に，全球（北極から南極まで）の観測を1時間毎に行っています．

〔3〕気象衛星画像

図 **2.13** は，2005年2月26日に打ち上げられた「ひまわり6号」が初めて地球に送ってきた時の可視画像（VIS），赤外画像（IR1），水蒸気画像（IR3），赤外画像（IR4）です．画像によってずいぶんと見え方が違うことがわかります．

（a）可視画像（VIS）

雲や地表に反射した太陽の可視光線を画像にしたものです．反射率の高い所ほど輝度が高く白く見え，反射率の低い所ほど輝度も低く黒く見えます．人間の目でみたイメージに近くなっています．しかし，太陽光線の強弱によってその輝度は違います．このため，日本付近では太陽高度が高い03UTC（日本標準時12時）頃には明るく見え，朝夕の太陽高度が低い時には暗く見え，太陽が沈む夜間にはこの画像は得られません．

一般に，天気を悪くする厚い雲や密度の高い雲は太陽光線を良く反射します．また，地表面が雪や氷の場合は反射率が高く，雲のように輝度が高くなります．雪面からの反射は雲と違って動かないので容易に区別ができます．

（b）赤外画像（IR1）

雲や地表面から放射される波長 $10.3 \sim 11.3\ \mu m$ の赤外線を雲や地表面の温度（輝度温度）に変換して画像にしたものです．可視画像との違いは物体自らの表面から放射されている赤外線を観測しているので，夜間でもこの画像を得ることができます．

輝度温度の低い所ほど明るく白く，輝度温度の高い所ほど暗く黒く表わしています．逆に言えば，大気の鉛直気温分布がわかれば，輝度温度から雲頂高度が測定できます．対流圏では上空に行くほど気温が低くなっているので，雲頂高度の高い積乱雲や巻雲は白く輝いて見えます．このため，白く輝いているからといって雨を降らせる雲だとは限りません．また，薄い巻雲では下からの赤外線を透過してしまう場合があるので，実際よりも雲頂高度を低く見積もることがあるので注意が必要です．逆に層雲や霧のようにごく雲頂高度の低い雲は地表面との区別が困難です．

2.4 気象衛星観測

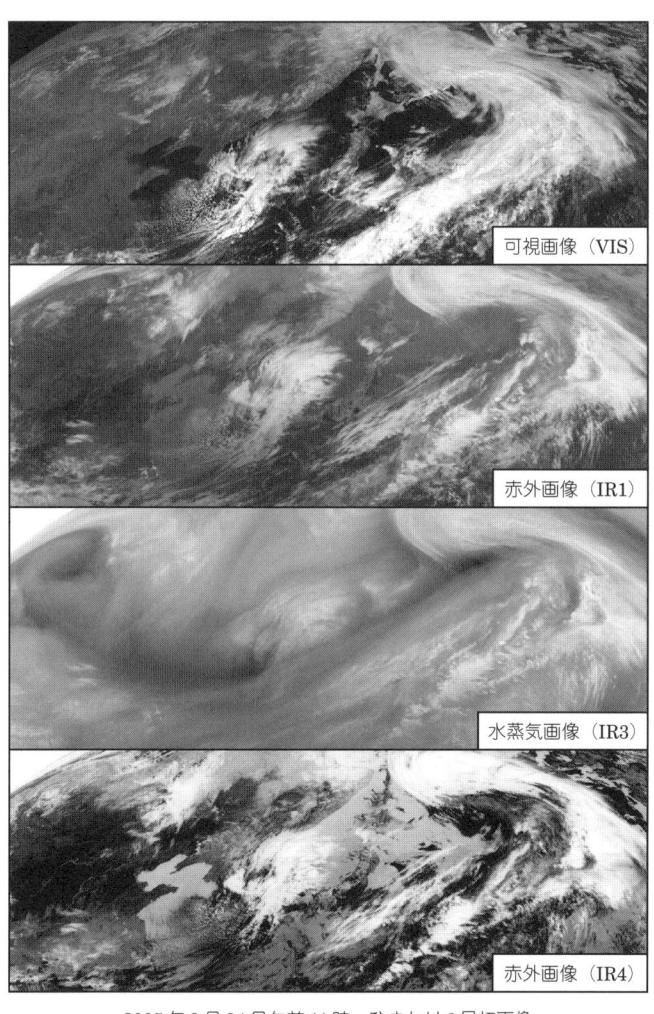

2005年3月24日午前11時 ひまわり6号初画像

図 2.13 可視・赤外・水蒸気画像の例（気象庁提供）

(c) 水蒸気画像（IR3）

波長 6.5〜7.0 μm の赤外線を観測して，輝度温度に変換して画像にしたものです．夜間にも得ることができ，輝度温度の低い所ほど明るく白く，輝度温度の高い所ほど暗く黒く表わしていることは，赤外画像（IR1）と同じです．

赤外画像（IR1）との違いは，この波長の赤外線（IR3）は水蒸気によって吸収されやすいことです．このため，この画像では輝度温度の分布は大気中の水蒸気の分布とみなすことができます．対流圏の中・上層で水蒸気が多い場所では，下層からの赤外線（IR3）が水蒸気により吸収されるので，中・上層からの赤外線（IR3）しか衛星のセンサーに届かずに輝度温度は低く，白く輝いて見えます．逆に水蒸気量の少ない所では，下層からの赤外線（IR3）が吸収されずに衛星のセンサーに届くので輝度温度は高く，黒く暗く見えます．つまり，水蒸気画像では暗く黒い所は対流圏の中・上層における下降流に伴う乾燥した所になります．

(d) 赤外画像（IR4）

「ひまわり6号」から搭載している新しいセンサーによって波長 $3.5 \sim 4.0\,\mu m$ の赤外線を観測して，輝度温度に変換して画像にしたものです．この波長帯の観測になると太陽光線の反射も観測してしまうため，夜間と日中の画像の見え方が異なります．

気象衛星による霧の観測は，これまでの波長帯の赤外画像では海や地面との区別ができないことから，日中にしか得られない可視画像で行われていました．IR4 の赤外画像では夜間の霧が鮮明に観測できることが特徴です．

2.5 解析値とその利用

〔1〕 解析雨量

気象レーダー観測では大変緻密な降水分布を得ることができます．しかし，前に述べたように降水量そのものの観測には誤差が多く含まれます．一方，アメダスなどの地上気象観測では精度の高い雨量データが得られますが，17 km 四方に1つの観測では詳しい降水分布はわかりません．集中豪雨などではアメダス観測所の間隙を縫って降ることは稀ではありません．このように一長一短ある観測

注：地上気象観測における国際10種雲形（図2.2）と気象衛星画像上の雲形（雲型）の対応関係については，表6.1 を参照してください．

2.5 解析値とその利用

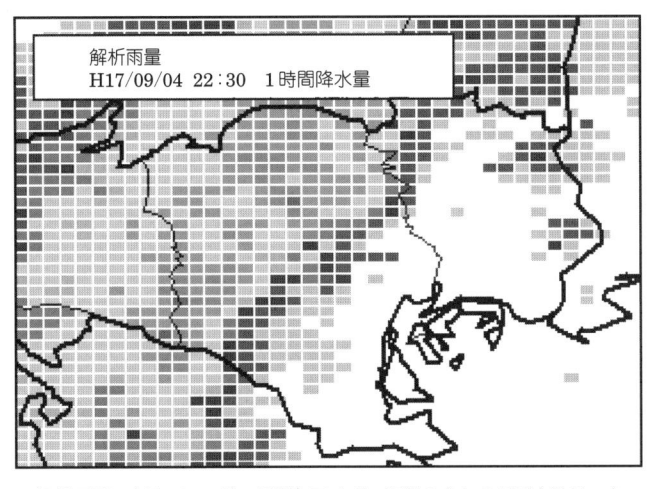

解析雨量
H17/09/04 22:30 1時間降水量

解析雨量により，レーダー観測とアメダス観測の各々の長所を取り，きめ細かく精度の高い降水量分布を得ることができます．1km格子の1時間降水量を30分ごとに解析しています．上図では埼玉県南部から東京23区西部にかけて強い雨域が解析されています．

図2.14　解析雨量図の例（気象庁提供，口絵参照）

データですが，これらを組み合わせることにより空間密度が高く，量的にも精度の良いデータを得ることができます．

つまり，気象レーダーで観測した雨量に対して，その真下のアメダスで観測した雨量を用いて補正量を求め，周辺の気象レーダーの観測値を補正します．気象庁では，これを「解析雨量」と呼び，1km格子の1時間降水強度として30分毎に計算して，観測値に準じて利用しています．図2.14（口絵参照）に実際の例を示しました．

〔2〕毎時大気解析

高層気象観測は，日本全国でラジオゾンデとウィンドプロファイラを合わせて50地点得られます．しかし，海洋上ではほとんど観測データは得られません．もし，精度は少々悪くとも空間的に密なデータがあれば，解析雨量と同様に密度が高く精度の良いデータが得られそうです．

最近では，空間的に密な観測データの代わりに数値予報の予想値が使われています．5km格子のメソ数値予報モデルの予想値をウィンドプロファイラや航空

第 2 章　観測とその成果の利用

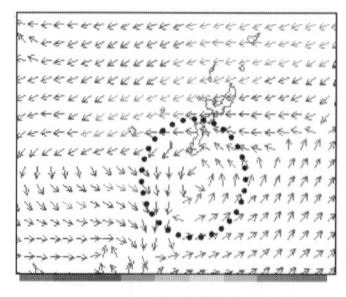

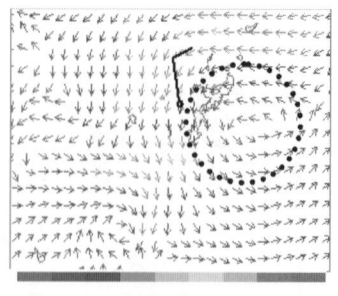

|メソ数値予報|大気解析|

2003 年 10 月 19 日 06UTC（日本時間 15 時）の沖縄付近の上空 700 hPa（約 3 000 m）の風の状況です．
右図の矢羽は航空機の自動観測で得られた風のデータです．これで左図の数値予報の予想結果を，右図のように修正しています．点線の渦の位置が補正されたことがわかります．

図 2.15　毎時大気解析の例（気象庁提供，口絵参照）

機の自動観測データを使い，観測値に対する誤差を最も少なくする最適内挿法という手法で補正します．気象庁ではこれを「毎時大気解析」と呼び，1 時間毎に計算しています．図 2.15（口絵参照）に実例を示しました．これからの活用が期待されています．

練習問題

問題 1

アメダス観測所で自動観測しているアメダス 4 要素で正しいものを選びなさい．
① 気圧，降水量，風向・風速，気温
② 気圧，降水量，風向・風速，湿度
③ 降水量，風向・風速，湿度，視程
④ 降水量，風向・風速，気温，日照時間
⑤ 気圧，降水量，気温，視程

問題 2

ウィンドプロファイラ観測に関する次の記述の中で，間違っているものを選

びなさい．
① 観測原理はドップラーレーダーと同じだが，降水粒子が無い時も観測できる．
② 鉛直流は降水がある時には降水粒子の落下速度を表している．
③ 大気中の水蒸気が多いと電波が届かないため観測可能な高度は低くなる．
④ 観測点上空のある程度の広がりのある領域の平均的な風を観測している．
⑤ 観測データは10分毎に得られるが，時間経過を比較して品質管理を行うため，1時間分まとめて配信される．

問題 3
気象レーダー観測に関する記述の中で間違っているものを選びなさい．
① ウィンドプロファイラは上空の風を，気象レーダーは雲の観測をしている．
② 気象状況によっては，海の波や山岳などの地形がレーダーエコーとして観測されることがあるので注意が必要である．
③ 定高度面を観測したレーダーエコーには，その真下で雨が降っていない場合があるので注意が必要である．
④ レーダーの受信電力と降水強度の換算式は，雨と雪の違い，雨の降り方の違いなどをレーダーエコーから自動的に判別して設定されている．
⑤ 気象ドップラーレーダーは降水粒子が無ければ風の観測もできない．

問題 4
気象衛星観測に関する次の記述の中で，間違っているものを選びなさい．
① 可視画像は太陽光が雲や地表に反射した可視光線を観測している．
② 日本の「ひまわり」は日本付近の分解能が最も高くなるように調整されている．
③ 雨が降っている地域は，水蒸気が飽和していると考えられるので水蒸気画像から判別できる．
④ 極軌道気象衛星は軌道の高度が低いので，一般的に静止気象衛星より分解能が良い．
⑤ 赤外画像は雲や大気や地表が放射する赤外線を観測している．

コラム　世界と日本の大雨

　観測を始めてからの最大雨量や最高気温などを極値といいます．また，30年間の平均値を平年値と呼び，10年ごとに更新しています．現在は1971～2000年の30年間の平均値を使っています．

　日本と世界の雨の極値を表にしました．想像も付かないような雨ですね．住んでいる地域の極値や平年値を地元の気象台のホームページなどで調べておくことも気象予報士には必要なことです．

最大雨量	日本の極値	世界の極値
1時間雨量	187 mm 長崎県長与	305 mm アメリカ・ミズーリ州
日雨量	1 317 mm 徳島県海川	1 870 mm インド洋レユニオン島
月雨量	3 514 mm 奈良県大台ヶ原	9 300 mm インド・メガラヤ
年雨量	8 511 mm 宮崎県えびの	26 461 mm インド・メガラヤ

世界の1時間最大雨量は42分間の記録

（出典：2006年版気象年鑑，気象業務支援センター）

メモ

第3章
気象と地球の基礎知識

本章について

　本章では，学科試験の中の気象学の基礎知識（大気の構造，大気における放射，大気の熱力学，大気の力学）の概要を説明します．これらの基礎知識は気象を理解し天気予報を行うためには欠かすことができません．専門的なことは奥が深くさらに難しい勉強が必要になりますが，ここでは，第一歩としてイメージをしっかりとつかんでほしいと思います．

3.1 大気の構造

[1] 惑星としての地球大気

いうまでもなく，地球は太陽系の中の8つの惑星の1つです．すぐ隣の金星と火星の大気と地球の大気の比較を表3.1に示しました．

大きさも太陽からの距離も地球とはそれほど違わない金星は，表面の気圧が地球の90倍にもなる大気が存在し，表面温度は450℃前後にもなっています．逆に火星にはほとんど大気は無く，表面温度は－100℃前後となっています．表面の気圧や気温の違いや，大気中に酸素や水やオゾンが程よくあることで，地球大気が生命の存在しうる特異で貴重な環境であることがわかります．

地球上の水は，固体，液体，気体といろいろな形（相）で存在することが大きな特徴です．液体としての水は，全体の97％が海水として，2.4％が地下水として，0.02％が河や湖の内水として存在します．固体としての水は極地方の氷として全体の2.4％が存在します．気象に直接かかわりのある大気中の水蒸気は全体の0.001％にすぎません．これら固体，液体，気体としての水の存在が千変万化の気象の変化の源といえます．そして天気とその変化を演出しています．

表3.1 金星・火星と地球の大気の比較

		金星	地球	火星
表面気圧〔気圧＝1 000 hPa〕		90	1	0.006
表面気温〔K〕		720±20	280±20	180±30
大気組成〔％〕	酸素	70 ppm	20.9	0.13
	窒素	3.41	78.1	2.7
	二酸化炭素	96.4	0.03	95.32
	水	0.001	0.1〜1	0.03
	オゾン		0.5 ppm	0.03 ppm

1 ppm＝1/1 000 000　　　K＝℃＋273.15

〔2〕地球大気の鉛直構造

図3.1 に地球大気の気温と気圧の鉛直分布を示します．横軸に気温，左の縦軸に高度と右の縦軸に気圧（対数目盛）をそれぞれ示しています．高度が高くなるにつれて気圧は急速に低くなっていることがわかります．大気も地球の引力によって引き付けられているので，地表に近いほど，大気は圧縮され気圧も高くなっています．気圧は，その地点から上の大気の重さですから，高度15～16 km 位までに90％の大気が存在することがわかります．さらに，大気の50％は高度5～6 km 位までに集中しています．

大気は鉛直方向に下から対流圏，成層圏，中間圏，熱圏と分けられます．次に各層の特徴を見ていきます．

(a) 対流圏

一番下の層を対流圏といいます．その厚さは季節や緯度によって違いますが，平均して11 km 位です．また，雲や雨の元となる大気の水蒸気のほとんどがこの対流圏に存在します．

対流圏では地表付近の気温が最も高く，上空に行くほど気温は低くなります．3.3 節で詳しく説明しますが，平均して高度1 km について約6.5℃の割合で気

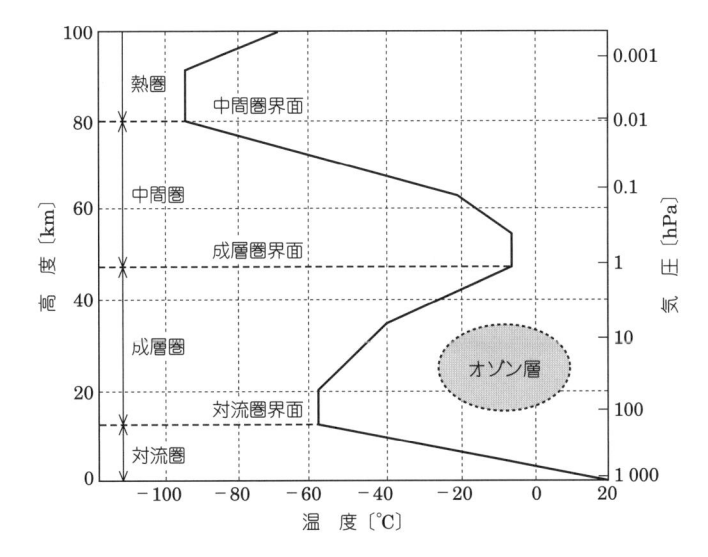

図3.1　地球大気の鉛直構造

温は低くなり，高度 11 km 位では −50℃位にもなります．真夏の 30℃を超える暑さの日でも，わずか十数 km 上空は冷凍庫の中以下の寒さになっています．気温が初めて最も低くなる高度を「対流圏界面」と呼びます．対流圏では，一般に地表付近は温かく上空に行くほど気温が低くなっていることから，活発に対流が起こりやすくなっています．

対流圏で起こった上昇流も対流圏界面を超えることはまずありません．対流圏を上昇してきた暖かい空気塊は圏界面から上では，周りの大気が冷たくなり，負の浮力が働き空気塊はそれ以上には上昇できません．夏の積乱雲の頭が丸く刷毛で掃いたように流れているのは，対流圏界面で対流が抑えられているからです．

対流圏界面で対流が抑えられることから，台風や低気圧などの気象現象はほとんどがこの対流圏で起こることがわかります．水平方向のスケール（規模）が数千 km の低気圧や台風も，鉛直方向のスケールはせいぜい十数 km でしかありません．台風や低気圧も大気全体からみれば極薄い渦なのです．これも気象学で扱う流体としての大気の特徴です．

（b） 成層圏とオゾン層

対流圏界面からさらに高度を上げると成層圏になります．成層圏では逆に気温は上がっていきます．高度 50 km 位で気温は 0℃位と最も高くなり，「成層圏界面」になります．また，成層圏には水蒸気はほとんどありません．

高度とともに気温が上昇することから対流は起こりにくく，成層圏という名称もそこからつけられました．しかし，近年の観測と研究から実際にはいろいろな大気の運動が起こっていることがわかってきました．これについては，第 4 章で説明します．

ところで成層圏では，なぜ高度とともに気温が上昇するのでしょうか？ それは高度 25 km 付近を中心に多くのオゾンが存在する層（オゾン層）があり，太陽からの紫外線がそのオゾンに吸収されて気温が上がるためです．太陽からの紫外線が大気を通過してくる時に，より上層のオゾンによって吸収されて弱まってしまうため，オゾンが最も多い層の上空に最も気温の高い層が存在します．

近年，人為的に生成されるフロンガスなどがオゾンを破壊していることがわかってきました．特に南極上空で南半球の春に破壊が激しく，「オゾンホール」の存在が問題となっています．その結果，生物に有害な紫外線がオゾンに吸収されることなく地表に達してしまうため，地球温暖化と並んで地球環境の保全にとっ

ては重大な課題になっています．

（c） 中間圏

成層圏界面の上は中間圏とよばれ，再び気温は高度とともに下がり，約 80 km の高度で約 -90 ℃に達して，大気中で気温が最も低い「中間圏界面」となります．

（d） 熱　圏

中間圏界面の上は熱圏と呼ばれ，気温は高度とともに再び上昇し，高度 200 ～ 300 km で 600 ～ 700 ℃にまで達します．これは，波長 $0.1\,\mu m$ 以下の紫外線が大気中の酸素原子・イオンや窒素原子・イオンに吸収されているためです．この高度になると真空に近い状態になっており，わずかの紫外線でも大気を温めることができます．しかし，気温は気体分子の運動エネルギーと考えても良いので，真空に近い状態では気温が 600 ～ 700 ℃といっても，熱さを感じることは無いでしょう．

3.2 大気における放射

熱の伝わり方には，「対流」，「伝導」，「放射」の 3 つがあることはよく知られています．気象現象としてはどうでしょうか？　夏の入道雲は「対流」により地表付近の熱を上空に伝えています．しかし，大気は熱の伝導率が低く，気象学では熱の「伝導」は無視できます．その代わりに，例えば冬のシベリア大陸からの寒波のように空気塊そのものの「移動（移流）」により熱が伝わることが重要な要素になっています．ここでは 3 番目の「放射」による熱の伝わり方を説明します．

〔1〕 放射についての法則

あらゆる物体は，常に電磁波を放射し，また吸収しています．電磁波とは電場と磁場の波が組み合わされたもので，その波長もさまざまです．電磁波には，波長の長い順に電波，赤外線，可視光線，紫外線，X 線などがあります．

どのような波長の電磁波をどの程度の強さで放射するのかは，その物体の性質

と温度によって決まります．ドイツの物理学者ウィーンは，「物体の温度が高いほど放射する電磁波の波長は短い」ということを実験から発見しました．これをウィーンの変位則といいます．また，「放射強度は物体の温度の 4 乗に比例する」ことを，オーストリアの物理学者ステファンとボルツマンが同じく実験から発見しました．これをステファン・ボルツマンの法則といいます．

〔2〕太陽放射と地球放射
（a）太陽放射
　太陽放射は地球にとって外から受ける唯一のエネルギー源です．地球が球形をしているので，図 **3.2** で示すように，緯度によって単位面積当たりに受ける太陽放射は異なります．さらに，地球の自転軸が公転面に対して 23.5 度傾いているため，季節によって地表が受ける太陽放射の量は大きく違います．例えば，北緯 35 度にある東京では，太陽の高度角は夏至の正午には 78.5 度ですが，冬至では 31.5 度しかありません．このため，地表が受ける太陽放射は夏至の正午に比べて冬至の正午には 53％しかありません．この地表が受ける太陽放射の緯度や季節による違いが，大気の運動の源になっています．

（b）放射平衡温度
　地球に届いた太陽放射もすべてが地球に吸収されるわけではなく，一部は宇宙空間に反射されてしまいます．反射される割合をアルベドといいます．砂漠や雪面のアルベドは約 0.9 と太陽放射を 90％も反射してしまいますが，大気も含んだ地球全体を平均するとアルベドはおよそ 0.3 で，太陽放射の 30％が宇宙空間

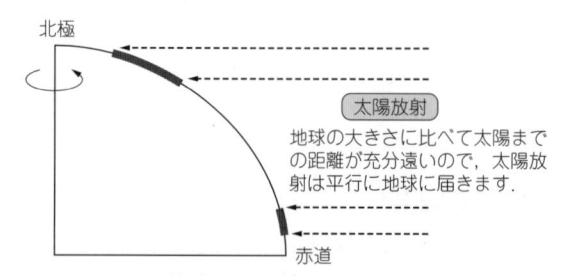

緯度によって太陽放射を受ける面積が大きく違うので，地表で受ける単位面積当たりの放射のエネルギーも緯度によって大きく違います．

図 3.2　地球が受ける太陽放射の強度

に反射され，残りの70%が地球を暖めるエネルギー源になります．

太陽放射によって暖められた地球も，その温度に応じた波長の電磁波を絶えず宇宙空間に放射して熱を失っています．このように太陽放射と地球放射が釣り合って平衡状態になることで地球の温度が決まっています．これを「放射平衡温度」といいます．大気を含んだ地球の放射平衡温度を計算してみると約255 K（−18℃）になります．実際の地球の平均気温は約288 K（+15℃）に比べて随分と低いのですが，これは大気による温室効果を考慮していないためです．温室効果については後で説明します．

(c) 太陽放射と地球放射の波長と放射の強度

さて，実際の太陽放射と地球放射の波長と放射の強度の違いを，**図3.3**に模式的に示しました．横軸が波長，縦軸が強度を示しています．地球の温度が255 K（−18℃）に対して太陽の温度は5 780 K（約5 500℃）とかなり高く，ステファン・ボルツマンの法則により太陽放射の強度はずっと大きくなっています．

この図をみると太陽放射と地球放射では波長が大きく違うことがわかります（ウィーンの変位則）．つまり，太陽放射は波長約 $0.5\,\mu m$ にピークがありますが，地球放射は約 $11\,\mu m$ にピークがあり，波長約 $4\,\mu m$ を境に明瞭に分かれています．このことから，太陽放射を短波長放射，地球放射を長波長放射と呼びます．あるいは地球放射の波長が赤外線の領域であることから赤外放射とも呼びます．

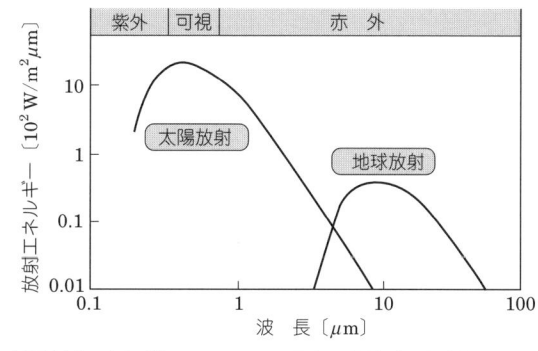

太陽放射は波長が約 $0.5\,\mu m$ の所に最大の放射が，地球放射は波長が約 $11\,\mu m$ の所に最大の放射があります．このことから，太陽放射を短波長放射，地球放射を長波長放射または赤外放射といいます．

図3.3 太陽放射と地球放射（出典：天気予報技術研究会／編，最新　天気予報の技術，東京堂出版（1994））

太陽放射と地球放射の違いが温室効果などの地球大気にとって重要なことを次に説明します.

〔3〕 地球の熱収支
(a) 地球大気による放射の吸収
図 3.3 で示したように，太陽放射は波長が約 $0.5\ \mu m$ を中心とした波長帯に集中した分布をしています. しかし，これが地表に届く時には，一部は大気中の雲やさまざまな微粒子や大気中の気体によって散乱・吸収されてしまいます. 大気中の水蒸気や二酸化炭素は波長が $0.77\ \mu m$ 以上の赤外線をよく吸収します. また，波長が $0.31\ \mu m$ 以下の紫外線は上空のオゾンや酸素分子によってほとんど吸収されてしまいます. しかし，太陽放射が最も集中している波長が $0.38\sim 0.77\ \mu m$ の可視光線はほとんど吸収されません.

一方，地球放射も太陽放射と同様に，大気中の水蒸気によって赤外領域の放射はよく吸収されます. また，二酸化炭素によっても赤外波長領域の中の特定の波長の放射がよく吸収されます.

(b) 地球の熱収支
太陽放射と地球放射，そしてその放射の大気による吸収を説明してきました.

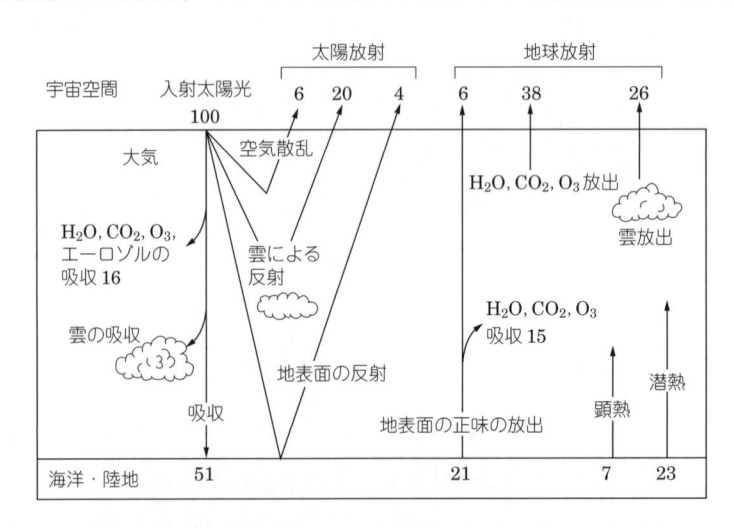

図 3.4 地球の熱収支 (出典：大気科学講座 4 大気の大循環，東京大学出版会 (1982))

では地球全体としてどのような収支バランスになっているのでしょうか？ 図3.4に放射に伴う熱収支を示しました．太陽放射の30％が宇宙空間に反射されることはすでに述べました．残りの70％の中で20％は大気や雲に吸収され，地表に達するのは全体の50％であることがわかります．このようにして暖められた地球大気や地球そのものからの地球放射は70％が宇宙空間に達しますが，残りの30％は大気や雲に吸収されたり反射されたりすることがわかります．

このように太陽放射や地球放射による地球大気の加熱や冷却が，大気の鉛直構造を決めたり，図1.8で示した放射過程を通じて日々の天気予報で利用する数値予報を左右する重要な要素になっています．

（c） 温室効果と地球温暖化

大気は，可視光線が集中している太陽放射をほとんど吸収しないことは前に述べました．つまり，地表に住む我々には太陽放射に対して大気は透明なガラスと同じといえます．一方，大気中の水蒸気や二酸化炭素は地球の長波長放射をよく吸収し，熱を地球大気の外にあまり逃がしません．あたかも温室の中と同じことが起こっています．このことから大気中の水蒸気や二酸化炭素などによる地球の長波長放射を吸収することを温室効果といい，二酸化炭素などの地球の長波長放射をよく吸収する気体を温室効果気体といいます．

このように温室効果は地球環境に必要不可欠なものです．もし，温室効果が無ければ，前述した地球の平均気温は放射平衡温度の-18℃になり，生物にとって大変厳しい環境になっていたといえます．

しかし，人為的かつ急激に温室効果を高めるとなると話は違います．産業革命以後の化石燃料の消費によって温室効果ガスの二酸化炭素などが増加して温室効果が強くなり，$+15$℃に保たれていた地球の平均気温が上昇することを地球温暖化といいます．100年後には地球の平均気温が6.4℃上昇し，海水も温まるため膨張したり，極地方の氷が溶け出すことで，地球の平均海面が59 cmも上昇するという予測もされています．地球の長い歴史の中には氷河期も間氷期もありましたが，それは何万年もかけた変化で，今懸念されている地球温暖化のような急激な変動ではありません．これに対して人類がどのように対処するのかが問われています．

3.3 大気の熱力学

前節で太陽の放射エネルギーで地球や大気が暖められることを説明しました．ここでは，その熱エネルギーが大気の構造にどのような影響を与えるのか，またその際に大気中の水蒸気が果たす役割について説明します．

〔1〕 基本的な物理法則

まず基本的な物理法則を説明します．数式が出てきて取り付き難い印象はありますが決して難しいものではありません．高校時代の物理の授業を思い出してみてください．

(a) 気体の状態方程式

気体の圧力と密度と温度の間には密接な関係があります．イギリスの化学者ボイルが気体の圧力と密度の関係を，またフランスの化学者シャルルが気体の温度と密度，圧力と温度の関係を，いずれも実験によって発見しました．これらを合わせてボイル・シャルルの法則といいます．図 **3.5** で示すように，数式で表すと，

$$P = \rho RT$$

（P：圧力，ρ：密度，R：気体定数，T：温度，絶対温度 K）

となり，これを「気体の状態方程式」といいます．気象学でもとても重要な法則

気体の圧力と密度と温度には状態方程式の関係があります．

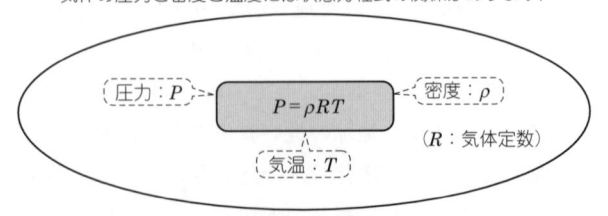

$$P = \rho RT$$

（圧力：P，密度：ρ，気温：T，R：気体定数）

圧力が一定：密度と気温は反比例
密度が一定：気圧と気温は比例
気温が一定：密度と気圧は比例

図 3.5 気体の状態方程式

で，巻末付録に掲載した数値予報で使用される主な式の１つです．

（b） 静力学の式

　気圧と高度にはどんな関係があるのかを調べてみます．図 3.6 のように，単位面積の気柱の中に厚さ ΔZ の空気塊を考えます．この空気塊の密度を ρ とします．この空気塊が静止している場合は，空気塊に働く力が釣り合っているときです．空気塊を上に押し上げる力には空気塊の底に働く気圧（P）があります．下に押し下げようとする力には空気塊の上面に働く気圧（$P+\Delta P$）と空気塊自身の重力があります．空気塊に働く重力は質量（$\rho \times \Delta Z$）×重力加速度（g）ですから，$\rho g \Delta Z$ と書けます．これらが釣り合っているのですから，$P=(P+\Delta P)+\rho g \Delta Z$ となり，これを整理すると，

$$\Delta P = -\rho g \Delta Z$$

　　（ΔP：鉛直の気圧差，ρ：密度，g：重力加速度，ΔZ：鉛直の高度差）

となります．これを「静力学の式」または「静水圧平衡」といいます．２つの高度の間の気圧差はその高度の間にある大気の重さに等しい．つまり，ある高度の気圧は，それより上にある大気の重さに等しいということ示しています．巻末に示した数値予報で使用されている主な式の中の「鉛直方向の運動方程式」にあたります．実際に一般的な高気圧や低気圧のスケールの現象ではこの関係が成り立ちます．

（c） 熱力学第一法則

　熱力学の第一法則とは「ある空気塊に外から加えられた熱エネルギーは，その

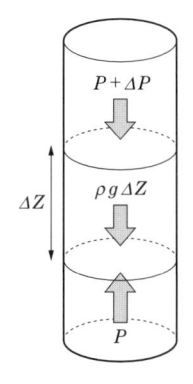

単位面積の気柱の中に ΔZ の厚さの空気塊を考えます．
この空気塊が静止しているのは，上向きの力と下向きの力が釣り合っているためです．

上向きの力：気圧（P）
下向きの力：気圧（$P+\Delta P$）と空気塊の重力（$\rho g \Delta Z$）

$$P=(P+\Delta P)+\rho g \Delta Z$$

　　　　　（ただし，ρ：密度，g：重力加速度）

これを整理すると，

$$\Delta P = -\rho g \Delta Z$$

の式が得られます．これを静力学の式といいます．ここで $\Delta Z>0$，$\Delta P<0$ であることに注意してください．

図 3.6　静力学の式

空気塊の内部エネルギーの増加と空気塊の体積が増加する仕事の和に等しい」というものです．月々の給料（加えられた熱エネルギー）は，貯金（内部エネルギー）と生活費（仕事）に使われると考えれば当たり前のことだとわかると思います．これが，巻末に示した数値予報で使用されている主な式の中の「熱力学方程式」にあたります．

逆に，ある空気塊に外から熱エネルギーが加えられなかったら，内部エネルギーと仕事の和は一定となります．このような変化を「断熱変化」といいます．

〔2〕 大気中の水蒸気

これまで，3つの重要な物理法則を説明しましたが，天気予報にはもう1つ重要なことがあります．大気中の水蒸気は雲や雨の元になるだけではなく，凝結熱や蒸発熱で大気の気温を変化させるため，水蒸気のふるまいを理解することは重要です．

（a） 大気中の水蒸気量の表し方

大気に含まれる水蒸気の量には限りがあり，含みうる水蒸気の最大量を飽和水蒸気量といいます．飽和水蒸気量は主に大気の温度によって決まります．大気中の水蒸気の量の表し方にはいろいろあります．

相対湿度：最も一般的な指標で，天気予報でも最小湿度の予報が行われています．相対湿度では水蒸気量を水蒸気圧として扱います．水蒸気は気体なので大気中の酸素や窒素と同様に気体としての圧力（分圧）を持っています．その時の飽和水蒸気圧に対する水蒸気圧の割合を百分率で表します．単位は％です．

露点温度：気温を下げていくと飽和水蒸気圧は小さくなります．その時の大気の水蒸気圧と同じになると，水蒸気は凝結して露を結びます．その気温を露点温度といいます．単位は℃です．

湿　数：気温と露点の差を湿数といいます．単位は℃です．値が小さいほど水蒸気の量は多く，大気は湿っていることになります．数値予報の資料で700 hPaの湿数の分布図がよく使われ，湿数が3℃以下の領域が雨域との対応が良いとされています．

混 合 比：単位体積に含まれる水蒸気の質量と残りの乾燥大気の質量の比を混合比といいます．通常は乾燥大気の質量1 kgに対する水蒸気の質量をg/kgで表します．地表付近では，例えば気温が30℃では30 g/kg弱，0℃では4 g/kg

3.3 大気の熱力学

雲の中では，このような相変化が起こっています．

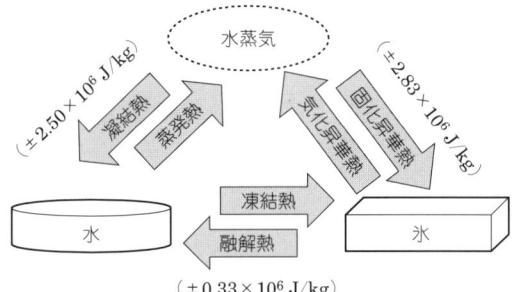

```
        水蒸気
   ↙↗        ↖↘
凝結熱         固化昇華熱
蒸発熱         気化昇華熱
(±2.50×10⁶ J/kg) (±2.83×10⁶ J/kg)
   ↓↑        ↑↓
   水  ←凍結熱—  氷
       融解熱→
   (±0.33×10⁶ J/kg)
```

蒸発熱・気化昇華熱・融解熱⇒潜熱を吸収（空気を冷やす）
凝結熱・凍結熱・固化昇華熱⇒潜熱を放出（空気を暖める）

図 3.7　水の相変化と潜熱

位と気温が低くなるに従って混合比も急激に小さくなります．

(b) 水の相変化と潜熱

水は温度によって固体の氷，液体の水，気体の水蒸気と形（相）を変えます．これを「水の相変化」といいます．大気の中では，水蒸気が昇華・凝結して氷の結晶や水滴となり雲や雨や雪をつくります．また，落ちてくる雨粒が蒸発することもあります．このように，大気の中では激しい水の相変化が起こっています．

図 3.7 に示すように，水が相変化する際には蒸発熱を吸収したり凝結熱を放出したりします．このように水が相変化する時に初めて現れる熱を，大気が潜在的に持っている熱と言う意味で「潜熱」といいます．これに対して，熱を加えると気温が上昇するといった場合の熱を，既に顕在化している熱と言う意味で「顕熱」といいます．潜熱の放出や吸収は大気の運動に伴って起こることが多く，その結果，大気を暖めたり冷やしたりして，さまざまな気象現象にとってたいへん重要な役割を果たしています．

〔3〕気温の断熱減率

大気中の上昇流や下降流は雲を発生させたり消散させたりし，実際の天気と深い関係があります．ここでは，大気が上昇したり下降したりする場合には，気温がどのように変化するのかを見ていきます．

(a) 乾燥断熱減率

空気塊が上昇すると周囲の気圧が下がり，空気塊は膨張します．つまり，体積を増やす仕事をすることになります．このため，外から熱が加えられない限り，熱力学第一法則によって，上昇する空気塊の気温は下がります．実際の大気では高度 100 m につき約 1℃ の割合で気温は下がります．これを「乾燥断熱減率」といいます．

(b) 湿潤断熱減率

上昇する空気塊が乾燥断熱減率で気温が下がり，露点温度よりも気温が下がる場合にはどうなるでしょうか．露点温度以下になると，空気塊の中の水蒸気は凝結を始め凝結熱を放出します．つまり，凝結熱で空気塊を暖めながら上昇していくことになり，乾燥断熱減率ほどには気温は下がりません．このような場合の気温の下がる割合を「湿潤断熱減率」といいます．湿潤断熱減率は，平均的には高度 100 m につき 0.65℃ とされていますが，地表付近の気温が高く水蒸気量の多い所では高度 100 m につき約 0.4℃ です．また，上空の気温が低く水蒸気量の少ない所では凝結熱も小さく，限りなく乾燥断熱減率に近い約 1℃ になります．

〔4〕 大気の鉛直安定度

物理法則や聞き慣れない言葉の説明が続きましたが，ここでは天気予報に直接かかわる大気の鉛直安定度について説明します．大気の鉛直安定度とは大気の上下の運動の起こりやすさを示し，夏の雷，集中豪雨などの気象現象の発生や発達と密接な関係があります．

(a) 大気の静的安定度

図 3.8 に示したように，凹凸のある面にボールを置いた場合を考えます．静止しているボールに力を加えた場合に元に戻ろうとする力が働く場合を，その物体は「安定」な状態にあるといいます．逆に，外力を取り除いてもさらに離れていこうとする場合を「不安定」な状態にあるといいます．

一番風呂に入った時に上だけ熱くて下はぬるま湯という経験をします．水は温度が高いほど密度が小さく，安定した状態を保とうとして，熱くて軽い湯が上に，冷たく重い水が下に残るためです．このように密度の鉛直分布に基づく安定の度合いを「静的安定度」といいます．

ここで，図 3.9 をみてください．縦軸に高度，横軸に気温を示し，乾燥断熱減

3.3 大気の熱力学

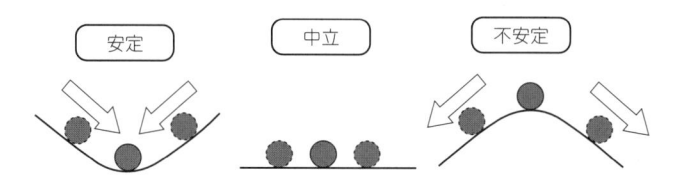

外力を加えたら元に戻ろうとする力が働く場合を「安定」な状態といいます．逆にさらに離れて行こうとする力が働く場合を「不安定」な状態といいます．また，その場に留まる場合を「中立」な状態といいます．

図 3.8 安定な状態と不安定な状態

①～③の3つの点線で示した気温の鉛直分布を持つ大気の中を，上昇する空気塊を考えます．

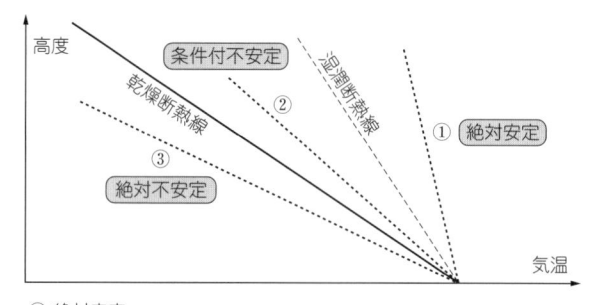

① 絶対安定
　　常に周囲の気温が高いので負の浮力が働き上昇できない．
② 条件付不安定
　　不飽和：周囲の気温が高いので負の浮力が働き上昇できない．
　　飽　和：周囲の気温が低いのでさらに上昇する．
③ 絶対不安定
　　常に周囲の気温が低いので浮力が働きさらに上昇する．

図 3.9 大気の静的安定度

率を表す乾燥断熱線と湿潤断熱減率を表す湿潤断熱線が記入されています．水蒸気が飽和していない（不飽和）空気塊は乾燥断熱線に沿って，飽和している空気塊は湿潤断熱線に沿って上昇します．また，異なる気温の鉛直分布を持つ大気を①～③の点線で示しています．この3つの大気の状態の安定度を考えてみます．

空気塊を持ち上げた場合，空気塊が水蒸気で飽和していなければ，乾燥断熱減率で気温が下がります．つまり，図 3.9 の乾燥断熱線に沿って空気塊が上昇します．その時に図 3.9 の点線③のように周囲の気温が低ければ浮力を受けてさらに

上昇してしまうので不安定な状態といえます．逆に，点線①や②のように周囲の気温が高ければ負の浮力を受けて元の高度に戻ろうとするので安定な状態といえます．このように乾燥断熱減率より大きな気温減率の点線③のような大気の状態を「絶対不安定」といいます．自然界では不安定な状態を解消しようと働くので，「絶対不安定」の状態は瞬間的に存在することはありますが，継続的にみられることはありません．

では，飽和した空気塊ならどうでしょうか．その場合には，乾燥断熱減率の代わりに湿潤断熱減率で空気塊の気温が下がると考えればよいのです．前と同様に，図3.9の点線①のように湿潤断熱減率よりも小さい気温減率の大気の状態を「絶対安定」といいます．

図3.9の点線②のように，乾燥断熱減率よりは小さく，湿潤断熱減率よりは大きな気温減率の大気の状態は「条件付き不安定」といいます．つまり大気が乾燥していれば（不飽和）安定ですが，飽和していれば不安定になるからです．

（b） 対流不安定

これまでは，空気塊をわずかに持ち上げた時にその空気塊がどのように動くかによって安定度を考えてきました．しかし，実際の気象現象では，低気圧や前線に伴う上昇流や山の斜面に沿う上昇流のように，ある厚さを持った気層全体が持ち上げられます．このような場合の大気の安定度はどうなるかを考えてみます．

図3.10は図3.9と同じように，縦軸に高度，横軸に気温をとり，乾燥断熱線と湿潤断熱線が記入されています．AとBで結んだ二重線の間の気層が上昇する場合を考えます．また，この気層では上にいくほど乾燥している場合を想定します．

まず，(A−B)の気層は湿潤断熱減率よりも気温減率が小さく安定な状態であることがわかります．そこで，この気層が上昇した場合を考えると，気層の下端のB点は湿っているので早く水蒸気が飽和して，その後は湿潤断熱減率で上昇しb点に達します．一方，上端のA点は乾燥しているのでB点より遅く飽和に達し，その後湿潤断熱減率で上昇してa点に達します．結局，(A−B)の気層は上昇して (a−b) の気層になったことになります．ところが (a−b) の気層の気温減率は湿潤断熱減率よりも大きく不安定な状態になっています．このように飽和していない時には安定だが，気層全体が飽和するまで上昇した場合に不安定になる状態を「対流不安定」といいます．

3.3 大気の熱力学

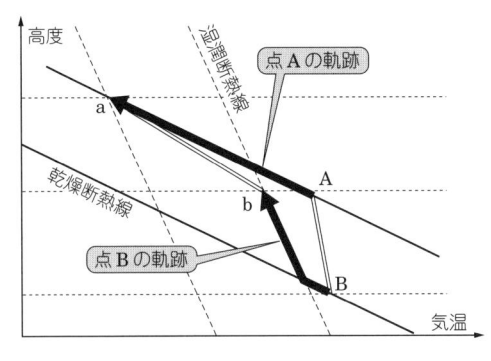

(A-B)の2重線で表した安定した気層が上昇すると，下層のB点が早く飽和することによって，(a-b)2重線で表した不安定な気層になります．

図 3.10 対流不安定

対流不安定が顕在化すると一気に上昇流も強まり積乱雲などが発達して大雨を降らせます．ここで大事なことは大気中層に乾燥した気層があることです．大雨の監視では，暖かく湿った下層大気だけでなく，大気中層の乾燥した大気の存在にも注目する必要があります．第2章の気象衛星観測でみた水蒸気画像がこの監視に役立っています．

〔5〕温位と相当温位

さて，また聞きなれない言葉を説明しなくてはいけません．温位と相当温位です．これまでの大気の安定度を考える時に便利な概念なのでイメージをつかんでください．

(a) 温 位

図3.1で示したように，対流圏では圏界面のすぐ下の気温が最も低く-50℃以下にもなります．例えば，地上気温が20℃の場合と高度10 000 mの気温が-60℃の場合，どちらが暖かいといえるでしょうか？ もちろん20℃の方が暖かいのですが，大気が持っている熱量という観点では違います．10 000 mで-60℃の空気塊を下に降ろして来た時には，乾燥断熱減率で気温は上昇しますから，10 000 m/100 m = 100℃も上昇して気温は40℃になります．地上気温よりもはるかに高く，熱量としては大きいことがわかります．このように，大気

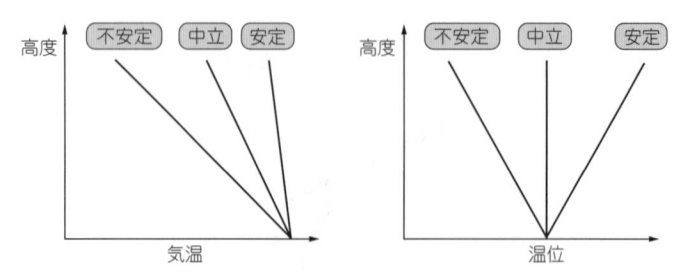

大気の状態は，温位が高度とともに高くなっていれば安定，低くなっていれば不安定，同じならば中立になります．

図 3.11 温位と安定度

の熱量の比較をする場合に，単にその高度の気温ではなく，1 000 hPa における気温として比較をすると便利です．このように 1 000 hPa の高度に換算した気温を「温位」といいます．単位は絶対温度（K：ケルビン）を使います．絶対温度（K）= 温度（℃）+ 273.15 です．

　温位を使って安定度を考えると，図 3.11 で示すように，温位が高度とともに低くなっているなら不安定，逆に高くなっているなら安定と，大変わかりやすくなります．乾燥断熱線に沿って空気塊が上・下するときは，温位が不変（保存される）なので，図 3.10 で中立の場合，温位の線が直立しています．

(b) 相当温位

　さて，大気が湿っている場合はどうでしょうか？　湿っている大気には「潜熱」が含まれているので，これも含めた「温位」を考えます．つまり，湿った大気を湿潤断熱減率で持ち上げていったん水蒸気を全部凝結させます．その後，乾燥断熱減率で 1 000 hPa まで降ろして来た時の温度を「相当温位」といいます．つまり，相当温位は大気が持っている顕熱と潜熱を合わせた総熱量といえます．

　暖かく湿った気流が前線を刺激して大雨を降らせるということをよくいいます．その暖かく湿った気流の程度を見るのに，大気の総熱量を表す相当温位が役に立ちます．実際に，数値予報の 850 hPa の相当温位分布の予想がよく使われています．

3.4 大気の力学

ここでは大気の運動，つまり風がどのようなしくみで吹くのかを考えます．また，大気の運動に関連して数値予報などでも使われるいくつかの物理量についても説明します．

〔1〕 大気に働く力

ニュートンはリンゴが落ちるのを見て，万有引力を発見したというのは有名な逸話です．天気予報で扱うのはリンゴと違って目に見えない空気塊ですが，やはり「物体に働いている力は，物体の質量と運動の加速度の積に等しい」という有名なニュートンの運動の法則に従っています．

言い換えると，「大気に働いている力は，大気の質量と加速度の積に等しい」ということになり，巻末付録の数値予報で使用される主な式の「水平方向の運動方程式」が導かれます．ただし，空気を扱う場合は「流体」ですから，その数式表現はリンゴのような「質点」とは異なったものとなり，複雑な形をとります．

大気の加速度は風の時間変化です．そして，大気に働いている力には「水平気圧傾度力」と「コリオリの力」と「摩擦力」があります．地表に近い限られた高度の大気に働く力の「摩擦力」は後で説明することにして，まず「気圧傾度力」と「コリオリの力」を説明します．

（a） 気圧傾度力

ガスの栓を開けるとガスが出てくるのは，ガスの圧力が周囲の気圧より高くなっており，ガスを外へ押し出す力が働いているからです．図 **3.12** で示すとおり，大気も気圧が高い方から低い方に力が働きます．この力のことを気圧傾度力といいます．

2 地点間の水平の気圧差を ΔP^*，2 地点間の距離を Δn，空気塊の密度を ρ と

---

*：3.3 節〔1〕(b) 項での ΔP，ΔZ は鉛直方向の気圧差と高度差ですが，ここでの ΔP は水平方向の気圧差である点に注意．

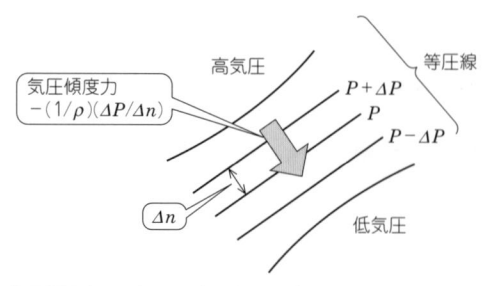

気圧傾度力は，気圧の高い方から低い方へ働き，等圧線の
間隔が狭いほど大きくなります．

図 3.12　気圧傾度力

すると，単位質量あたりの気圧傾度力は $-(1/\rho)(\Delta P/\Delta n)$ と表します．ここで負の符号がついているのは，気圧傾度力は気圧が高い方から低い方へ向って働くからです．2地点間の気圧の差（ΔP）が大きいほど気圧傾度力は大きく，気圧差が同じなら2地点間の距離（Δn）が近いほど気圧傾度力は大きくなります．

例えば，西高東低の冬型の気圧配置の時に南北に立っている等圧線が混んでいるほど，また台風の中心気圧が低く同心円状の等圧線が混んでいるほど風が強いのは，後に地衡風で説明するように，大きな気圧傾度力が働いているからです．

(b) コリオリの力

走っている電車が急に止まると乗っている人は進行方向に押されます．電車の外から見ている人から見れば，電車に乗っている人はすごい速さで電車とともに動いているので，電車が急に止まれば，その人は慣性の法則でそのまま進もうとして前のめりになります．つまり，あたかもみかけの力が働いたようになります．しかし，電車に乗っている人は電車とともに動いていることはわからずに，誰かに押されたわけでもないのに，押されたと感じます．

これと同じことが，地球が自転していることによっても起こります．**図 3.13**を見てください．今，地球の外からみて図の下（南）から上（北）に風が吹いているとします．この風は地球上のA地点にいる時は南南東の風ですが，地球が自転してB地点に達すると南南西の風になっています．地球上にいる人にとっては地球が自転しているのはわからず，何らかの力が働いて風向が右側に曲げられたことになります．これは，地球の外からみるとB地点の座標（東西南北）はA地点の座標に比べて左へ回転しているので，風向によらず右に曲げられる

3.4 大気の力学

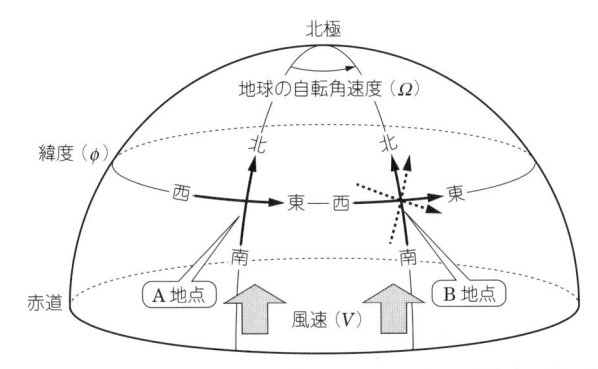

白抜き矢印で示す風が吹いているとします．A地点では南南東の風ですが，地球が自転してB地点に来ると南南西の風になっています．あたかも空気塊を右へ動かす力が働いているように見えます．このみかけの力をコリオリの力といいます．
単位質量あたりのコリオリの力は$2\Omega V \sin\phi$で表わされます（ϕ：緯度）．B地点の座標（東西南北）は，A地点に比べて，左へ回転しているので，地球上にいる人には風向を右に変える力が働いたようにみえます．

図3.13　コリオリの力

ことがわかります．つまり，地球が自転していることを考えずに，単に風が吹けば右側に曲げる力が働くと考えても良いわけです．このみかけの力をフランスの数学者コリオリが発見したことから「コリオリの力（転向力）」といいます．

コリオリの力は地球上で運動する物体にはすべて同じように働きますが，大気のようにスケールの大きな運動以外は無視できるほど小さいものです．コリオリの力は北半球では右側に，南半球では左側に風向を変えますが，風速を変えるものではありません．

具体的に単位質量あたりのコリオリの力の大きさは$2\Omega V \sin\phi$と表されます．Vは風速を表し，風速が強いほどコリオリの力も大きく働きます．ϕは地球の緯度を表し，高緯度ほどコリオリの力は大きく，低緯度ほど小さく働き，赤道ではコリオリの力は0になります．また，Ωは地球の自転の角速度で，地球の半径を1として1秒間に回転した円周の長さで表します．地球は1日で1回自転するので，半径1の一回りの円周の長さは$2\pi = 6.28$ですから，Ωは6.28/1日＝$7.29\times 10^5\,\mathrm{s}^{-1}$になります．もし，地球が自転をしていなかったら$\Omega$は0となってコリオリの力は働かないことがわかります．なお，$2\Omega \sin\phi$をコリオリのパラメータと呼び，fで表してコリオリの力を単にfVと表すこともあります．

〔2〕 上空の大気の運動

摩擦力を無視できる上空の大気の運動，つまり「気圧傾度力」と「コリオリ力」によってどのような風が吹いているのかを考えます．

（a） 地衡風

高層天気図でみるような大きなスケールの大気の運動では，風の時間変化は気圧傾度力やコリオリの力に比べて一桁小さいことがわかっています．そこで，近似的に風の時間変化を0とすると，気圧傾度力とコリオリの力が均衡していることになります．つまり，図3.14で示すように，気圧傾度力と均衡するようなコリオリの力が働くためには，風は等圧線に沿って定常的に吹いている必要があります．このような風を「地衡風」といいます．実際の高層天気図をみると，北半球では気圧の高い方を右にみて，南半球では気圧の高い方を左にみて，等圧線にほぼ平行に風が吹いています．地衡風は，大規模な大気の運動に対する近似として求めた「理論風」であり，直線状の等圧線に対する直線状の風といえますが，実際の上空の風によく当てはまります．

具体的に地衡風の強さをみてみましょう．気圧傾度力とコリオリの力が均衡するということですから，気圧傾度力 $(-1/\rho)(\Delta P/\Delta n)$ ＝コリオリの力 $(2\Omega V \sin\phi)$ となり，地衡風の風速は

$$V = \{-1/(2\rho\Omega\sin\phi)\}(\Delta P/\Delta n)$$

と表せます．

この式から地衡風は気圧傾度力が大きいほど強く，また，同じ気圧傾度ならば高緯度ほど強くなることがわかります．

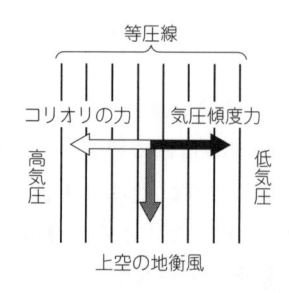

図3.14 地衡風

気圧傾度力とコリオリの力が均衡した状態で吹く風を地衡風といいます．地衡風は等圧線に平行に北半球では気圧の高い方を右にみて，南半球では気圧の高い方を左にみて吹きます．等圧線が混み気圧傾度力が大きいほど地衡風は強く吹きます．

3.4 大 気 の 力 学

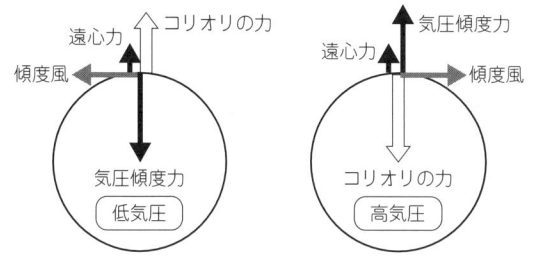

北半球の低気圧と高気圧を上から見た図です.

等圧線が強くカーブして空気塊に遠心力が働く場合，遠心力と気圧傾度力とコリオリの力の3つが均衡した状態で吹く風を傾度風といいます．
傾度風は等圧線と平行に，低気圧は左回りに，高気圧は右回りに，気圧の高い方を右にみて風は吹きます．
等圧線が混み気圧傾度力が大きいほど傾度風は強く吹きます．

図 3.15 傾度風

(b) 傾度風

　低気圧や台風などのように，等圧線が強くカーブしている場合には，気圧傾度力とコリオリの力に加えて，空気塊がカーブして運動することによる「遠心力」も無視できなくなってきます．図 3.15 に示すように，遠心力は低気圧では気圧傾度力と反対の方向に働き，高気圧では気圧傾度力と同じ方向に働きます．この遠心力と気圧傾度力を合わせた力とコリオリの力が均衡するように定常的に吹いている風を「傾度風」といいます．

　傾度風は前に述べた地衡風と同様に，北半球では気圧の高い方を右にみて，南半球では気圧の高い方を左にみて，カーブした等圧線に平行に吹いています．つ

コラム　気象学の勉強

　物理法則や聞きなれない言葉がたくさん出てきて頭がこんがらがっていませんか．確かに難しい説明が続きました．繰り返し読んで，巻末に掲載している参考書なども見ながら，自分なりのイメージをつかむ必要があります．また，勉強仲間がいるとお互いのイメージを話し合うことができ，理解が深まる場合があります．「気象学は40歳過ぎの学問だ」と言った大学の先生もいます．あきらめずに繰り返し勉強することが大事です．また，数学や物理学の復習には，高校レベルの参考書が役立ちます．

まり，北半球では低気圧では反時計周りに，高気圧では時計回りに風は吹きます．また，気圧傾度力が大きいほど風速は強くなります．図 3.15 からわかるように，遠心力が空気塊を常に軌道から外向きにはずそうとするように働きますから，気圧傾度力とコリオリ力の均衡に対して，低気圧（高気圧）では｜地衡風｜＞（＜）｜傾度風｜となります．

〔3〕 地表付近の風と大気境界層

地表付近では，大気に働く力には気圧傾度力とコリオリの力に摩擦力が加わります．摩擦力は風の吹く向きと反対方向に働きます．つまり，図 **3.16** のように，コリオリの力が摩擦力と気圧傾度力と合わせた力に均衡するように風が吹いています．このため，地衡風や傾度風とは違って風向は等圧線と平行にはならずに，低気圧側に等圧線を横切って吹きます．摩擦力は地表の状態によって違うので，地上風が等圧線となす角度は，陸上で 30 度くらい，滑らかな海上では 15 度くらいになります．日々の地上天気図をみると，低気圧では中心に向って左回りに風が吹き込み，高気圧では中心から右回りに風が吹き出していることがわかります．

図 1.8 で示したように，地表付近の大気には，地面や海面から摩擦力や熱や水蒸気の補給などの直接的な影響を受ける層があります．この層を「大気境界層」といいます．その厚さは 1～1.5 km で，大気境界層の上を自由大気と呼びます．大気境界層の中は「接地境界層」と「エクマン境界層」に分けられます．接地境界層の厚さはせいぜい 100 m と薄く，地表面と大気の熱や水蒸気や摩擦力のやり取りは主にこの層で行われます．自由大気の中では摩擦力の影響は無視できますが，エクマン境界層では気圧傾度力，コリオリの力に加えて摩擦力を考慮しなければなりません．

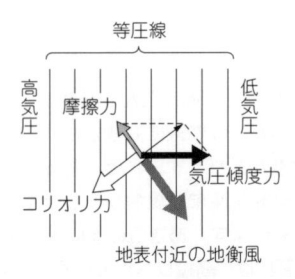

図 3.16 地表付近の風

〔4〕 収束・発散，上昇流，渦度

ここでは，大気の運動にかかわるいくつかの物理量の説明をします．数値予報資料を利用する際には欠かせない物理量です．

（a） 収束・発散

大気が収束したり発散したりすることが天気予報でなぜ大事なのでしょうか？図 **3.17** の上図に示すように，ある領域に大気が収束したとします（水平収束）．この場合大気の密度の変化もありますが，一般的にはこれは無視できる量です．このため，収束した大気は地表で蓋をされているので，上に逃げるしかありません．収束域には上昇流が発生します．逆に発散域にはこれを補充するため下降流が発生します．巻末付録の数値予報で使用されている主な式の，空気の質量は保存されるという「連続の式」がこのことを示しています．上昇流は前節で説明した断熱減率で気温が下がって水蒸気が飽和し，さらに凝結して雲ができ雨を降らせます．逆に下降流は断熱減率で気温が上がり，雲粒は蒸発して雲は消散します．このように，収束・発散は上昇流を生むので天気を決める大事な要素です．

具体的に収束・発散の量を求めるには，図 3.17 の下図のように，風速の東西成分の東西方向に変化する割合と，風の南北成分の南北方向に変化する割合の和として求めます．2 つの地点の間で風向が向き合っておらず，同じ風向でもその風向に沿って風速が強くなっていれば発散，弱くなっていれば収束ということが

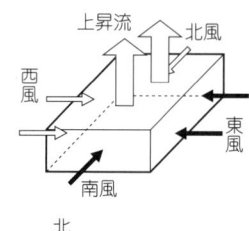

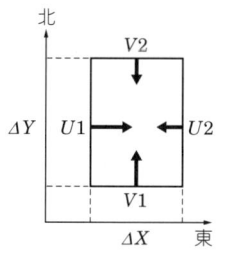

U を風の東西成分，V を南北成分とします．ΔX または ΔY 離れた場所の風速を数字を添えて表しています．

収束・発散は次のように表されます．

$$(U2 - U1)/\Delta X + (V2 - V1)/\Delta Y$$

左図では，$U2$ も $V2$ も負の値なので，上の式は負の値になります．

値が正の場合は発散，負の場合は収束となります．

図 3.17 収束・発散と鉛直流

わかると思います．単位は s^{-1} で，正が発散，負が収束になります．

(b) 上昇流と下降流

日々の天気図でみられる低気圧や高気圧などの大きなスケールの大気の運動では，上昇流や下降流は 1 cm/s 程度の大きさしかありません．また，スケールが小さく激しい積乱雲の中などでは 10 m/s 以上に達することもあり，時に着陸しようとしている航空機を地面に叩きつけるほどにもなります．

さて，天気図でみられるような大きなスケールの大気の運動では上昇流を上昇する空気塊の高度変化ではなく，気圧の時間変化で表すことが普通です．これは，高層天気図も 850 hPa や 500 hPa などの等圧面天気図として作成されているように，鉛直方向の座標軸を高度でなく気圧で考えた方が，いろいろな物理式が簡潔になり，大気の運動を調べるのにも都合よいためです．このように気圧の時間変化で表した上昇流を「鉛直 p 速度」といいます．単位は hPa/h で，気圧は高度とともに小さくなるので上昇流は負，下降流は正の値になります．数値予報資料における 700 hPa の鉛直 p 速度の負の領域の推移を注目して，低気圧に伴う雲の発生や降水分布を推定したりします．

(c) 渦度

大気の流れの回転成分を表す量から求めた回転率を「渦度」といいます．図 3.18 で示すように，風の南北成分の東西方向に変化する割合から東西成分の南北方向に変化する割合を引いたものを渦度と定義します．図の左のような場合には回転成分とすぐにわかりますが，右図のように風速の水平変化（水平シアー）があるような場合にも渦度があります．

渦度の単位は s^{-1} で，高低気圧などのスケールの現象に伴う渦度の大きさはおおよそ $10^{-5} s^{-1}$ です．北半球では低気圧のように左回りに回転している成分がある場合には正，高気圧のように右回りに回転している成分がある場合には負の値になります．また，図 3.18 の右図のように，北に行くほど風速が弱くなっている場合には正，南に行くほど風速が弱くなっている場合には負の値になります．渦度の時間変化を表す方程式（渦度方程式）によると，ある地点の渦度は，渦度の移動（移流）と収束・発散効果によって変化します．収束・発散の効果が小さいか，無い 500 hPa 位の高度（非発散高度）では，大気の流れとともに渦度の変化は小さいという性質があるので（渦度が保存される），低気圧や台風の動きをみる場合には，数値予報資料の 500 hPa の渦度を利用します．

3.4 大気の力学

Uを東西成分の風速，Vを南北成分の風速とします．
ΔXまたはΔY離れた場所の風速を数字を添えて表しています．
渦度は，$(V2-V1)/\Delta X - (U2-U1)/\Delta Y$と表されます．

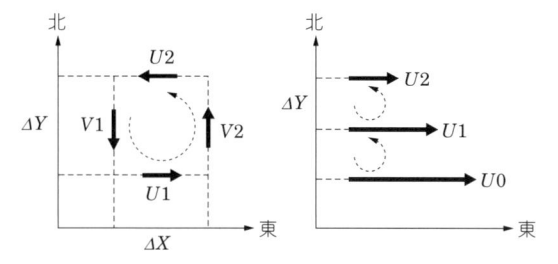

左図では$U2$と$V1$が負の値なので渦度は正の値になります．
右図では$U2$の方が$U1$より小さく，渦度は正の値になります．
北半球では，低気圧（高気圧）のように左（右）回りに回転する成分がある場合には，渦度は正（負）の値となります．

図3.18　渦　度

コラム　ジェット気流

　日本の上空にはジェット気流が吹いています．どうして，そんなに強い風が吹くのか，その理由は次のとおりです．

　対流圏では低緯度ほど気温が高く大気密度も小さくなっていることは理解できると思います．このため，図のように低緯度ほど等圧面高度が高くなっています．同じ高度でみると低緯度ほど気圧が高く，気圧傾度力が低緯度から高緯度に働いています．気圧傾度力は上空ほど大きく，上空ほど強い地衡風が吹くことがわかります．対流圏界面のすぐ下で最大風速になります．これがジェット気流の正体です．

　気温の傾きは中緯度で最も大きくなっているので，中緯度にある日本付近の上空にジェット気流が現れます．冬には風速が100 m/秒を超えることもあります．中緯度の気温の傾きが大きい所は，暖気と寒気がぶつかり合う所にほかなりません．つまり，前線やその上に発生する低気圧はジェット気流の下に位置することになります．300 hPaの高層天気図などで強風軸（ジェット気流）の位置を確かめるのも天気予報の第一歩です．

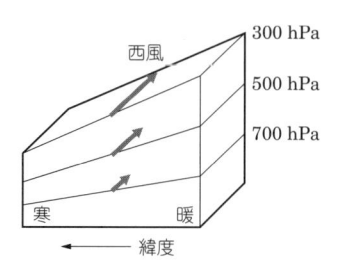

ここでみたように，鉛直方向の地衡風の差（鉛直シアー）は，気温の傾きに比例します．このことは，気体の状態方程式と静力学の式を用いて，地衡風の式を鉛直微分して導かれますが，詳細は省略します．この地衡風の鉛直の差を温度風といいます．

練習問題

問題 1

　放射に関する次の記述の中で，間違っているものを選びなさい．
① 物体の温度が高いほど，放射する電磁波の波長は長く，放射エネルギーは大きい．
② 太陽放射の波長は可視光線が，地球放射の波長は赤外線が主体となっている．
③ 太陽放射のエネルギーで地表にまで届くのはおよそ50％である．
④ 温室効果が有るのと無いのとでは，地球の平均気温は30℃以上も違う．
⑤ 地球温暖化で海面水位が上昇するのは，南極と北極の氷が融けるからである．

問題 2

　次の記述の中で，間違っているものを選びなさい．
① 気温が高くなればなるほど飽和混合比は大きくなる．
② 飽和した空気塊よりも乾燥した空気塊の方が上空に行くほど気温は下がる．
③ 大気中の水蒸気が昇華して氷の結晶ができると気温は下がる．
④ 大気の鉛直安定度で，条件付き不安定の条件とは風速の強弱である．
⑤ 温位が高度とともに大きくなっている乾燥大気は安定である．

問題 3

　北緯30°付近で200 km離れた地点の間の気圧差が3 hPaの場合の地衡風速を，下の①～⑤から選びなさい．ただし，大気密度は$\rho = 1 \text{ kg/m}^3$で，地球自転の角速度は$\Omega = 7.29 \times 10^{-5} \text{ s}^{-1}$とします．なお，必要なら$\sin 30° = 0.5$を用いなさい．

① ±20 m/s　　② ±21 m/s　　③ ±22 m/s
④ ±23 m/s　　⑤ ±24 m/s

第4章
さまざまな気象現象

本章について
　本章では，学科試験の一般知識と専門知識にまたがって出題される気象現象の実際について解説します．科目でいうと，「大規模な大気の運動」，「中・小規模の運動」，「降水過程」，「成層圏と中間圏内の大規模運動」，「気候の変動」です．日本付近でよく見られる気象現象を中心にしています．この分野は，実技試験の基礎にもなるので，大気の運動などを系統的に理解できるよう，じっくり学んでほしいと思います．

4.1 大気の運動の規模

大気中には，大規模・中規模・小規模といった，さまざまな水平規模〔大きさ（スケール），サイズのこと〕の運動があり，それらの寿命ともいうべき時間規模も水平規模に対応していて月・週・日・時間以下となっています（図1.5参照）．それぞれの大きさの目安は，大規模運動はサイズ1 000 km以上，寿命は1日以上，中規模運動はサイズ（波長）100 km以上，寿命数時間以上，小規模運動はサイズ10 km未満，寿命1時間未満です．

それでは，そこにどういう現象があるのか，具体的に見ていきましょう．

4.2 対流圏内の大規模運動

〔1〕 大規模な流れ①－超長波

対流圏の大規模な流れは，ロスビー波あるいはプラネタリー波などと呼ばれる，地球を取り巻く波数が1～3（または4）位の波長の長い10 000～8 000 km以上の波（超長波）で代表されます．それらの波は，北米大陸やユーラシア大陸，太平洋や大西洋などの陸地と海洋の分布の影響を受けています．例えば，陸地でのヒマラヤやロッキーなどの山脈や太平洋や大西洋の暖流や寒流などの海面水温分布などの影響によって，動きの遅い波あるいは移動しない定常波が発生します．

図4.1は，北半球の約5 000 m上空（500 hPa）の1月（2006年）の月平均的な流れです．4波数の気圧の谷が，日本の東海上と北米東岸と西岸およびシベリア大陸からヨーロッパにかけてみられます．それらの波は，ヒマラヤ山脈と太平洋，ロッキー山脈と大西洋，アイスランドやヨーロッパアルプスなどの影響を受けていると考えられます．このような波長の長い流れ（プラネタリー波）の中に，移動性の高気圧や低気圧に対応する波長の比較的短い波（長波）が重なって，

4.2 対流圏内の大規模運動

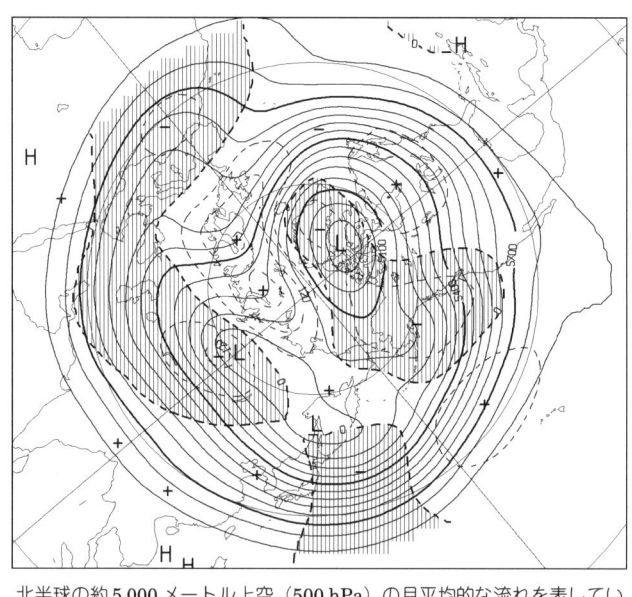

北半球の約5 000メートル上空（500 hPa）の月平均的な流れを表しています．4波数の気圧の谷が，日本付近と北米の東岸と西岸，およびシベリア大陸からヨーロッパにかけてみられます．それらの波の動きは遅く，天気のベースを維持する役割を果たします．等高線と偏差値の等値線の間隔は，それぞれ60 mごとです．

図4.1　北半球 500 hPa 月平均図（2006年1月）（気象庁提供）

天気変化がもたらされます．

　波長の長いプラネタリー波は，通常，寿命が5週間程度で，悪天や好天を持続させて，天気の基調（ベース）を支配します．例えば，それらの谷に早く移動する長波〔波数4（または5）～8（または9）〕の波が接近すると長波の振幅は増して地上の低気圧は発達するので，そのようなプラネタリー波の谷付近では強い風や強い雨が現れやすくなります．一方，プラネタリー波の尾根の付近では，移動性の長波の谷が接近しても地上低気圧が発達することはなく，比較的安定した天気が続きます．

〔2〕　**大規模な流れ②－長波と傾圧不安定**

　プラネタリー波よりも短い，波数4（または5）～8（または9）（波長8 000～3 000 km）の波は長波と呼ばれています（前述）．長波は，プラネタリー波よりも速

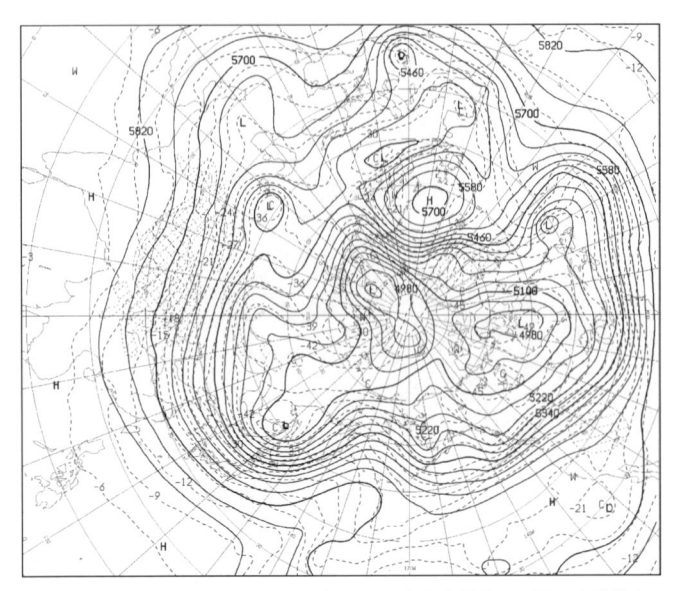

北緯40度に沿う谷線（トラフライン）は，おおよそ日本の西，太平洋中部〜西岸，アメリカ大陸中部，大西洋西部，欧州西部，欧州東部にみられ，尾根線（リッジライン）は，太平洋中部，アメリカ東部，大西洋東部，欧州中部，ヒマラヤ山脈西部にみられる．これらの谷と尾根は，5〜6波数の長波が全球を取り巻いている状況と考えられます．

図 4.2　北半球 500 hPa 天気図（2006 年 2 月 23 日 12UTC）（気象庁提供）

く移動してその上に重なり，天気を直接左右する低気圧や高気圧に対応しています．その長波の構造や発達の機構などについては良く知られています．**図 4.2** は 2006 年 2 月 23 日 12UTC の天気図で，図 4.1 と比較してみると，波長の長いプラネタリー波に波長の短い波（長波）が重なっている様子を示しています．

このような長波は南北の気温差によって発生する波で傾圧不安定波（傾圧波）とも呼ばれ，南北両半球の中緯度偏西風帯に多く見られます．また，偏西風帯では，この南北の気温差に見合うように上層ほど風が強くなっています（これを温度風の関係といいます．詳しくは先に進んでから勉強しましょう）．すなわち，大気の南北の気温差が強まるにつれて上空の風が強まり（風の鉛直シアーの強まり），その鉛直シアーがある限界を超すと，気圧の谷や尾根が発達します（波の不安定化）．その場合，温帯低気圧や移動性高気圧に対応するような 8 000 〜

4.2 対流圏内の大規模運動

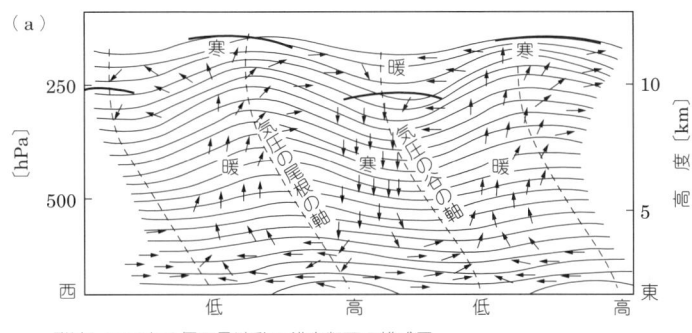

(a)

発達しつつある偏西風波動の鉛直断面の模式図.
実線は等圧面，太実線は対流圏界面，矢印は鉛直運動を示します．気圧の谷の下流で上昇流が，気圧の谷の下流で下降流が見られます．

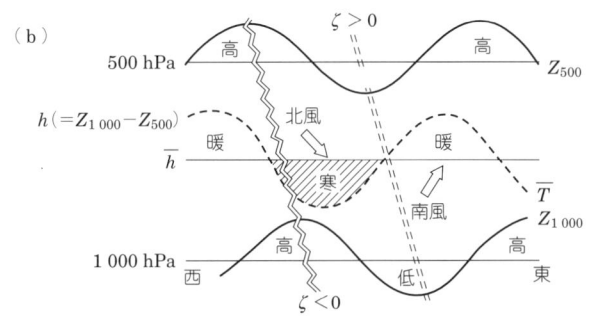

(b)

高度場と温度場の鉛直構造．
実線は高度場（Z），破線は平均的な温度場（h），矢印は平均的な風の場を表しています．
渦軸（渦度の鉛直成分 ζ の極値を鉛直方向に結んだ軸）は上層ほど西に傾き，谷の下流に暖気が，上流に寒気があります．暖気は極側に，寒気は赤道側に移流されます．

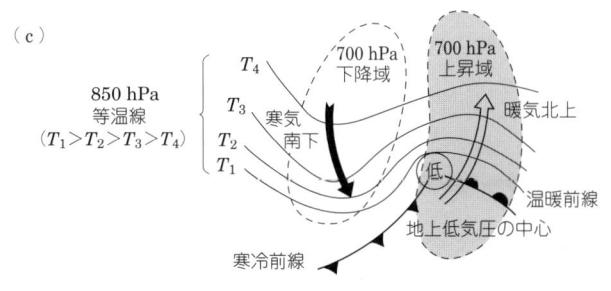

(c)

地上低気圧と前線および850 hPa 等温線と 700 hPa 鉛直流の相互関連を示す模式図．
地上低気圧は 850 hPa 気温場の暖域内にあり，等温線の集中帯のやや赤道側に位置します．
発達する地上低気圧の前面では暖気の上昇が，後面では寒気の下降があります．

図 4.3 傾圧不安定波の鉛直構造

((a) 出典：小倉義光，一般気象学，東京大学出版会（1984））

3 000 km の傾圧不安定波が他の波長の波よりも発達しやすいことが，理論的にわかっています（こうした不安定さを傾圧不安定といいます）．

傾圧不安定波としての典型的な波が東西方向に位置しているときに，その波の鉛直方向の構造を模式的に示すと，**図 4.3** のようになります．同図では以下のことが特徴的です．

① 上空で西に傾く気圧の谷線に沿って正の渦度が，気圧の尾根線に沿って負の渦度がそれぞれみられます．2 つの等圧面高度の鉛直差（層厚）で表される平均的な気温分布は，谷線の東で暖かく，西で冷たくなっています．また，風系に着目すれば，暖かい空気は北に運ばれ，冷たい空気は南に運ばれています．鉛直的に見れば，それらの流れは，気圧の谷周辺で反時計回りに，気圧の尾根周辺では時計回りに回転していることがわかります（図 4.3 (a) 参照）．

② 気圧の谷線（トラフライン）や尾根線（リッジライン）を鉛直に連ねる線（気圧の谷線の軸と気圧の尾根線の軸）は，上空に行くにつれて西（上流）に傾いています（図 4.3 (b) 参照）．このような構造をもつ気圧の谷の東では上昇流が，谷の西では下降流が見られます（図 4.3 (a)・(c) 参照）．

③ 前述（①と②）した傾圧波の鉛直構造を，700 hPa 鉛直 p 速度，850 hPa の気温場，および地上天気図を重ね合わせると，図 4.3 (c) のようになります．

このように，典型的な傾圧不安定波では，気圧の谷の鉛直軸の東では暖かい空気が上昇し，西では冷たい空気が下降していることがわかります．冷たい空気が上層に，暖かい空気が下層にある状態は，位置エネルギーが大きい状態といえます．したがって，傾圧不安定波の場合，空気の運動は傾圧不安定な状態が解消されるように，すなわち，大気の位置エネルギーが減少するように向かっているこ

コラム 　**位置エネルギーの大きさ**

　位置のエネルギーはどれくらいあるのでしょうか．大気は上空ほど気温が低く下層ほど高いので，大気の全位置エネルギーは膨大です．ただし，運動エネルギーに変換し得る位置エネルギーを有効位置エネルギーといい，全位置エネルギーの約 0.5 %で，実際の温帯低気圧で解消される有効位置エネルギーは，さらにその 10 %といわれています．

とになります.

　すなわち，傾圧不安定波は，位置のエネルギーを運動エネルギーに変換しながら発達する波であり，地上天気図に見られる温帯低気圧や移動性高気圧は，そのような過程によって発達していることになります（「コラム　位置エネルギーの大きさ」参照）．

〔3〕温帯低気圧と前線

　傾圧不安定波に伴う下層の温帯低気圧は，通常，中緯度の東西に延びる前線帯（傾圧帯）上で発生し，西（後面）に寒冷前線を，東（前面）に温暖前線を伴って発達します．日本付近では，温帯低気圧は春や秋に通過して，周期的な天気変化をもたらしたり，急速に発達して災害をもたらすことがあります．冬には，温帯低気圧は発達しながら通過し，その後に，シベリア大陸からの強い寒気がやってきます．

　前線帯は天気図では等温線が混んでいる帯状のところで，その北には冷たい寒気が，その南には湿った暖気があります．したがって，前線帯は冷たい空気と暖

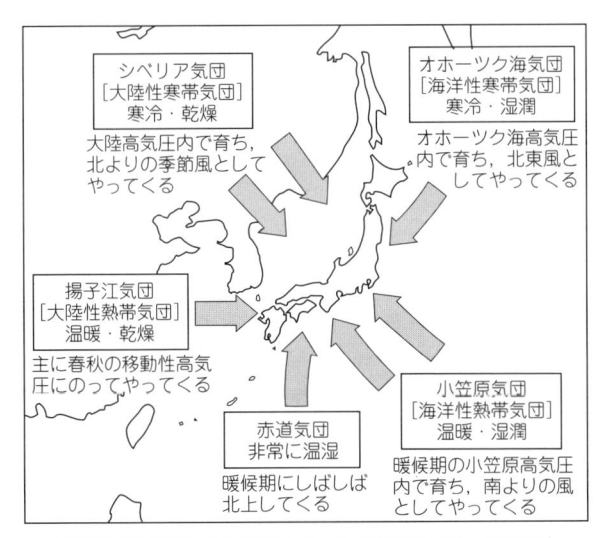

図4.4　日本付近の気団の様子（出典：日本放送協会編，NHK最新気象用語ハンドブック，日本放送出版協会（1996））

かい空気を境している帯だともいえます．冷たい空気も暖かい空気も，ある広がりを持っており，それらは寒気団や暖気団と呼ばれ，大陸性の乾いた気団と海洋性の湿った気団に大別されます．日本付近に現れやすい気団を図 4.4 に示します．

そのような気団を分ける前線帯上に発生した温帯低気圧は，温帯低気圧の反時計回りの循環（低気圧性循環：北半球）に伴って，温帯低気圧の西側の寒冷前線

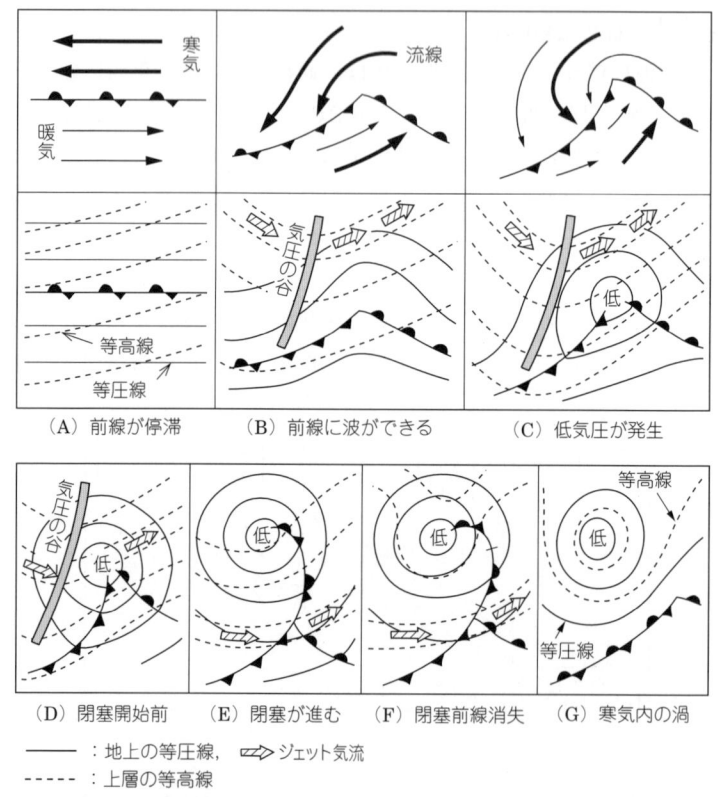

(A) 前線が停滞　　(B) 前線に波ができる　　(C) 低気圧が発生

(D) 閉塞開始前　(E) 閉塞が進む　(F) 閉塞前線消失　(G) 寒気内の渦

――：地上の等圧線，　⇨ ジェット気流
・・・・：上層の等高線

(A), (B), (C) の上段は流線

停滞している前線帯 (A) に上空の気圧の谷が接近すると波動が発生 (B) して，前線帯は北に膨れ上がり，低気圧の循環が強まると低気圧が発生します (C)．上空の気圧の谷の下流で低気圧は発達し (D)，低気圧がさらに発達すると中心の直ぐ南では寒冷前線が温暖前線に追いついて閉塞前線が形成され，最盛期 (E) になります．低気圧が衰弱期 (F) に入ると閉塞前線は消滅して，低気圧は前線帯から離れます (G)．

図 4.5　温帯低気圧の発達を示す模式図（出典：安齋政雄，
　　　新・天気予報の手引き，日本気象協会 (1996)）

では北からの冷たい空気が南にある暖かい空気を押し上げながら東〜南へ移動します．温帯低気圧の東側の温暖前線では，南からの暖かい空気が北にある冷たい空気の上を這い上がりながら東〜北へと移動します．このため，低気圧や前線の周辺では上昇流が発生して雲ができ，降水を伴います．一方，温帯低気圧後面の移動性高気圧内では，冷たい空気が下降して晴天となります．

温帯低気圧が発達するにつれて中心の気圧は下がり，中心部と周辺部の気圧差が大きくなって風が強まり，強い雨を伴うようになります．また，寒冷前線は温暖前線に次第に接近し，温暖前線に寒冷前線が追いつくと，閉塞前線が形成されます．このようにして追いついた寒冷前線の北（西）側にある寒気が，温暖前線の北（東）にある寒気よりも冷たい場合と暖かい場合があります．寒冷前線の北（西）にある寒気が，追いついた温暖前線の北（東）にある寒気よりも冷たい場合には寒冷型の閉塞前線，暖かい場合には温暖型の閉塞前線と呼ばれます．

温帯低気圧は，南北の気温差の大きいところに発生して南北の気温差を緩和し，冷たい空気を下降させて暖かい空気を上昇させて，位置エネルギーを運動エネルギーに変換しながら発達を続け，やがて発達が止んで次第に衰弱に向かいます．日本付近でみられる温帯低気圧の発達の模式図を図 **4.5** に示します．

4.3 対流圏内の中小規模運動

〔1〕台　風

熱帯地方で発生する低気圧を熱帯低気圧といいます．熱帯低気圧が発達して中心付近の最大風速が 17.2 m/s（34 ノット）をこえると，日本の周辺海域である北西太平洋では，その熱帯低気圧を台風と呼びます．台風は，一般には直径数百 km 〜 1500 km 位の大きさで，特に中心付近で気圧が急激に低下し，強い風雨が集中していることが特徴です．

図 **4.6** は平均的な台風級の熱帯低気圧の発生と移動を示す図です．台風級の熱帯低気圧は，赤道付近の海面水温が高い（26 〜 28℃以上）海域で，北半球でも南半球でも，赤道からやや離れたところで発生します．赤道から緯度にしてほぼ

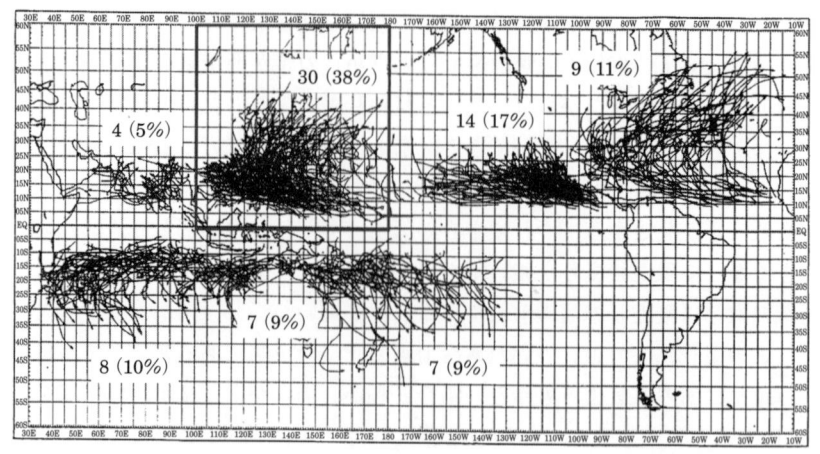

世界の熱帯低気圧の発生域と発生後の移動傾向を示す図です．図中の数字は平均的な年間発生数で，括弧内の数字は地域ごと発生する数値〔％〕です．矢印は発生後の移動経路で，太平洋西部および大西洋西部と太平洋東部における移動は，太平洋高気圧の縁に沿っているといえます．

図 4.6 熱帯低気圧の発生域と移動傾向（太平洋台風センター提供）

10 度隔てた極側には熱帯収束帯があり，通常，北半球では熱帯収束帯の南では南東の風が，北では北東の風が吹いています．台風は，そのような熱帯収束帯で発生するのが一般的です．

　日本のはるか南海上やフィリピンの東海上で発生する台風は，年間約 30 個にもなり，世界で最も多く発生する地域となっています．発生した台風は，はじめ西に移動しながら発達を続け，その後，向きを北に転じます．夏の早い時期には，北上せずに中国大陸に進む傾向があり，季節が進むにつれて日本に向かう傾向が強まります．最近の統計では，日本の南海上での台風の発生は 28 個以下ですが，世界で最多の発生域であることに変わりはありません．

　このような台風の平均的な移動の季節変化は，太平洋高気圧の季節的な変化に対応しているといわれています．すなわち，台風が発生する熱帯収束帯の緯度では，太平洋高気圧が強い夏の早い時期には東風が，太平洋高気圧が後退する時期には南東風が吹いて，台風の移動を支配していると考えられています．

　台風の等圧線はほぼ円形で，中心付近では急激に気圧が下がり大きな気圧傾度となっています．したがって，中心付近では等圧線の間隔は狭く，台風域内で最も強い風や強い雨が観測されます．台風の低気圧性循環は，温帯低気圧の気圧の

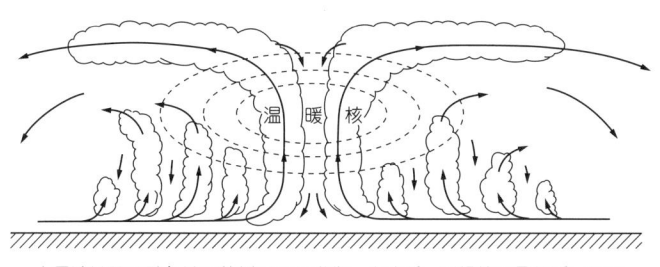

上昇流は眼の壁とその外側の雲で発生しますが，巨視的に見れば，雲のある台風域内の暖かいところで上昇し，相対的に冷たい周辺域で下降する直接循環です．矢印は空気塊の流れを表し，細い線は上昇流で生成された積乱雲などを表します．

図 4.7　熱帯低気圧の鉛直断面図（暖気核と鉛直循環）（出典：時岡達志・山岬正紀・佐藤信夫，気象の数値シミュレーション，気象の教室 5，東京大学出版会（1993））

　谷の鉛直軸が上空で西に傾いていたのとは異なり，地上から上空にほぼ真っ直ぐに円筒状に立っています．また，風は地表摩擦のため，周辺から中心に向かって空気が集まるように吹き（収束），集まった空気は上昇して対流雲を発生させます．台風が発達するにつれて，その中心には非常に発達した積乱雲に取り囲まれた「台風の眼」が形成されます．「眼」を囲むそのような積乱雲は「眼の壁」と呼ばれています．「眼」の中は晴天で穏やかな天気ですが，眼のすぐ外側では，眼の壁に伴う激しい風や雨が観測されます（**図 4.7**）．

　積乱雲の中の強い上昇流によって上空に運ばれた空気は，断熱冷却のために空気中の水蒸気が凝結して強い雨になります．また，水蒸気が放出する凝結熱のため，周辺よりも中心部で気温が高くなっています．これを温暖核，あるいは暖気核（ウォームコア）といいます．この凝結熱が台風のエネルギー源となっています．このようにして上昇した空気は，圏界面に達して水平に広がります（発散）．そのような台風域内の風や温度分布を，図 4.7 に模式的に示します．

　台風は，その中心に向かって吹き込む暖気によって積乱雲群を発生させ，その積乱雲群の中で放出される凝結熱の集団効果によって台風は発達する，といった異なるスケールの気象擾乱の相互作用によって発達します．これをシスク（第 2 種条件付不安定，Conditional Instability of Second Kind：CISK）といいます．

　平均的にみて，台風は，発生からほぼ 4 日後に最盛期に達するといわれています．最盛期には，普通，台風の中心には非常に強い対流雲（積乱雲）で囲まれた「台風の眼」がみられ，それをレーダーでみると**図 4.8** のようになります．台

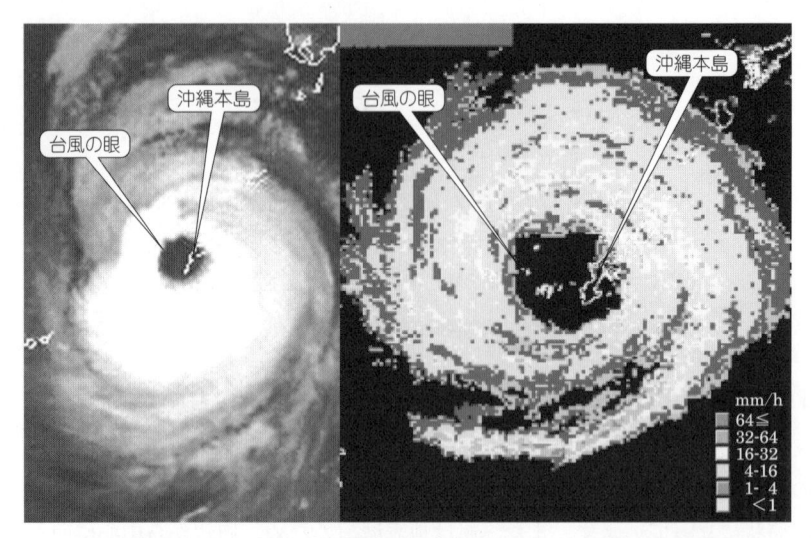

気象衛星画像（左）に見られる台風域内にある気象レーダーで観測された雨雲のレーダーエコー（右：沖縄気象台 2002年9月5日2時20分）です．レーダーエコーの中央に見える丸い穴は台風の眼に対応し，その外側に見られる強い降水域は眼の壁の降水エコーで，眼の東側には64 mm/h以上の強い降水が観測されています．

図4.8　台風域内の降水雲（気象庁提供）

風の中心付近にある眼の壁や雲バンド内では，64 mm/hを超える強い降水が観測されていることがわかります．

〔2〕熱対流

空気が下から熱せられたりすると膨張して密度が小さくなり，周囲の空気よりも軽くなるため浮力により上昇し，静的不安定となって熱対流が発生します．熱対流の結果発生した雲を対流雲といい，晴れた日の積雲や夏の入道雲は，その代表といえます．この他にも，季節風が強まって大陸からの乾燥した寒気が暖かい海面を吹走するときも線状に並ぶ積雲列などが見られます．このように，いくつかの形が違う積雲が日本の周辺海域でみられます．

〔a〕積雲対流

熱対流に伴って地上付近の空気塊が上昇すると積雲（対流雲）が発生します．積雲は輪郭が明瞭で雲の底は地上付近から2 000 m位の高さにあります．積雲は，発達の程度により，晴天（好晴）積雲－雄大積雲－積乱雲などと呼ばれます．

晴天（好晴）積雲は，日射や暖かい海面からの加熱によって昇温した地表付近の空気が，凝結する高度に達して発生します．晴れた日に，雲底がほぼ同じ高さで，海の上などに並んで浮んでいるのが晴天（好晴）積雲です．

　一方，上空に冷たい空気が流れ込んだり，地表付近に暖かく湿った空気が入り込んだりして気温の上下関係が静的不安定になると，雲頂高度が 10 km 以上にも達する発達した積雲が発生します．この種の積雲は雄大積雲や積乱雲と呼ばれます．積乱雲は雄大積雲よりも発達した雲で，雲頂からは氷晶でできた巻雲が吹き出しており，上層風が弱いときには四方に広がってかなとこ（鉄床）状になるので鉄床雲（かなとこ雲）とも呼ばれます．一方，上層の風が強いと雲頂からの氷晶雲が風下に流されてたなびき，流れの上流では丸みを帯びた雲頂が，下流ではたなびく巻雲のために輪郭が不明瞭です．夕立は，雄大積雲や積乱雲から降る雨です（「4.4〔3〕暖かい雨と冷たい雨」参照）．

（b）　対流雲列

　冬期の強い季節風時に，日本海には積雲列（筋状の雲）がみられます．このような雲列をロール状対流雲列といいます．その例を**図4.9**に示します．そのような積雲列が観測されるのは，上空ほど強い風が吹いている（鉛直シアーがある）流れの中で，大気の状態が静的不安定になると生成されるといわれています．生成された積雲列の走行の模式図を図4.9（a）に示します．つまり，それらの積雲系列の走向は下層と上層の風のシアーベクトル（ベクトル差）に合致するといわれています．

　図4.9（b）に見られる積雲列は，冬期の北西季節風時に，シベリア大陸から吹き出す乾いた冷たい空気が暖かい日本海上を吹走して静的不安定になって発生したものです．北西の季節風時における日本海では地上から中層までの風向はほとんど変化が無く，風速は上空ほど大きいので，このような対流雲の向きは，上空の風向をも表しているといえます．

（c）　細胞状の対流雲

　冬季，温帯低気圧が発達しながら東海上に去った後，日本の南や東の太平洋上には，羊雲を大きくしたような細胞状の雲や穴の開いた虫食い状の雲が見られます．ある広がりを持った空気が下から一様に暖められたり，または，上の方から一様に冷やされたりして不安定になった場合に，六角形の細胞状の対流が発生することが知られています．この種の対流をベナール・セルといい，六角形の周辺

第 4 章　さまざまな気象現象

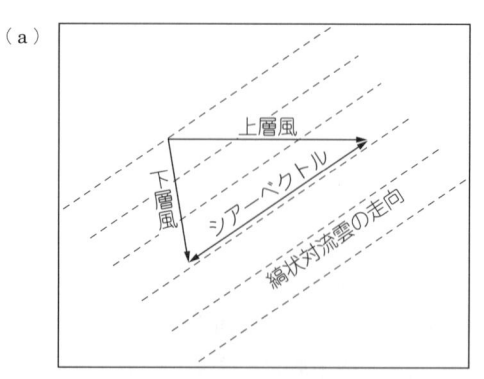

(a)

対流雲列の向きと風の鉛直シアーを示す図．
冬期日本海に見られる積雲列は上層ほど風が強い場合に発生し，
その向きは上層と下層の風のシアーベクトルに平行になります．

(b)

日本海の暖かい海上に発生したロール状の対流雲列．
日本海では下層と上層の風向がほとんど変わらない場合が多く，積雲
列の向きは下層および上層の風向きを表すことが多くあります．

図 4.9　対流雲列（(a) 出典：浅井冨雄，ローカル気象学，東京大学出版会 (1996)）

部で上昇して中心部で下降する開細胞（オープンセル）型と，中心で上昇して周辺部で下降する閉細胞（クローズドセル）型があります．**図 4.10** に開細胞型と閉細胞型の対流雲の模式図を，**図 4.11** に冬期日本近海に現れた開細胞型（領域 A）と閉細胞型（領域 B）の雲域を示します．

(a) ←細胞の直径→
気温逆転

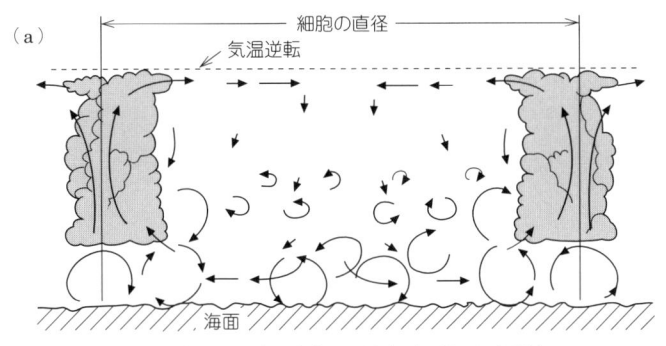

海面

開細胞型：細胞の中央で下降流が，周辺に上昇流があります．周辺部の上昇流に伴って積雲が発生するので，穴の開いた蜂の巣に似た細胞状になります．

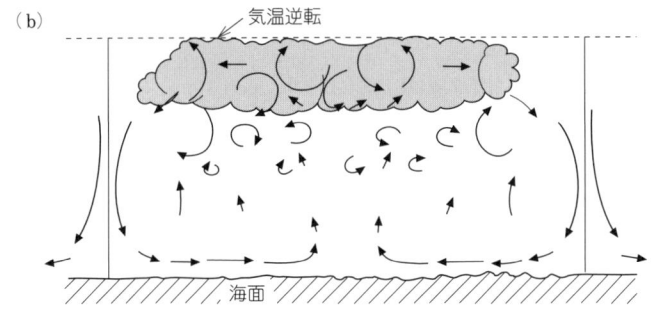

(b) 気温逆転

海面

閉細胞型：細胞の中央で上昇流が，周辺に下降流があります．中央の上昇流に伴って雲が発生して周辺で消えるので，蜂の巣状に区切られた細胞状になります．

冷たい空気が暖かい海上に流れ出したときに，海面から一様に温められたときに発生する細胞状の雲で雲の上限は安定層で抑えられます．細胞の中央に雲の無い開細胞型セルと雲のある閉細胞型セルがあります．開細胞型は閉細胞型よりも静的に不安定な場合に発生するといわれています．

図 4.10　細胞状の雲生成の模式図（出典：浅井冨雄，ローカル気象学，東京大学出版会（1996））

〔3〕海陸風

　海岸とその内陸は，日中の日射で昇温し夜間の放射で冷却されます．それは，陸地の熱容量が小さいからで，日中と夜間の温度差が大きくなります．一方，熱容量の大きい海では，海面水温は昼夜で大きくは変わらないので，陸地の温度と海面水温の差は日中と夜間では違ってきます．すなわち，昼は陸地が暖かく海面

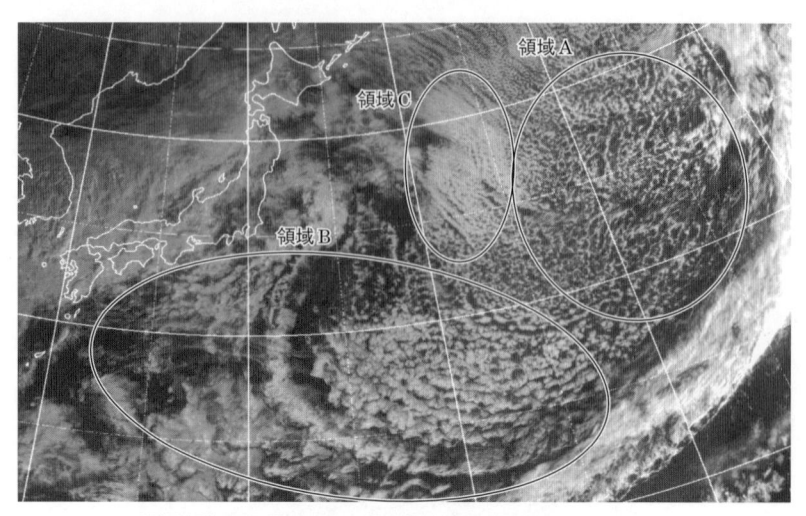

開細胞型の雲は領域Aに，閉細胞型の雲は領域Bに見られます．なお，領域Cには積雲列が見られます．

図 4.11　日本周辺海域における細胞状の雲の例（気象庁提供）

　は冷たく，夜間は海面が暖かく陸地が冷えます．このため，陸地と海の間に気圧差が生じます．日中は暖かい陸地上の空気が温められて上昇流となり，そのために陸地では低圧部となりますので，そこに向かって海から風が吹き（海風），夜間は反対に冷たい陸地上の空気は冷やされて下降流となり，そのために高圧部になるので，そこから海に向かって風が吹きます（陸風）．このような局地的な風を海陸風と呼びます．規模の大きい湖の近くでも，海陸風と同じような局地風が発生します．

　海陸風の場合，海風の厚さは 200〜1000 m，風速は 5〜6 m/s 程度で，上空では陸から海に向かう風（反流）が吹いています．海風は 20〜50 km も内陸に進入し，その先端では気温や風の不連続が観測されることがあり，これを海風前線と呼びます．一方，陸風は海風ほど明瞭ではなく，その厚さは高々 200〜300 m，風速は 2〜3 m/s といわれています．海風循環を図 4.12 に模式的に示します．なお，海陸風は風速数 m/s ですから，温帯低気圧や台風の接近などで強い風が吹くときには卓越せず，海面水温が陸地の温度に比較して常に高い冬期にも，海陸風は起きません．

4.4 降水過程

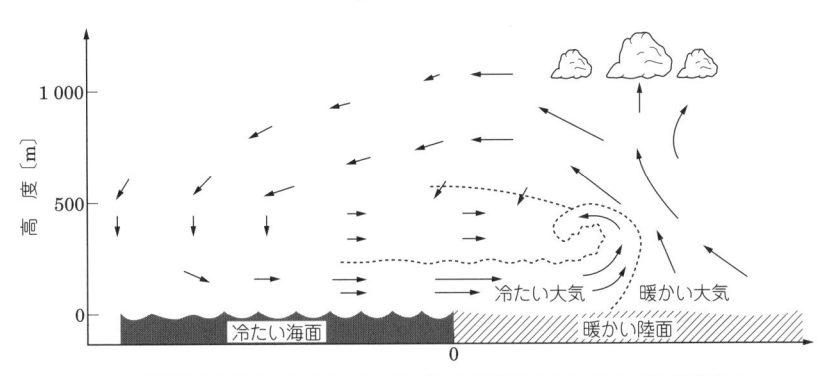

```
高度 [m]
1 000
500
0
冷たい海面    0    暖かい陸面
              冷たい大気  暖かい大気
```

太陽に熱せられた陸地では冷たい海に比べて気圧が低くなるので，風は陸地に向かって吹きます（海風）．循環の高さは地上から2 000 m〜1 000 mに達します．一方，陸風は海風よりも弱く，その循環の高さは300 m〜100 mといわれます．

図 4.12　海風循環の模式図（Ogawa et al., 1986; Stull, 1988，出典：日本気象学会編，新教養の気象学，朝倉書店（1998））

4.4 降水過程

　大気中を落下して地上まで達した雨や雪などを降水といいます．降水には，空気塊が上昇して冷却され，水蒸気の過飽和分が凝結したり昇華したりして雲粒（水滴や氷晶）となり，それが成長して雨や雪になるなどの経過があります．

〔1〕雲粒と氷晶の生成と降水現象

　雲は，湿潤空気が上昇して発生します．湿潤空気が上昇するに連れて気温が下がって飽和に達すると，空気中の浮遊物（エーロゾル）を核として水滴や氷晶が生成されます．この水滴は雲粒（「くもつぶ」または「うんりゅう」）と呼ばれ，雲を構成する雲粒と氷晶を総称して，雲粒子（くもりゅうし）と呼びます．上昇する湿潤空気塊は，海塩粒子（NaCl）などを主な核（凝結核）として水滴が生成されたり，浮遊する土壌中の陶土や火山灰などを主な核として，水蒸気が昇華して氷晶が生成されたりして雲粒子となります．また，上昇する湿潤空気の気温

104　　第4章　さまざまな気象現象

が0℃以下になっても，生成された水滴は必ずしもすぐ氷晶などにはならず，過冷却水滴として空気中に浮遊し，氷晶核との衝突によって氷晶雲が形成されたりします．このような水滴や氷晶が雲粒（水滴や氷晶）なのです．

〔2〕雲粒と氷晶の成長

雲は，雲粒のみでできている水雲（0℃以上），雲粒と氷晶でできている混合雲（0℃〜−40℃），氷晶のみでできているといわれる氷晶雲（−40℃以下）があります．日本付近で降水をもたらす大部分の雲は，過冷却の雲粒と氷晶が共存

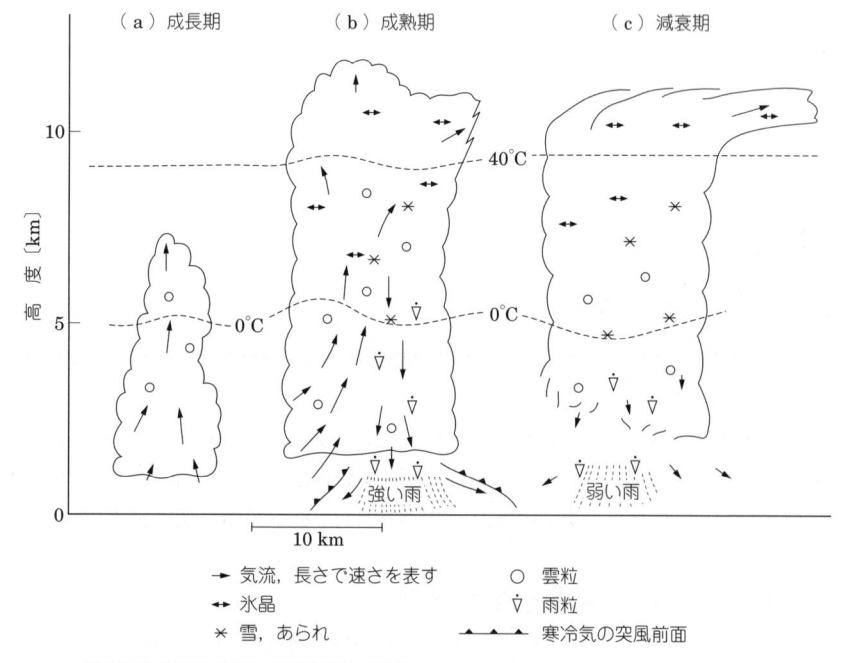

積乱雲の生涯における各発達段階の特徴
　（a）成長期は強い上昇気流，
　（b）成熟期は激しい降水と一部冷気流の出現，
　（c）衰弱期は上昇暖気流の消滅，降水強度は弱まり，雲は消散し始める．
　積乱雲中では0℃以下の層で氷晶が生成され，それが成長して落下し，0℃以上の融解層で雨に変わります．雲底からの降水が無ければ雨滴から蒸発熱が奪われて下降流が加速されて突風（ガスト）を伴うことがあります．

図4.13　積乱雲内の冷たい雨の模式図（出典：浅井冨雄，
　　　　　ローカル気象学，東京大学出版会（1996））

する混合雲です．このような雲では，雲粒から蒸発した水蒸気が氷晶核に昇華凝結したりして雪の結晶へと成長します．また，落下する氷晶が過冷却雲粒を補足したりして成長する場合もあり，この場合にはライミングといい，これが続くと落下する粒子は球形となります．これがあられ（霰）です．あられが，積乱雲など強い上昇流に遭うと十分に発達するまで落下しないので，滞空時間が長くなってさらに成長してから地上に落下します．落下した時点で 5 mm 以上の大きさのものをひょう（雹）といいます．あられや雪片が落下途中の 0℃ 以上の融解層を通過する途中で水滴に変わると，雨になります．

雲粒が衝突によって次第に成長したり，大きい雲粒が小さい雲粒を併合して降水粒子まで成長する場合があります．このような過程は主に水雲の場合に起こります．

〔3〕暖かい雨と冷たい雨

雲粒の生成にはじまり，雲粒同士の衝突や併合によって雲粒が降水（降雨）粒子にまで成長する過程で，氷晶の生成がかかわっていない場合の雨を暖かい雨といいます．

他方，冷たい雨は，雲粒の生成から降水粒子生成までの過程で氷晶が関わっている場合の降水です．日本付近における大部分の降水である混合雲からの降水は，これに相当します．

積乱雲の中で冷たい雨が生成される過程を，図 4.13 に示してあります．

4.5 成層圏と中間圏内の運動

成層圏（10〜50 km）が発見された当時は，成層圏とは無風状態の静かな気層と考えられていましたが，観測技術の進歩により，成層圏やその上の中間圏（50〜80 km）の様子が次第に明らかになるにつれて，成層圏や中間圏にもさまざまな気象現象が存在することがわかってきました．その様子をみてみましょう．

〔1〕 平均的な状態と長周期の変動

　成層圏や中間圏では，大気は総じて安定で，対流圏のように対流が起きることも雲ができることもありません．しかし，大気は地球をめぐって循環しています．成層圏と対流圏での大気の平均的な運動は，基本的には太陽からの熱が均一ではないことと地球が回転していることによって決まりますが，特に冬期，対流圏の超長波の運動エネルギーが鉛直上方に伝播して，成層圏や中間圏の平均状態を乱します．

　中間圏と成層圏の境付近の 1 hPa（高度約 50 km）の北半球の夏と冬の平均状態を図 **4.14** に示します．この図は等圧面の高度分布で，地衡風の関係から地球を取り巻く帯状風を示しています．夏季は，北極を高気圧の中心とする同心円状で，緯度圏に沿う偏東風が吹いていることを表しています．冬期は，基本的には北極を低圧部とし赤道地方を高圧場とする偏西風の流れで，夏期のように同心円状ではなく，太平洋側を高圧部とし大西洋側を低圧部とする波数 1 の超長波と，これとは違った北米大陸とソ連西部に谷を持つ波数 2 の超長波が重なっているように見えます．これらは，対流圏の超長波の影響と考えられています．

〔2〕 突然昇温

　成層圏や中間圏における季節的な変化を高緯度の気温でみると，冬（半球）に低く夏（半球）に高い規則的な変化をします．しかし，冬期から夏期に移る時期には，その規則的な変化に 10 日位で変化する短い変動が重なり，時には 10 日間に 20 K もの大きな昇温をもたらすことがあります．成層圏の高緯度に見られるこのような現象を「突然昇温」といいます．突然昇温が発見されるまでは，下部成層圏にこのような激しい現象が起こるとはまったく考えられていなかったため，その発見は気象界に大きなショックを与えました．その原因は，対流圏で発生し鉛直上方に伝播してきた超長波であることが確かめられています．

〔3〕 準 2 年周期振動（QBO）

　赤道域の約 20 ～ 40 km の成層圏では，準 2 年周期振動（Quasi-Biennial Oscillation：QBO）と呼ばれる現象がみられます．これは，「東風と西風が交互にほぼ 2 年周期で現れる」ことと「最初に高い高度に現れ時間とともに下層におよぶ」ことが特徴です．東風と西風が交代する平均的な周期は約 26 か月です．

4.5 成層圏と中間圏内の運動　　107

(a)

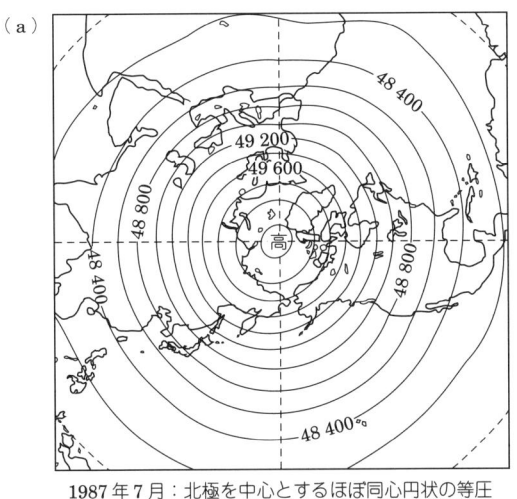

1987年7月：北極を中心とするほぼ同心円状の等圧線が見られます．

(b)

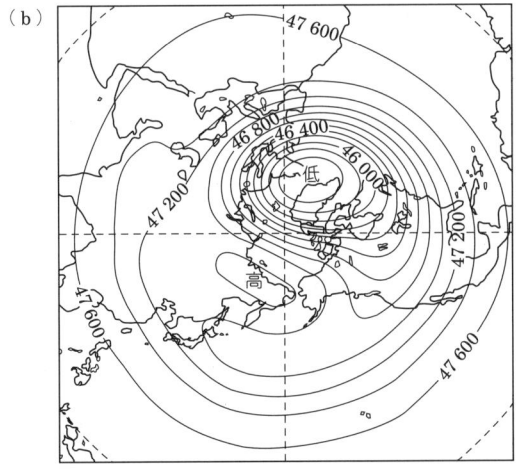

1987年1月：ユーラシア大陸と大西洋に谷が見られ，欧州東部からシベリア大陸にかけて尾根が見られます．

図 4.14　北半球月平均 1 hPa 高度分布（単位：m）
（出典：廣田勇，グローバル気象学，東京大学出版会（1992））

図 4.15 はシンガポールで観測された準 2 年周期振動の例で，1994 年から下降していた西風は 1996 年春には 70 hPa（〜20 km）に達し，同時期に 10 hPa（〜30 km）にあった東風が下降し始め 1996 年秋には 70 hPa（〜20 km）に達し

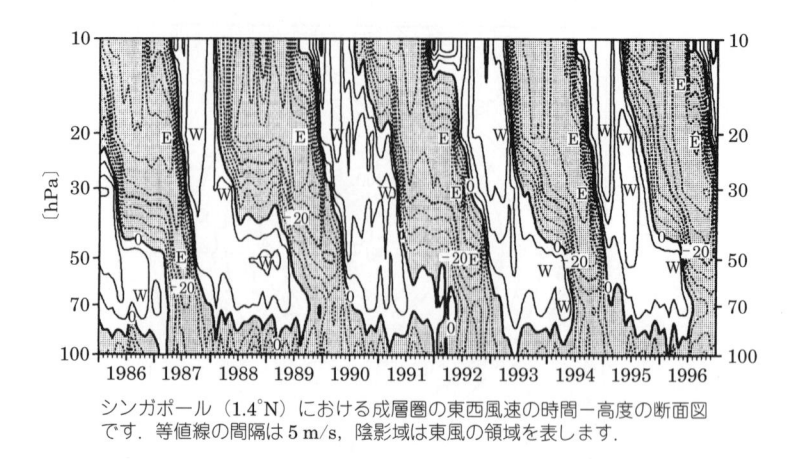

シンガポール（1.4°N）における成層圏の東西風速の時間－高度の断面図です．等値線の間隔は5 m/s，陰影域は東風の領域を表します．

図 4.15 準 2 年周期振動の例（出典：須田綾子，近年の準 2 年周期振動（QBO）の状況，天気，Vol.44, No.2（1997））

ています．1996 年後半には，成層圏上部は西風に替わってきており，12 月には 25 hPa まで西風になっています．50 ～ 70 hPa における西風の振幅は約 10 m/s，東風の振幅は約 15 ～ 20 m/s となっています．QBO の成因は，赤道上空で下部成層圏にみられる赤道波の運動量が鉛直に伝播することによるものです．

〔4〕半年周期振動

赤道域では，半年周期振動（Semi-Annual Oscillation：SAO）があることも知られています．これは，図 4.16 に示すように，東風と西風が半年周期で交互に現れる現象で，前述した準 2 年周期振動よりも上空の 80 km および 50 km 付近に中心をもっています．この半年周期振動も，はじめは高い高度に現れ，次第に下層におよびます．

4.6 気候変動

気候は長い期間における天気の平均状態で，基本的には大気の流れによっても

4.6 気候変動

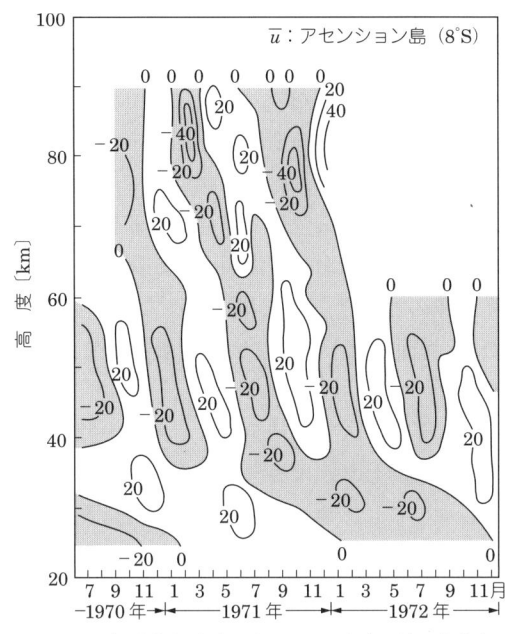

アセンション島（8°S）上空における月平均東西流の変化を示す時間・高度断面図です．陰影部は東風を表します．35 km 以下に QBO（Quisi-Biannual Oscillatoion）が見られ，40〜60 km に半年周期の振動が見られ，さらに 70〜90 km にかけ位相をほぼ逆転させた半年周期の振動が見られます．

図 4.16　半年周期振動の例（Hirota, 1978）

たらされる長い期間の平均的な天気です．以前は数年以上の期間で考えられていましたが，近年は数か月以上の期間を取り上げることが多いので注意が必要です．基本的には，太陽からの短波長放射をエネルギー源とし，地球から宇宙空間に放出する長波長エネルギーが平衡状態を保ちながら，地球の大気・海洋・陸地・雪氷・生物などが互いに複雑に影響しあって，地球大気の流れが決められます．大気の流れを決めるそれらの構成要素である大気・海洋・陸地などは，お互いに複雑に作用しあっているので，それらから決められる気候も複雑に変化します．そのうち，比較的短い間にある平均状態の周りを変化するような気候の変化を気候変動といい，平均状態そのものが別の状態にシフトするような決定的な変化を気候変化と呼んで区別をします．

気候は，例えば，赤道での1年間通して降り注ぐ強い日射と極地方での夏季だ

けの日射の違いによるトータルとしての受光量の差，すなわち，結果としての温度差や海と陸地の比熱の違いによる地球の温度分布などが大気の流れを決め，山脈はそのような流れを強制的に変えたり，夏は日射で昇温して熱源となり，雪で覆われると日射を反射して冷源（熱の消散域）になったりして，大気に影響します．大気は，暖かい海流や冷たい海流の上を吹走して熱を受けたり奪われたりしながら，他の地域に熱を運んで大気全体の熱分布を変化させて流れを自ら変えたりします．東部太平洋の赤道域における海面水温が高温になる現象を「エルニーニョ」といい，異常気象の原因として広く知られています（「コラム　エルニーニョ現象とは」参照）．海面水温が天気に大きく影響していることを知る1つの良い例といえます．

　海洋や雪氷などから水蒸気が大気に補給され，大気中では水蒸気が凝結し，その凝結熱は大気を暖め，凝結した水は海洋や雪氷に還元されるなど，水の循環はエネルギーの流れをももたらし，地表に降った雨や雪は雪氷分布を変化させ，また，川の流れを変えたり海岸線を変えたりして陸地や海陸分布を変え，大気の流れの変化をもたらします．

　地球が宇宙空間に向けて放射する長波エネルギーの一部は，雲や火山灰などの浮遊物（エーロゾル）でさえぎられて地球に戻ります．また，それはオゾンや二酸化炭素（炭酸ガス）などの温室効果気体と言われる物質に吸収され，地球に戻されて地球の温度が下がるのを防いでいます．例えば，動物の呼吸と植物の炭素同化作用によって二酸化炭素が大気へ放出されたり吸収されたりして温室効果気体を変化させると，地球が受ける太陽熱と放出する熱の平衡（釣り合い）が変化し，これが大気の流れを変えて気候変動をもたらします．これは，人間を含めた生物と大気との相互作用が気候変動に関わっている部分の一例です．最近では，石油・石炭などの化石燃料を消費することによって二酸化炭素を放出し，都市化によって森林が減少するなど，私たちの社会生活が気候変動に及ぼす影響が大きいとして，「地球温暖化」が注目を浴びています（「3.2〔3〕(c)温室効果と地球温暖化」参照）．

　このように，長期間にわたる平均的な天気状態がどのように変化するかは，それを支配する多くの要素が相互に複雑に作用しあっているので，単純ではありません．

　気象予報士試験を受ける立場からすれば，そのように複雑な気候の変化のしく

4.6 気候変動

みを逐一詳しく知る必要はなく，過去に出題された程度の知識として，気候を支配する要素とおおよその役割を知っておくだけで十分です．なお，その時々で話題となっていること，例えば「エルニーニョ」や「地球温暖化」などについて関心を持つことは，無理なく気象の知識を広げる意味から，ぜひ必要であると考えます．

コラム　エルニーニョ現象とは

エルニーニョは，もともとクリスマス頃に発生し，赤道付近の太平洋沿岸の中央アメリカ，エクアドルやチリの太平洋沿岸に暖水塊をもたらす海洋現象です．このような現象はほぼ毎年現れ，冬の数か月で終息します．しかし，数年に一度，暖水塊は異常に発達して範囲も拡大して1年以上も続くことがあるので，これをエルニーニョ現象と呼ぶことにしました．エルニーニョ現象が起きている状態と起きていない状態を図1に示します．このような現象が起きると，通常，西太平洋で高く，東太平洋で低い，いわゆる「西高東低」の太平洋の海水温は，東太平洋での海水温が異常に高い状態に変わります．このような海面水温の変化は，気象衛星などによる広範囲の観測が可能となった結果，その範囲は赤道を中心とする熱帯太平洋全域に及ぶほどの東西の広がりを持つことがわかっています．また，西経150〜95度までの南北（±）4度以内における海域の海水温を常時監視することにより，エルニーニョ現象の監視が続けられています．

21世紀最大のエルニーニョ現象発生といわれる1997年11月の海面水温偏差を図2（口絵参照）に示します．同図によれば，東太平洋では＋4.5℃も高く，西太平洋では−1.5℃も低いことがわかります．

エルニーニョ現象が発生すると，図1に見られるように，降水域が暖水域とともに東に移り，通常，雨の少ない（多い）地域に雨が降り（降らず），気温分布も影響を

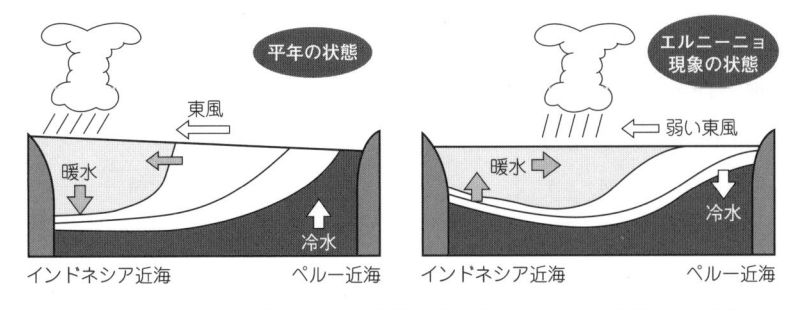

図1　エルニーニョ発生前と発生後の海水温・風，および海水の運動

受けることになります．その結果，世界各地で異常気象が発生することが知られています．その例を図3に示します．なお，図1左の平均状態がさらに強まって，太平洋西部の赤道付近の海水温がますます暖かくなり，太平洋東部が冷たくなる現象を，ラニーニャといいます．これはエルニーニョと反対の現象ですが，やはり海水温の影響が平年より強まって，異常気象をもたらします．

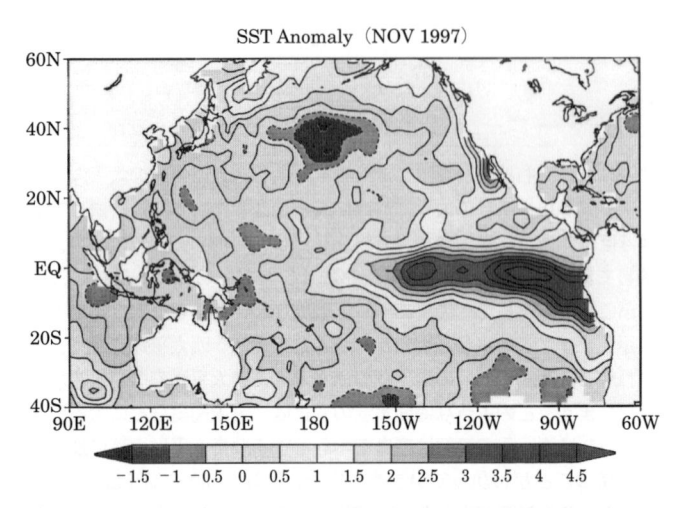

図2 21世紀最大のエルニーニョにおける海面水温の平年偏差（口絵参照）

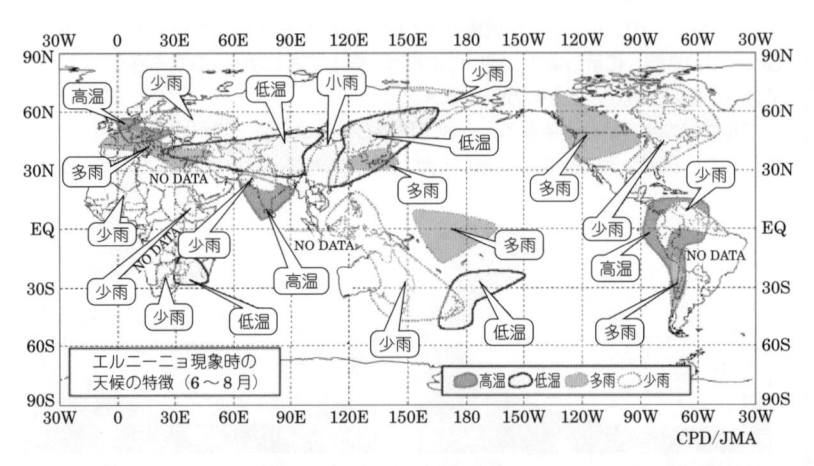

図3 エルニーニョ現象発生に見られる暖候期（6〜8月）の異常気象

練習問題

問題1

大気の現象に関して述べた以下の①〜⑤までの文章のうち，誤った記述を全て選び，文章の番号で答えなさい．

① 大規模場とは，1 000 km 以上の気象現象をいい，その中には超長波から長波などの波が含まれる．

② 大規模場の擾乱に含まれる超長波は，通常，波長が 1 〜 4 (8 000 〜 10 000 km) 以上の波をいい，例えば，成層圏で定常的に見られる波長の波ではない．

③ 中規模現象とは 100 km 以上の現象をいい，小規模な熱帯性擾乱や大規模な積雲対流系の擾乱を含む．

④ 対流圏中層以下では，超長波に長波などが重なっているので，時間・空間的な操作をして平均的な流れを得ることにより，超長波への理解はしやすくなる．

⑤ 対流圏内には，長波よりも短い 1 000 〜 1 500 km くらいの波長の波が見られるが，そのような波長の短い波に伴う現象は緩やかなので，防災上特に注意が必要とはいえない．

問題2

対流圏内の中・小規模現象に関して述べた以下の①〜⑤までの文章のうち，誤った記述を全て選び，文章の番号で答えなさい．

① 晴天（好晴）積雲は，地上付近の空気塊が暖められて上昇して発生する．その雲底高度はほぼ一定である場合は少ない．

② 積乱雲では，雲頂から吹き出す雲は氷晶雲であるので風に流されやすい．したがって，雲頂高度付近の上層風の風向を風下にたなびいている状態から，おおよそ推定できる．

③ 積雲列が冬の日本海上に見られるとき，地上における風向と日本海上の雲列の向きにより，積雲列上部の層における風向を推定することができる．

④ 日中に陸地が温められることにより，相対的に冷たい海よりも気圧が低くなって海風は発生する．海風の先端の通過に伴って，前線の通過に似た現

象が観測されることがある．
⑤ 陸風は反対に，夜間の放射冷却によって冷やされた陸地と暖かい海面との間の気圧の差により吹く．陸風の鉛直方向に及ぶ範囲は，海風と同じくらいである．

問題 3

気候変動に関して述べた以下の①〜⑤までの文章のうち，誤った記述を全て選び，文章の番号で答えなさい．

① 太陽からの短波長放射による加熱と地球からの長波長放射による熱放出（冷却）の差し引きによる正味の加熱・冷却の緯度分布や地球の自転により，大気の運動が駆動されて世界各地の気候は生成されると考えられる．
② 地球は赤道地方は熱源であり，極地方では冷源（熱の消散域）である．地球上の海陸分布や山脈の影響を受けながら大気の大規模な運動によって赤道地方と極地方における熱の不均衡が解消される過程で，世界各地に特有の気候がもたらされる．
③ 気候は長い期間の天気の特徴であり，通常，30年位の平均的な天気状態をいう．したがって，1年程度の短期間の天気変化も気候に影響していると考えられる．
④ 気候は，地球を取り巻く環境の経年変化にも影響を受けるので，地球環境の変化も重要な気候変動の要因である．そのような要因の1つとして，温室効果気体の増加による地球の温暖化が懸念されている．
⑤ 気候には海水温の影響が大きいと考えられている．その一例がエルニーニョである．エルニーニョは太平洋西部の海水温が平年に比べて1℃〜数℃高くなる現象である．そのような海水温の変化の結果，世界各地に異常気象が発生する．

第5章

天気予報

本章について

　本章は，気象予報士試験における学科試験の「専門知識」として出題される気象関連情報と提供形態，気象警報，気象災害の種類，および実技試験で試される気象情報の利用について解説します．天気予報の種類，気象に関する情報の流れ・提供形態など，実際に天気予報がどのように提供され，活かされているのかを知ってほしいと思います．天気予報が国民の生活と密接にかかわっていることを実感してください．

5.1 天気（短期）予報

　天気（短期）予報は明後日までの予報で，その中には，「府県天気予報」，「地域時系列予報」，「地方天気分布予報」および「降水短時間予報」などが含まれます．それらの予報は，地域の広がりや時間的な細かさなどが違っており，それぞれの予報がそれぞれの目的を持っています．それらの予報の関係を，図 5.1 に示します．

　修正が必要であれば，その都度発表されます．府県天気予報および地域時系列予報と地方天気分布予報は 05 時，11 時，17 時に発表されます．降水短時間予報では，正時と正時の 30 分後に，6 時間先までの降水強度が発表されます．ナウキャストでは，1 時間先までの降水強度の予想が，10 分間ごとに発表されます．

　天気（短期）予報は，主に数値予報の結果から導かれる予想資料（ガイダンス，コラム参照）に基づいて作成されます．その際，ガイダンスが実況監視としての観測結果や解析資料（天気図など）と異なっている場合には，必要な補正を行っ

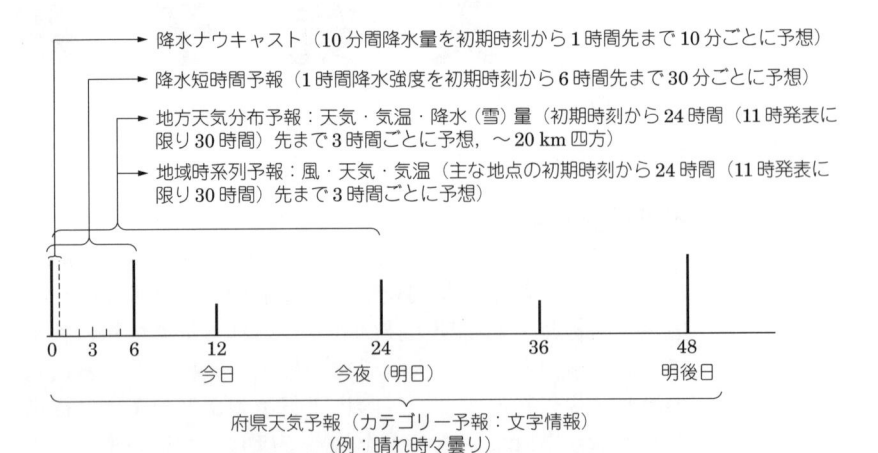

- 降水ナウキャスト（10 分間降水量を初期時刻から 1 時間先まで 10 分ごとに予想）
- 降水短時間予報（1 時間降水強度を初期時刻から 6 時間先まで 30 分ごとに予想）
- 地方天気分布予報：天気・気温・降水（雪）量（初期時刻から 24 時間（11 時発表に限り 30 時間）先まで 3 時間ごとに予想，～20 km 四方）
- 地域時系列予報：風・天気・気温（主な地点の初期時刻から 24 時間（11 時発表に限り 30 時間）先まで 3 時間ごとに予想）

0　3　6　　12　　　　24　　　　36　　　　48
　　　　　今日　　今夜（明日）　　　　　明後日

府県天気予報（カテゴリー予報：文字情報）
（例：晴れ時々曇り）

注：地方分布予報の降雪量予報は雪の多い地方を対象に 6 時間間隔で発表されます．

図 5.1　天気（短期）予報に含まれる各種予報の相互関係

て地方天気分布予報を作成し，これを基本にして府県天気予報と地域時系列予報などが作成されます．「天気予報」とは，厳密には「週間天気予報，季節予報，波浪予報」以外の「明日までの天気・風・降水量などの気象予報」がその内容です．しかし，週間天気予報などを含む総称としての意味にも用いられるので，ここでは，この「天気予報」を「天気（短期）予報」と記すことにします．

〔1〕府県天気予報

　府県など1つまたは2つ以上の地域に分割（細分）した地域（一次細分域）を対象として，当日を含む3日以内の「風・天気・気温」などを予想します．天気の予想は「南の風，くもりのち雨」などと文章で表現します．この文章表現は，いくつか決めておいた天気変化の中に当てはめるので「カテゴリー予報」とも呼ばれ，降水確率予報などの「確率予報」に対して「断定予報」とも呼ばれます．「予報を端的に表している」ことや耳から伝達される「音声情報」として優れています．

　気温予報（最高気温・最低気温）は数値で予想されます．通常，最高気温は午後早くに現れる傾向があるので9時〜18時までの気温の最大値を予想し，最低気温は日の出の直前に現れやすいので，真夜中の0時〜9時までの気温の最小値を予想します．

　降水確率は0時〜6時，6時〜12時，12時〜18時，18時〜24時の6時間に，予報対象域内で1mm以上の降水のある確率（0〜100％）を10％刻みで予想します．単に，確率予報とも呼ばれることがあります．降水確率30％という降水確率予報は，同じような気象状態が100回予想された場合，その内の30回は6時間に1mm以上の降水が予想対象域にあるという意味です．なお，降水確率予報の例を図5.2に示します（「1.4〔2〕適中率とスレットスコア」参照）．

　また，海岸線から20海里（約40km）までの「波浪（波の高さ）予報」も府県天気予報に含まれます（図5.2）．

〔2〕地域時系列予報

　地域時系列予報とは，府県の一次細分域を代表する地点での気象要素を24時間先（夕刻発表は30時間先）まで3時間毎に予想し，記号と数値で表現したものです．予報地点を代表する周辺域の気象を予想しているので「地域時系列予

第5章 天気予報

天気予報：神奈川県

4日5時 横浜地方気象台 発表

天気予報(今日4日から明後日6日まで)

(/:のち, |:時々または一時)

東部

		降水確率	気温予報
今日4日	北の風 後 南の風 晴れ 波 1メートル	00-06 --% 06-12 10% 12-18 0% 18-00 10%	日中の最高 横浜　　　11度
明日5日	北の風 後 南の風 晴れ 明け方 まで くもり 波 0.5メートル	00-06 20% 06-12 10% 12-18 0% 18-24 0%	朝の最低 日中の最高 横浜　　4度　　13度
明後日6日		週間天気予報へ	

西部

		降水確率	気温予報
今日4日	北の風 日中 南の風 晴れ 波 1メートル	00-06 --% 06-12 10% 12-18 0% 18-00 10%	日中の最高 小田原　　　11度
明日5日	北の風 後 南の風 晴れ 明け方 まで くもり 波 0.5メートル	00-06 20% 06-12 10% 12-18 0% 18-24 0%	朝の最低 日中の最高 小田原　3度　　13度
明後日6日		週間天気予報へ	

天気概況
平成18年3月4日04時38分　横浜地方気象台発表

　東シナ海には高気圧があって東へ移動しています。伊豆諸島近海には気圧の谷があって停滞しています。

　現在、関東甲信地方では、伊豆諸島と関東の沿岸部では曇っている所がありますが、その他は晴れています。

　神奈川県の今日は、高気圧に覆われて晴れる所が多いでしょう。

　明日は、上空を気圧の谷が通過するため、明け方まで曇りの所が多いですが、朝から夜にかけては高気圧に覆われて晴れるでしょう。

　神奈川県の海上では、今日は多少波がある程度でしょう。明日はおだやかなほうでしょう。

図 5.2　府県天気予報の例（神奈川県）（気象庁提供）

5.1 天気(短期)予報

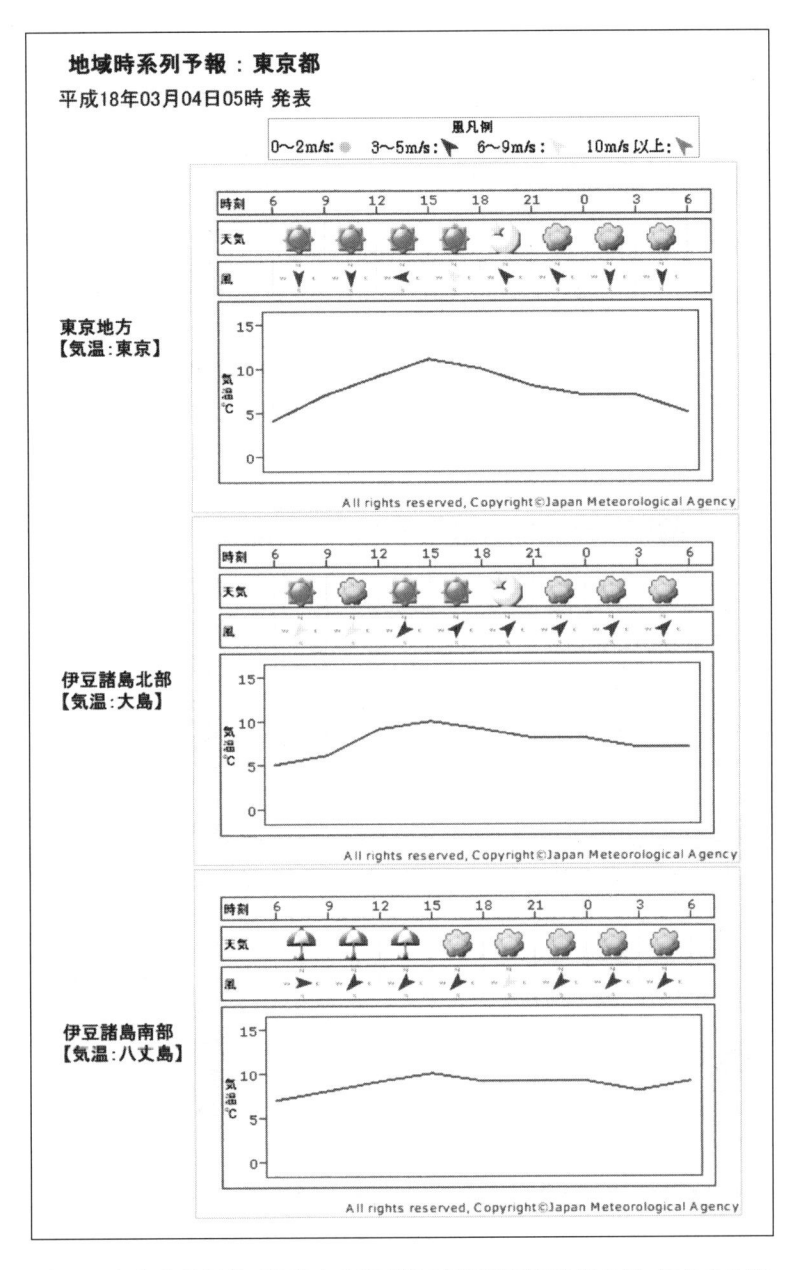

図 5.3 気象庁予報部が発表する東京都の地域時系列予報の例 (気象庁提供)

報」，あるいは単に「時系列予報」と呼ばれます．予報は「天気・風・気温（2006年3月1日現在）」で，天気は「晴・曇・雨・雪」の4段階で，気温は1℃単位で，風は2 m/s，3～5 m/s，6～9 m/s，10 m/s以上の4段階，8方位で予想されます．そのような地域時系列予報の実際例を図5.3に示します．

〔3〕 地方天気分布予報

地方天気分布予報とは，複数の県など広い範囲を約20 km四方に分割し，その中での気象要素を24時間先（夕刻発表は30時間先）まで3時間毎に予想し，平面図として表現した予報です．その例を図5.4（口絵参照）に示します．予報の対象とする気象要素は，天気・気温・降水量で，天気と気温は地域時系列予報と同じく，「晴・曇・雨・雪」の4段階と1℃単位の数値を3時間毎に，その他，最高・最低気温の予報も行います．降水量は0 mm/3h，1～4 mm/3h，5～9 mm/3h，10 mm/3h以上の4段階で表します．降雪量は09時～15時，15時～21時など，6時間毎の降水量を降雪量に換算して予想します．

〔4〕 降水短時間予報

全国20か所の気象庁レーダー観測所と国土交通省のレーダー観測所による降水エコーを合成し，これをアメダス（地域気象観測網）で観測した1時間降水量で補正して得られた1 km四方の1時間降水強度を「解析雨量」といいます．この解析雨量を初期値として，目先の予報は主として外挿により，それ以降は数値予報の結果に比重を移しながら6時間先まで予想して提供します．予想には山地の風上における降水強度の増幅効果や風下における減衰効果も含む1 km四方における1時間降水強度を予報します．降水短時間予報の例を図5.5（a）（口絵参照）に示します．

〔5〕 降水ナウキャスト

最新の降水エコーを，過去の降水エコーの移動から求めた移動ベクトルと，降水エコーの広がりや強さの変化などから求めた降水エコーの面積や強さなどを考慮し，10分間隔で降水エコーを外挿して求めます．このようにして，これから先1時間の10分毎の降水エコーを予想します．これを図5.5（b）（口絵参照）に示します．

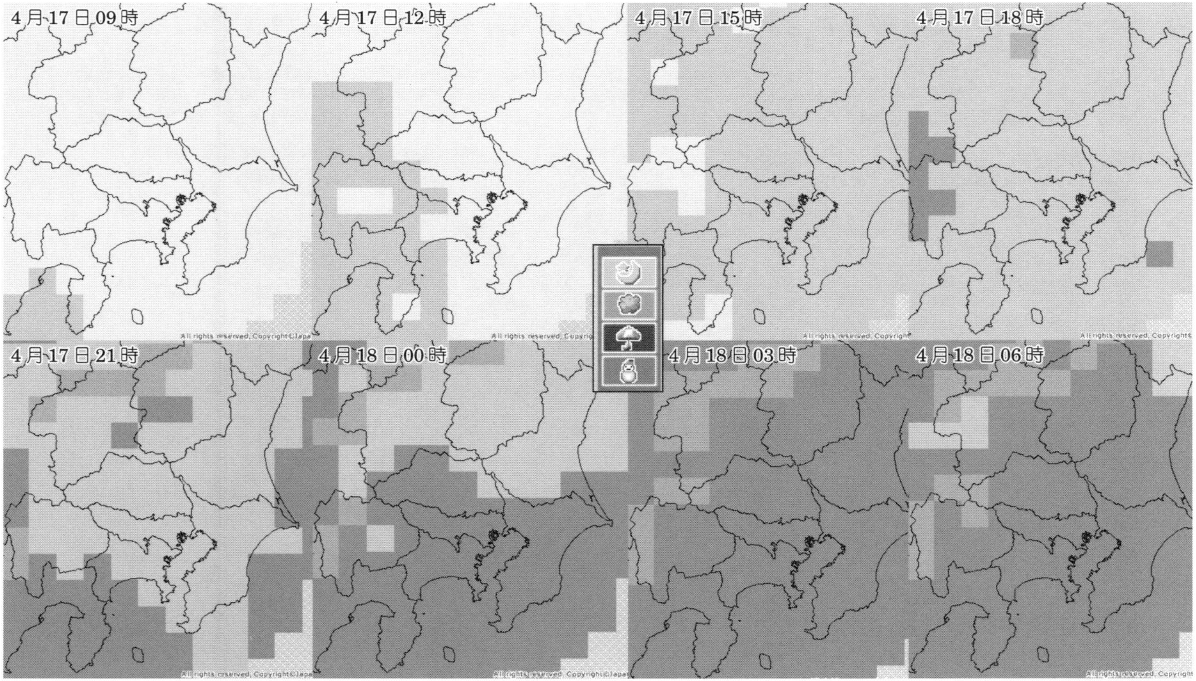

5.1 天気（短期）予報

図 5.4 地方天気分布予報（関東地方）の例
（2006年4月17日09時〜18日06時の3時間毎）（気象庁提供、口絵参照）

17日の朝に大部分の地域で晴れていますが、昼過ぎには西から次第に曇り、午後になって雨が降り出すところが出てきます。夕刻には南部から雨が降り出し、山沿いでは雪になります。雨や雪は明け方まで続き、その後、北部から次第に雨や雪が止んできます。

図 5.5 (a) 降水短時間予報（関東地方）の例（2006 年 4 月 12 日 06 時の実況と 18 日 07～12 時までの 1 時間毎）（気象庁提供，口絵参照）

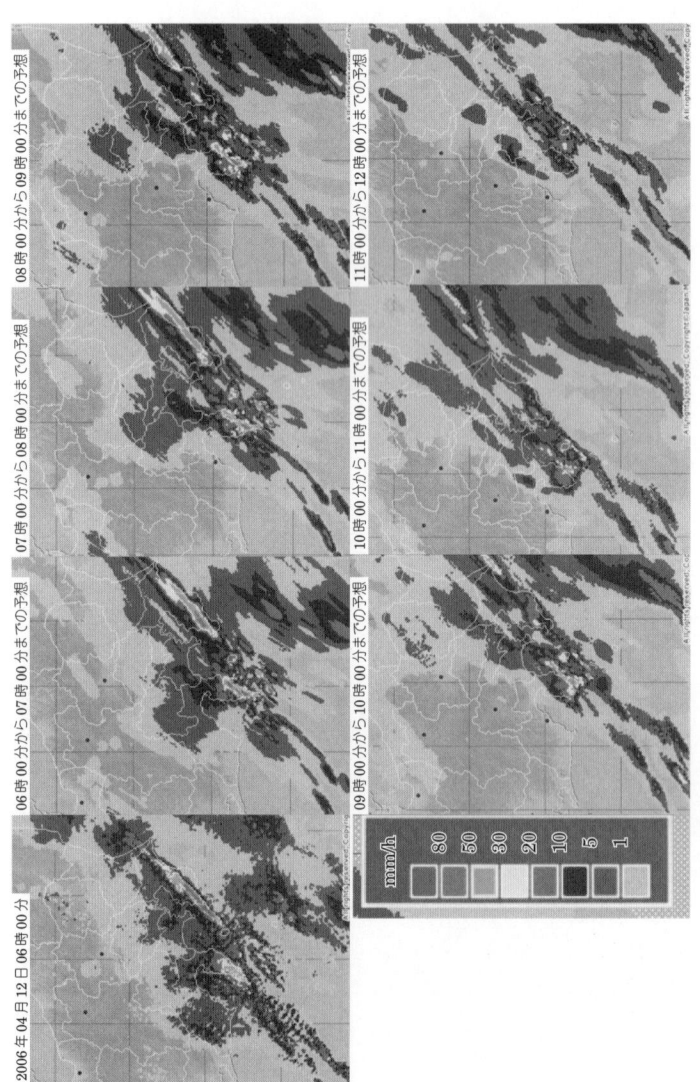

初期の時刻には，関東南部と山沿いにおいて降水が見られ，5 mm/h 以上の強さの降水域も見られます．その後，時間とともに降水域は東に延び，10 時には関東のほぼ全域に及びます．やや強い降水域が発達しながら関東の南岸を通過し，茨城県北部から福島県南部に一部かかる様子が，降水短時間予報から知ることができます．

5.1 天気（短期）予報

日本海側の山に沿いに停滞性の降水域があり、その中には10 mm/h以上の降水が見られます。関東地方北部にも動きの遅い5 mm/h程度の降水が見られます。一方、伊豆諸島南部には30 mm/h以上の強い降水を伴う移動性のレーダーエコーがみられ、降水はやや弱まりながら東に移動している状況が予想されています。

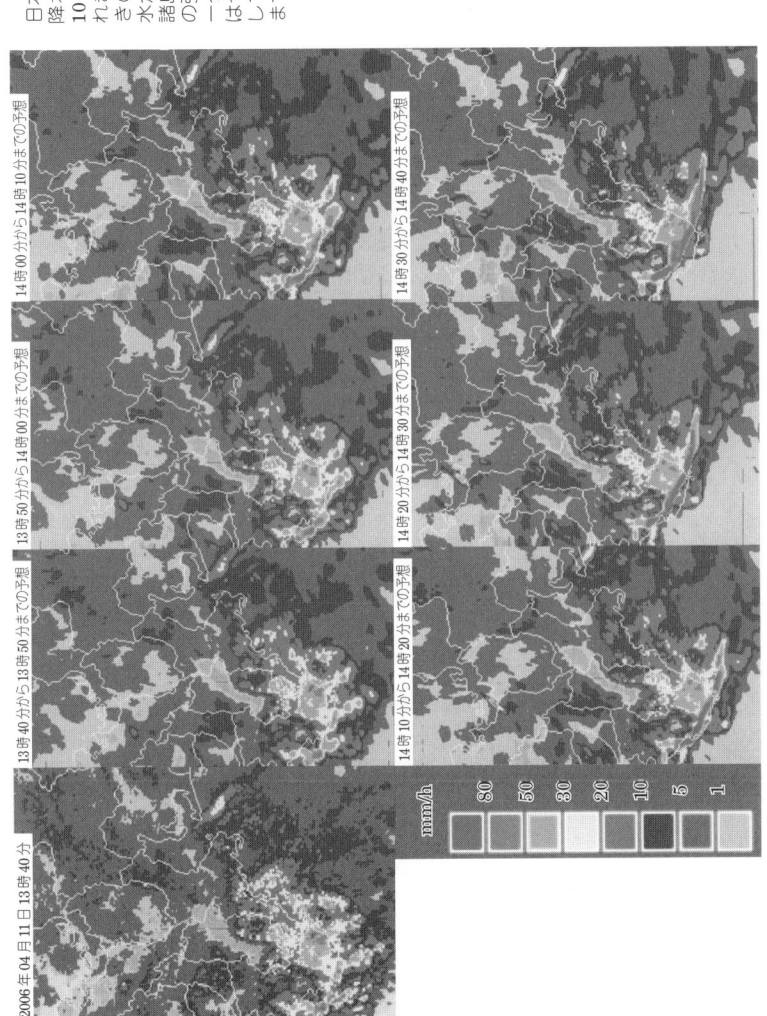

図 5.5 (b) ナウキャスト（東海地方）の例（2006年4月11日13時40分の実況と13時50分から14時40分まで10分毎）（気象庁提供、口絵参照）

コラム　ガイダンス

　ガイダンスとは数値予報の結果を用いた天気予報用の資料です．ガイダンスを求める方法には，MOS 方式と PPM 方式の 2 通りがあります．このガイダンスは以下の場合に有効です．
　① 数値予報では直接出力されない気象要素（例：天気・最小湿度）を求める．
　② 数値予報の不十分さ（バイアスなど）の補正を気象要素（例：最高・最低気温・降水量）に対して行う．
　MOS 方式では，諸要素の補正量（説明変数）や数値予報の結果（説明変数）と数値予報の結果である諸量の統計的関係をあらかじめ求めておきます．その統計的な関係に数値予報の結果である諸量を代入してガイダンスを求めます．
　PPM 方式では，数値予想が完全であるとして，数値予報の結果である諸量をそのまま用います．数値予報で直接予想しない気象要素（目的変数）については，気象要素（目的変数）と観測や解析結果である諸量（説明変数）の組合せとの統計的関係をあらかじめ求めておき，予想された諸量（説明変数）を統計的な関係に代入することにより，ガイダンスを求めます．
　気象庁では，従来から MOS 方式のガイダンスを採用しており，その計算手法は，「カルマンフィルター（KLM）」と「ニューラルネットワーク（NRN）」です．KLM は線形重回帰式を用いて，また NRN は非線型関数を用いて，統計的な関係を求めます．KLM も NRN も誤差を考慮した学習機能により，統計的な関係の最適化を常に図っています．

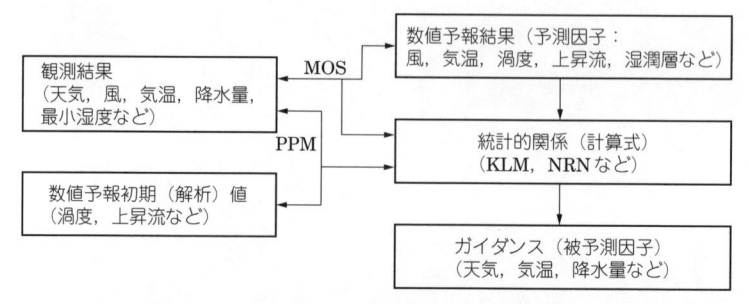

図　ガイダンス・数値予報資料・観測結果の相互関係を示す模式図

5.2 週間天気予報と季節予報

〔1〕週間天気予報

発表の当日から7日先までの天気・気温の予報を週間天気予報（中期予報）といいますが，実際には翌日から7日先までの予報が発表されます．週間天気予報は，192時間先までの数値予報の結果とそれから導いたガイダンスに基づいて作成されますが，そのガイダンスはアンサンブル予報の結果が用いられます（アンサンブル予報については「1.3〔4〕（d）初期値に含まれる誤差からくる限界」参照）．天気予報の内容は天気・最高気温・最低気温・降水確率で，天気の表現は，府県天気予報と同様に文章で表現されます．各県に対する週間天気予報は，

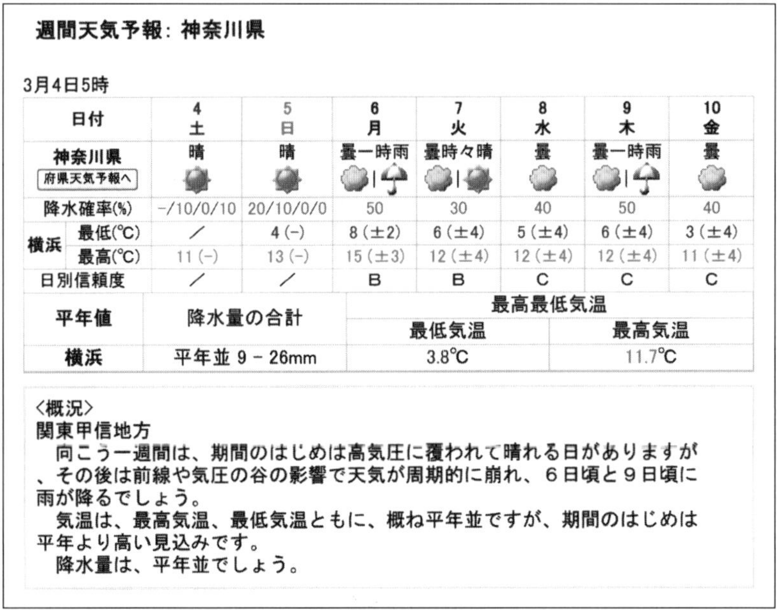

週間天気予報：神奈川県

3月4日5時

日付		4 土	5 日	6 月	7 火	8 水	9 木	10 金
神奈川県 府県天気予報へ		晴	晴	曇一時雨	曇時々晴	曇	曇一時雨	曇
降水確率(%)		-/10/0/10	20/10/0/0	50	30	40	50	40
横浜	最低(℃)	／	4 (-)	8 (±2)	6 (±4)	5 (±4)	6 (±4)	3 (±4)
	最高(℃)	11 (-)	13 (-)	15 (±3)	12 (±4)	12 (±4)	12 (±4)	11 (±4)
日別信頼度		／	／	B	B	C	C	C

平年値	降水量の合計	最高最低気温	
		最低気温	最高気温
横浜	平年並 9 - 26mm	3.8℃	11.7℃

<概況>
関東甲信地方
　向こう一週間は、期間のはじめは高気圧に覆われて晴れる日がありますが、その後は前線や気圧の谷の影響で天気が周期的に崩れ、６日頃と９日頃に雨が降るでしょう。
　気温は、最高気温、最低気温ともに、概ね平年並ですが、期間のはじめは平年より高い見込みです。
　降水量は、平年並でしょう。

関東甲信地方の天気概況と神奈川県の週間天気予報がその内容です．

図 5.6　週間天気予報の例（神奈川県の週間天気予報）（気象庁提供）

第 5 章 天 気 予 報

季節予報：東海地方

東海地方　1か月予報

（3月31日から4月30日までの天候見通し）

平成19年3月30日
名古屋地方気象台　発表

＜予想される向こう1か月の天候＞

向こう1か月の出現の可能性が最も大きい天候と特徴のある気温、降水量等の確率は以下のとおりです。
東海地方では、天気は数日の周期で変わるでしょう。
週別の気温は、1週目は平年並の確率50%です。

＜向こう1か月の気温、降水量、日照時間の各階級の確率(%)＞

【気　　温】東海地方	30	40	30
【降 水 量】東海地方	30	40	30
【日照時間】東海地方	40	30	30

凡例：　●低い(少ない)　□平年並　■高い(多い)

＜気温経過の各階級の確率(%)＞

1週目　　東海地方	20	50	30
2週目　　東海地方	40	30	30
3～4週目 東海地方	30	30	40

凡例：　■低い　□平年並　■高い

＜予報の対象期間＞

1か月　　：　3月31日(土)～ 4月30日(月)
1週目　　：　3月31日(土)～ 4月 6日(金)
2週目　　：　4月 7日(土)～ 4月13日(金)
3～4週目：　4月14日(土)～ 4月27日(金)

＜次回発表予定等＞

1か月予報：毎週金曜日　14時30分　次回は4月6日
3か月予報：4月25日(水)　14時

東海地方の天気概況と1か月予報が示されています．

図 5.7　1か月予報の例（東海地方）（気象庁提供）

府県天気予報を担当する気象官署から，毎日11時と17時に発表されます．当日および翌日の予報・気温・降水確率の予報は省略されます．週間天気予報の例を図5.6に示します．

〔2〕季節予報

季節予報（長期予報）は1か月，3か月，寒候期，暖候期の長い期間にわたり，天気・気温・降水の状況を予報し，その内容は文章と確率で表現されます（図5.7参照）．季節予報は全国と地方に対して発表されます．例えば，「近畿地方1か月予報」，「関東甲信地方3か月予報」，「全般（全国）寒候期予報」などです．これらの予想の基礎的な資料はアンサンブル予報で得られます．

1か月予報では，1か月平均気温，第1週・第2週・第3～4週の平均気温，1か月合計平均降水量，1か月合計日照時間，日本海側の1か月合計降水量（冬季のみ）が，毎週金曜日に発表されます．1か月予報の例を図5.7に示します．

3か月予報は，3か月平均気温，3か月合計降水量，月ごとの平均気温と合計降水量，日本海側の3か月合計降雪量（冬季のみ）が予報され，毎月25日頃に発表されます．

暖候期予報では夏（6～8月）の平均気温，合計降水量，梅雨期（6～7月，南西諸島は5～6月）の合計降水量が予想されます．寒候期予報では，冬（12～1月）の平均気温，合計降水量，日本海側での合計降雪量が予想されます．予報は，毎年，暖候期予報は2月25日頃，寒候期予報は9月25日頃に発表されます．

5.3 防災気象情報

〔1〕気象災害と防災気象情報

発達した低気圧や台風が接近・通過して暴風や大雨，高潮などが発生したり，冬型の気圧配の時に大雪が降って家屋の建物が壊れたりするなど，激しい気象によっていろいろな災害（気象災害）が起きます．そのような気象災害を防いだり，

コラム 季節予報の地域区分

　短期予報は府県単位くらいの広さが基本ですが，季節予報の発表区域は，北日本・東日本・西日本・南西諸島などといい，その中の詳細な地域分けはなされてはいても，短期予報と大きく異なっています．季節予報では，通常，九州南部地方に入る奄美大島は，南西諸島に入ります．

北　日　本：北海道・東北
東　日　本：関東甲信地方・北陸地方・東海地方
西　日　本：近畿地方・中国地方・四国地方・九州北部地方・九州南部地方（除奄美大島地方）
南西諸島：沖縄地方（含奄美大島地方）

5.3 防災気象情報

表 5.1 気象災害の種類（気象庁における統計資料用の分類）（気象庁提供）

気象・海象・水象の要素	気象災害の種類	
	総称	細分名
風	風害	強風害・塩風害・塩雪害・乾風害・風食・大火・風塵・砂ぼこり害・乱気流害
雨	大雨害(水害)	洪水害・浸水害・湛水害・土石流害・山崩れ害・がけ崩れ害・地すべり害・泥流害・落石害
	長雨害	長雨害（湿潤害）
	少雨害	干害（干魃）・渇水・塩水害（干塩害）・火災
	風雨害	陸（海）上視程不良害・暴風雨害
雪	大雪害	積雪害・雪圧害(積雪荷重害)・なだれ害・着雪害・融雪害・落雪害
	着雪害	電線着雪害
	融雪害	融雪洪水害・なだれ害・浸水害・湛水害・山崩れ害・がけ崩れ害・地すべり害・落石害
	風雪害	陸（海）上視程不良害・ふぶき害・暴風雪害
氷	着氷害	着氷害・船体着氷害
	雨氷害	雨氷害
	海氷害	海氷害・船体着氷害
雷	雷害（雷災）	落雷害・大雨害・ひょう害・風害
ひょう	ひょう害	ひょう害
霜	霜害(凍霜害)	霜害（凍霜害）・着霜害
気温	低温害	凍害（冬）：凍結害・凍上害・植物凍害（寒害）・凍傷 冷害（夏）：冷害
	高温害	夏季：酷暑害・日射病，冬季：暖冬害
湿度	異常乾燥	火災・乾燥害（植物枯死・呼吸器疾患）
	高湿害	腐敗・腐食害
霧	霧害	濃霧害・陸（海）上視程不良害・煙塵害
煙霧	濃煙霧害	大気汚染害・スモッグ害・陸（海）上視程不良害
波浪	波浪害	海上波浪害・沿岸波浪害
潮位	高潮害	高潮害・浸水害（海水）・塩水害
	異常潮害	浸水害（海上）・塩水害・副振動害
赤潮	赤潮害	赤潮害
水温	水温異常害	水温異常害
その他	その他	大気汚染害・騒音害・爆発害

軽減するのが，防災気象情報の目的です．

　防災気象情報には，「警報・注意報」と「気象情報」があります．防災気象情報は防災関連機関などで対策が執れるように，暴風などの激しい気象が起きる前に発表されます．警報や注意報を発表するための基準（発表基準）は，風や雪などの気象要素がどの程度の強さで気象災害が発生するかの目安をあらかじめ調査し，都道府県の防災機関と調整して決められます．気象現象が基準に達すると予想されるときに，「警報」「注意報」が発表されます．災害をもたらす激しい現象と災害の種類を**表 5.1** に示します．発表基準は地域によって異なり，大地震等で地盤が緩んだり，火山の噴火で火山灰が積もるなど，災害発生に関わる条件が変ったときは，通常と異なる基準で発表することがあります．なお，気象庁で発表する情報には地象や水象に関する情報も含まれますが，ここでは割愛します．

〔2〕 警報と注意報

　気象現象によって重大な災害が起きる恐れのあるときには「警報」が，災害が起きると予想されるときには「注意報」を，発表基準を超えると予想される地域（約 370）に発表し，警戒・注意を喚起します（**表 5.2**）．発表された警報や注意報は，状況の変化により，現象の起こる地域や時刻，激しさの程度などの予測が変ったときには，発表中の警報や注意報の「切替」を行って内容を更新し，災害のおそれがなくなったときに警報や注意報は解除されます．

　土砂災害の危険性が過去数年で最も高くなったときなど，警戒が必要な内容を警報に追加する場合，警報に「重要変更！」を付し，より一層の警戒を呼びかけます．その場合，警報の発表文中に「特に警戒が必要な地域」と「災害の危険性が過去数年間で最も高い」というキーワードで，重要な警戒事項を明記します．この種の情報は，災害の危険性が極めて高い状態を示し，一部の府県では，大雨警報発表中の重大な土砂災害を対象とした警報の「重要変更！」を行わず，「土砂災害警戒情報」を発表するところもあります．

〔3〕 気象に関する情報
（a） 気象情報

　気象情報は，台風は「台風番号」，台風以外では，警戒すべき「現象と地域的な広がり」が分かるような「標題」をつけて発表され，内容は警戒すべき現象の

5.3 防災気象情報

表 5.2 警報・注意報の種類と内容（気象庁提供）

(a) 警報

種類	内容
大雨警報	大雨によって重大な災害が起こるおそれがあると予想される場合に行う．
洪水警報	大雨，長雨，融雪等の現象により，河川の水が増し，そのために河川の堤防，ダムに損傷を与える等によって重大な災害が起こるおそれがあると予想される場合に行う．
大雪警報	大雪によって重大な災害が起こるおそれがあると予想される場合に行う．
暴風警報	平均風速がおおむね毎秒20メートルを超え，重大な災害が起こるおそれがあると予想される場合に行う．
暴風雪警報	平均風速がおおむね毎秒20メートルを超え，雪を伴い，重大な災害が起こるおそれがあると予想される場合に行う．
波浪警報	風浪，うねり等によって重大な災害が起こるおそれがあると予想される場合に行う．
高潮警報	台風等に伴う海面の上昇により，海岸付近の低い土地に浸水すること等によって重大な災害が起こるおそれがあると予想される場合に行う．

(b) 注意報

種類	内容
大雨注意報	かなりの降雨があって浸水（洪水，高潮によるものを除く）や山・がけ崩れなどの被害が予想される場合に行う．
洪水注意報	大雨，長雨，融雪等の現象により，河川の水が増し，そのために河川の堤防，ダムに損傷を与える等によって災害が起こるおそれがあると予想される場合に行う．
大雪注意報	大雪によって被害が予想される場合に行う．
強風注意報	平均風速がおおむね毎秒10メートルを超え，主として強風による被害が予想される場合に行う．
風雪注意報	平均風速がおおむね毎秒10メートルを超え，雪を伴い，被害が予想される場合に行う．
濃霧注意報	濃霧のため，交通機関等に著しい支障を及ぼすおそれがある場合に行う．
雷注意報	落雷等により被害が予想される場合に行う．
乾燥注意報	空気が乾燥し，火災の危険が大きいと予想される場合に行う．
なだれ注意報	なだれが発生して被害があると予想される場合に行う．
着氷注意報	着氷が著しく，通信線や送電線，沿岸を航行する船舶等に被害が起こると予想される場合に行う．
着雪注意報	着雪が著しく，通信線や送電線等に被害が起こると予想される場合に行う．
霜注意報	早霜，晩霜等により農作物に著しい被害が予想される場合に行う．
低温注意報	低温のため，農作物などに著しい被害が予想される場合に行う．
融雪注意報	融雪により被害（洪水害を除く）が予想される場合に行う．
波浪注意報	風浪，うねり等によって災害が起こるおそれがあると予想される場合に行う．
高潮注意報	台風等に伴う海面の上昇により，海岸付近の低い土地に浸水すること等によって災害が起こるおそれがあると予想される場合に行う．

表 5.3　風と雨と雪に関する警報・注意報の発表基準例
（2007 年 4 月 1 日現在）（気象庁提供）

注意報・警報の種類 （基準気象要素）		都市名 細分予報区名 （担当官署）	札幌市 石狩中部 （札幌官区気象台）	東京都区部 23 区東部，23 区西部 （気象庁本庁）	福岡市 福岡地方 （福岡管区気象台）
暴風警報 （平均風速）			陸上　18 m/s 札幌　20 m/s	25 m/s	20 m/s
大雨警報 （雨量）	1 時間		50 mm	50 mm かつ総雨量　80 mm	60 mm
	3 時間		70 mm	90 mm	110 mm
	24 時間		120 mm	200 mm	200 mm
大雪警報 （24 時間降雪の深さ）			6 時間　　30 cm 12 時間　40 cm 山間部　　50 cm	20 cm	平地　20 cm 山地　50 cm
強風注意報 （平均風速）			陸上　13 m/s 札幌　15 m/s	13 m/s 八王子 16 m/s	12 m/s
大雨注意報 （雨量）	1 時間		30 mm	30 mm	40 mm
	3 時間		50 mm	70 mm	70 mm
	24 時間		80 mm	130 mm	120 mm
大雪注意報 （24 時間降雪の深さ）			20 cm 山間部　30 cm	5 cm	平地　5 cm 山地　10 cm

注：札幌市の大雪警報・注意報の基準は 6 または 12 時間の降雪の深さ，または積雪の差（3 時間ごとの増分の合計）を用いている

「発現時期や強度」を述べ，防災対策の呼びかけをします．例えば，「暴風と高波に関する全般（全国）気象情報」「大雨と暴風および高波に関する東海地方気象情報」「台風第 14 号に関する熊本県気象情報」などです．府県気象情報では文章の他に，降雨域や危険度の高い地域等を示す「図情報」の提供も行われます．

(b)　土砂災害警戒情報

　土砂災害の危険性が一段と強まった状況下で，気象庁は都道府県と共同で「土砂災害警戒情報」を発表します．これは，土砂災害の警戒情報危険性が高い地域を市区町村単位で発表するもので，警戒を要する「市町村名」を明示し，警戒を要する地域を色分けした「図情報」も提供されます．この種の情報は降雨の状況の変化に応じて頻繁に発表されます．平成 20 年には全国実施の予定です．

(c) 記録的短時間大雨情報

大雨警報が発表されている間に「数年に一度しか発生しないほどの大雨」が観測されたとき「記録的短時間大雨情報」を発表し，より一層の警戒を呼びかけます．発表基準はあらかじめ定められており（**表5.4**），警報等の発表基準と同様，地域ごとに異なります．発表基準は，大雨の降り易い西日本では，降り難い北日本よりも，高く設定しています．なお，「記録的短時間大雨情報」は，気象情報の1つであり「警報」に代わるものではありません．

(d) 台風情報

台風の襲来は社会活動に重大な影響を与えます．このため，台風の日本列島への影響が予想される場合には，1時間または3時間ごとに「台風の中心位置と気圧・移動方向と速度・中心付近の最大風速・最大瞬間風速など」の諸要素を，今後の予想も含めて発表されます．また，台風の接近によって影響を受ける地域には「雨・風・波浪・高潮の程度」を示し，防災上の呼びかけを中心とする「台風情報」を発表します．さらに，ある地域がどの時間帯に暴雨の影響を受けるかを，全国の2次細分予報区ごとに示した「台風の暴風域に入る確率」を発表すると共に，「暴風域に入る確率分布図」として図表示もされます．

〔4〕洪水予報

気象庁が行う警報と注意報に加えて，国土交通省や都道府県と共同で，河川名を付して「洪水予報」が発表されます．対象河川は大きな流域を持つ河川や都市部を流れる河川で，その河川名は告示されています．国（国土交通省河川局と気象庁）が発表する洪水予報は，洪水の危険レベルと市町村や住民が取るべき避難行動等との関連を分かり易くする目的で発表されます．その標題と内容を示せば以下となります．「レベル5：○○川はん濫発生情報（氾濫の発生）」・「レベル4：○○川はん濫危険情報（氾濫危険水位）」・「レベル3：○○川はん濫警戒情報（避難判断水位）」・「レベル2：○○川はん濫注意情報（氾濫注意水位）」・「レベル1（発表しない）」の5段階で発表されます．それらの内容を理解し易くするため，発表内容を要約した文（40字以内）も付されます．

都道府県と気象庁は共同で，都道府県内の重要な河川を対象に「洪水予報」を発表していますが，この洪水予報についても，国と気象庁が共同で行う発表形式に合わせるようにしています．

表 5.4　記録的短時間大雨情報の発表基準の例（気象庁提供）

発表官署	担当区域	1時間雨量〔mm〕	発表官署	担当区域	1時間雨量〔mm〕
旭　川	北海道　上川地方	90	京　都	京都府　南部	90
	北海道　留萌地方	80	舞　鶴	京都府　北部	90
釧　路	北海道　釧路地方	70	神　戸	兵庫県　南部	100
	北海道　根室地方	60		兵庫県　北部	80
札　幌	北海道　石狩地方	80	奈　良	奈良県　北部	90
	北海道　空知地方	80		奈良県　南部	100
	北海道　後志地方	70	大　阪	大阪府	100
函　館	北海道　渡島地方	90	岡　山	岡山県　北部	100
	北海道　檜山地方	80		岡山県　南部	90
秋　田	秋田県	100	広　島	広島県	110
仙　台	宮城県	100	徳　島	徳島県　北部	100
新　潟	新潟県　上越	80		徳島県　南部	120
	新潟県　中下越（平地）	70	高　知	高知県	120
	新潟県　中下越（山沿）	80	福　岡	福岡県	110
	新潟県　佐渡	60	熊　本	熊本県	110
金　沢	石川県　能登	70	長　崎	長崎県　北部・南部	110
	石川県　加賀	80	厳　原	長崎県　壱岐・対馬	100
宇都宮	栃木県	110	福　江	長崎県　五島	100
本　庁	東京都　東京地方	100	宮　崎	宮崎県	110
	東京都　伊豆諸島北部	80	鹿児島	鹿児島県（奄美地方を除く）	110
八丈島	東京都　伊豆諸島南部	80	名　瀬	鹿児島県　奄美地方	110
横　浜	神奈川県　東部	90	沖　縄	沖縄県　沖縄本島地方	100
	神奈川県　西部	100	南大東島	沖縄県　大東島地方	100
静　岡	静岡県	110	宮古島	沖縄県　宮古島地方	120
岐　阜	岐阜県	100	石垣島	沖縄県　石垣島地方	120
名古屋	愛知県	100	与那国島	沖縄県　与那国島地方	100

5.3 防災気象情報

コラム　台風予報

　台風予報は，日本の責任範囲である北西太平洋に台風があるときに，その台風に関する解析と予報を行います．通常の天気予報とは違って，特に台風に関する種々の情報を含んでいます．また，台風は社会的な影響が非常に大きいので，気象庁本庁が一元的に，解析と予報を行うことにしています．

　台風の位置・中心付近の最大風速・最大瞬間風速・中心気圧および進行方向と速度などの諸要素は，海上・島・陸地の資料や気象レーダーおよび気象衛星の資料に基づいて解析されます．しかし，台風が海上にあるときには，台風の中心付近で地上の資料が得られることは非常に稀ですから，そのような場合には，気象衛星の画像に見られる台風の雲パターンの特徴から，台風の位置や強さ，中心の気圧が決められます．

　台風の位置や暴風半径などの予報は，このような解析結果と数値予報の結果に基づいて行われます．台風が日本付近にあるときは，24時間先までの予報を3時間毎に，48時間先および72時間先までの予報を6時間毎に発表されます．また，全国を約370に分けた区域毎に，暴風域に入る確率の時間変化も発表しており，72時間先までに台風の暴風域に入る確率の分布図も発表されます．台風予想図の例を下に示します．

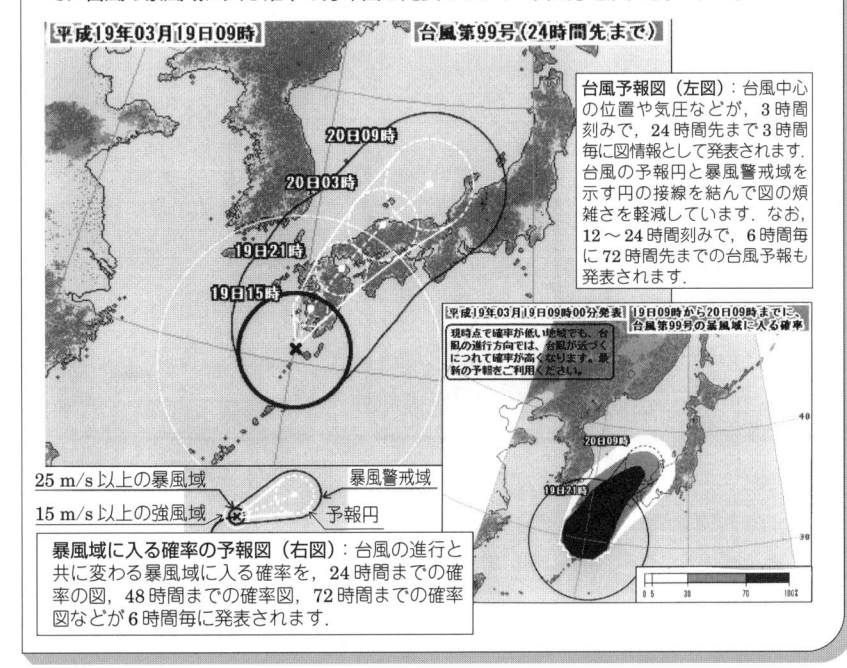

台風予報図（左図）：台風中心の位置や気圧などが，3時間刻みで，24時間先まで3時間毎に図情報として発表されます．台風の予報円と暴風警戒域を示す円の接線を結んで図の煩雑さを軽減しています．なお，12～24時間刻みで，6時間毎に72時間先までの台風予報も発表されます．

暴風域に入る確率の予報図（右図）：台風の進行と共に変わる暴風域に入る確率を，24時間までの確率の図，48時間までの確率図，72時間までの確率図などが6時間毎に発表されます．

5.4 気象関連情報の提供と利用

〔1〕気象資料の流れと提供形態

　気象情報を作成するための気象資料の出発点は観測から始まります．観測には，現場で迅速に利用するための「通報観測」と気候変動の監視などを行うための「気候観測」があります．「通報観測」では，観測資料のほとんどは自動的に集信され，観測値の時系列や分布などで表現して実況の監視に用いられる．天気図上に解析結果として表され，大気の鉛直構造や三次元的な運動を把握するためにも用いられます．そのような解析結果は，数値予報の初期値を作成するためにも用いられます．一方，他の気象観測による結果も，リアルタイムで集信・配信が行われて解析や予報の現場などで利活用されていると同時に，それらの結果を編集し統計的に処理したりして気候学的な観点からの利活用もはかられています．

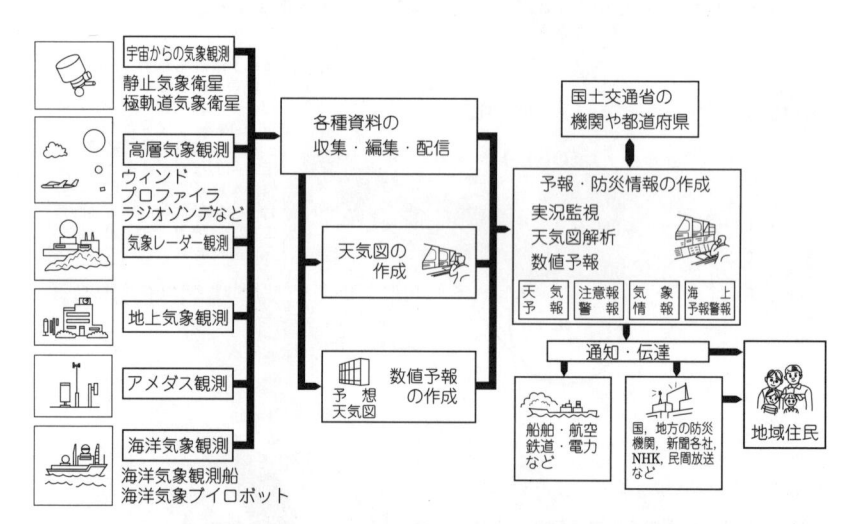

各種の観測によって得られた資料から予報や防災情報などを作成し，それらが提供されるまでの経緯を示すブロックダイアグラムです．

図 5.8　観測から予報・防災情報の作成・提供までの気象資料の流れ
　　　　（気象庁資料に加筆）

観測・解析・予想の各資料は予報の現場などに配信され，現場では，それらの資料に基づいて各種の天気予報や防災気象情報の作成を行います．このような気象観測から予報・防災資料の作成・伝達までの流れを図5.8に示します．

〔2〕気象関連情報の伝達と利用

気象庁で作成される各種の天気予報や天気図あるいは防災気象情報は，今では日常生活に不可欠な生活情報として，また気象災害の防止・軽減のための防災情報として，関係機関に伝達されて，防災対策がとられます．気象庁で作成した各種の天気予報や防災気象情報は，さまざまな伝達手段を用いて，報道機関・防災関連機関に提供されていますが，各地の地方気象台から都道府県の防災部局などには，「防災情報提供装置」により，伝達されます．この装置はWeb機能を用いており，地方気象台で保有するさまざまな観測予報資料も閲覧が可能です．そのような気象庁からの気象関連情報の流れの代表的な例を図5.9に示します．同図からわかるように，例えば，防災的な対応を必要とする気象状況の場合には，情報の受け手である国や県などの防災関連機関や報道機関，交通機関や電力・ガス・水道などのライフライン関係機関などでは，気象庁が提供する防災気象情報に基づいて，地域社会における役割と気象状況の推移に応じて必要な対策がとられます．また，気象庁では，市町村などが行う避難勧告などの災害応急対応を的確に支援していくため，2006年5月から，インターネットを活用して市町村などへの防災気象情報の提供を始めました．

災害が起きる状況にないときには，気象庁が発表する各種の天気予報は，テレ

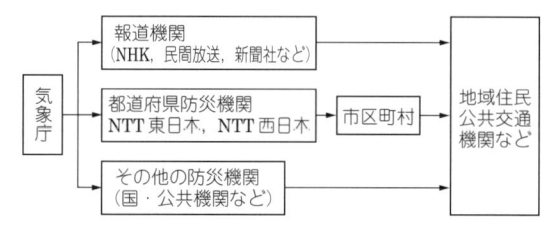

気象庁で作成された防災気象情報は，報道機関，都道府県防災機関，その他の防災機関（国・公共機関など）を介して，利用者に伝達されます．予報業務を行っている民間の気象予報会社も対象の1つです．

図5.9 防災気象情報の主な伝達経路（気象庁資料に加筆）

ビ・ラジオ・新聞などで家庭に届けられ，豊かな日常生活のためにも利用されています．

コラム　地方予報区

天気（短期）予報（府県天気（短期）予報）は，全国を気候特性に応じて11の地方に分け，それぞれの地方毎に予報中枢（地方予報中枢）をおいて予報業務の円滑な

表　地方予報中枢と管内の地方気象台

地方予報区		気象台名
北海道地方予報区	中枢官署	札幌管区気象台
	管内官署	函館海洋気象台，稚内・旭川・網走・釧路・室蘭地方気象台
東北地方予報区	中枢官署	仙台管区気象台
	管内官署	青森・秋田・盛岡・山形・福島地方気象台
関東甲信地方予報区	中枢官署	気象庁
	管内官署	水戸・宇都宮・前橋・熊谷・千葉・横浜・長野・甲府地方気象台
北陸地方予報区	中枢官署	新潟地方気象台
	管内官署	富山・金沢・福井地方気象台
東海地方予報区	中枢官署	名古屋地方気象台
	管内官署	静岡・岐阜・津地方気象台
近畿地方予報区	中枢官署	大阪管区気象台
	管内官署	神戸海洋気象台，彦根・京都・奈良・和歌山地方気象台
中国地方予報区	中枢官署	広島地方気象台
	管内官署	鳥取・松江・岡山地方気象台
四国地方予報区	中枢官署	高松地方気象台
	管内官署	徳島・松山・高知地方気象台
九州北部地方予報区	中枢官署	福岡管区気象台
	管内官署	長崎海洋気象台，下関・大分・佐賀・熊本地方気象台
九州南部地方予報区	中枢官署	鹿児島地方気象台
	管内官署	宮崎地方気象台
沖縄地方予報区	中枢官署	沖縄気象台
	管内官署	南大東島・宮古島・石垣地方気象台

運用を図っています．例えば，天気（短期）予報や防災気象情報の発表するタイミングの違いなどが，隣り合う府県で極端に異なるなど，地域住民に混乱を与えることがないように，予報業務上の配慮がなされています．

11の地域と地方予報中枢（括弧内）は，北海道（札幌管区気象台），東北（仙台管区気象台），北陸（新潟地方気象台），関東（気象庁），東海（名古屋地方気象台），近畿（大阪管区気象台），中国（広島地方気象台），四国（高松地方気象台），九州北部（福岡管区気象台），九州南部（鹿児島地方気象台），沖縄（沖縄気象台）です．それら11の地方予報中枢は，自己の存在する府県の予報と警報・注意報などを発表するとともに，それぞれ府県天気（短期）予報や警報・注意報を発表するいくつかの地方気象台などの予報業務を管轄しています．

表に，地方予報中枢が管轄する地方気象台を示します．

練習問題

問題1

天気（短期）予報に関して述べた次の①から⑤までの文章のうち，誤った記述のものをすべて選びなさい．

① 府県天気予報は，1日3回，5時，11時，17時の定時に発表しており，これ以外の時間には，予報の修正が必要となっても，修正せずに定時発表まで待って発表する．

② 地域時系列予報は，府県予報区を1または2つ以上の地域に分け，それぞれの予報区内で卓越する天気，代表的な風，代表地点の気温を3時間ごとに予報したもので，1日3回発表する．

③ 地方天気分布予報は，複数の府県をまとめた地域全体を一辺20 kmの正方形のマス目にわけて，そのマス目の中の代表的な天気，気温などを予報したものである．

④ 降水短時間予報は，今後6時間の1時間毎の降水量分布の予報であり，発表間隔は30分毎である．

⑤ 降水ナウキャストは，気象レーダーによる降水強度分布と降水域の移動状況を基に60分先までの10分間毎の雨量を1 km四方の領域ごとに予測したもので，発表間隔は10分毎である．

問題 2

週間天気予報に関して述べた次の①から⑤までの文章のうち，正しいものをすべて選びなさい．

① 週間天気予報は，翌日から7日先までの天気，気温，降水確率の予報を行うもので，翌日と翌々日の天気は府県天気予報と同じもので発表される．
② 週間天気予報の降水確率は予報区内で1日の内に1mm以上の雨か雪の降る確率を10%刻みで発表する．ただし，明日の降水確率は府県天気予報の6時間刻みを使っている．
③ 週間天気予報の基礎資料としての，数値予報はアンサンブル予報を用いている．
④ 週間天気予報には，日々の予報の信頼度が予報の確からしさを高いほうから順にA，B，Cの3階級で示している．
⑤ 週間天気予報の最高・最低気温の予報には，予報の誤差幅も合わせて発表される．

問題 3

季節予報に関して述べた次の①から⑤までの文章のうち，誤っているものをすべて選びなさい．

① 季節予報には，1か月予報，3か月予報，6か月予報がある．
② 1か月予報は，毎週金曜日に発表し，3か月予報は，毎月25日頃に発表される．
③ 1か月予報は，1か月平均気温，第1週・第2週・第3〜4週の平均気温，1か月合計降水量，1か月合計日照時間，日本海側の1か月合計降雪量（冬季のみ）を予報している．
④ 季節予報には全国を対象とした全般季節予報と，全国を5つに分けた各地方を対象とした地方季節予報がある．
⑤ 季節予報では，気温・降水量などを3つの階級（「低い（少ない）」，「平年並」，「高い（多い）」）に分け，それぞれの階級が現れる確率を数値で示している．

問題 4

警報や注意報に関して記述した①から⑤までの文章のうち，間違っているも

のをすべて選びなさい．
① 警報は，重大な災害が起こるおそれのあるときにそれを警告して行う予報である．また，注意報は災害が起こるおそれのあるときにそれを注意して行う予報である．
② 警報や注意報は，気象要素（雨量，風速，波の高さなど）が基準に達すると予想した区域に対して発表する．発表する区域は，府県予報区を対象とするが，現象が一部地域に限定される場合は，特定の一次細分予報区および二次細分予報区に対して行うことがある．
③ 警報や注意報の発表基準は，全国一律に定められている．
④ 大地震や火山の噴火などによって災害発生にかかわる条件が変化した場合，警報・注意報は「暫定基準」を設定して通常とは異なる基準で運用することがある．
⑤ 複数の気象要素が基準に達すると予想した場合は，関連するすべての警報や注意報を1つの警報文あるいは注意報文として発表する．仮に1つの現象が基準を上回る予想や下回る予想に変わった場合は，現在発表中の警報や注意報も合わせて，改めて発表される．

コラム　細分地域

　気象庁では，天気（短期）予報のサービス向上を図るため，府県天気予報の対象である府県などを気候区分にしたがって複数の地域に分割し，それぞれの地域に予報を発表することができるようにしました．これが全国に普及したのは1985年4月からです．これを一次細分地域と呼びます．天気（短期）予報は，この一次細分地域に対して発表されます．一方，防災気象情報の代表でもある警報・注意報は基本的には府県単位で発表されますが，気象特性や災害特性が明瞭である場合には，一次細分地域を分割した二次細分地域を対象にして発表しても良いことになっています．二次細分地域の実施は，1987年6月からです．
　近年，気象庁はより狭い範囲を対象とした防災情報の提供を行うべく，注意報・警報の最小発生単位としての二次細分予報区を全国で370としました（平均面積：約1000 km^2）．さらに，2005年に鹿児島で開始した土砂災害警戒情報は，県と共同で市町村単位で情報提供を始めており，順次全国展開する計画です．

メ モ

第6章

実技試験対策
気象衛星画像・天気図・エマグラムの読み方

本章について

本章では実技試験で試される知識や技術に近づくための具体的な道筋を含め，気象予報士が気象予報をするために必要な知識，予報のための天気図や数値予報図の理解，および実際の現象に関する事項の要点を解説します．日本付近で見られる代表的で典型的な気象現象をもとに，できるだけ具体的，立体的に理解ができるよう，じっくりと学んでほしいと思います．実況（観測）図や解析図，数値予報図をたくさん見て，それらの図に慣れ親しんでください．

第 6 章　実技試験対策－気象衛星画像・天気図・エマグラムの読み方－

6.1 実技試験の鍵－実況（観測）や解析資料と予想資料

　気象予報士試験に挑戦するとき，最も頭を悩ますのが，実技試験の対策です．まずは気象資料の内容をよく理解することで，自信をつけていきます．
　実況（観測）と解析の資料から気象状態の現状を正確に把握し，地上低気圧などの構造や鉛直的な安定性などをチェックします．さらに，予想資料を読みこなして，気圧配置の今後の推移，気象擾乱の強さの予想される変化，天気に直接関連する気象要素の今後の推移などを判断しなければなりません．
　実技試験では，実況（観測）・解析・予想の各資料の意味を理解することが第一です．

6.2 大気状態の表し方－実況・解析資料

〔1〕 実況（観測）図
(a)　気象衛星画像
　気象衛星による観測は，遠隔測定（リモートセンシング）により，地球表面（陸地・海・雲など）から射出されるエネルギーを観測する赤外画像（赤外波長帯 1：$10.3 \sim 11.3\,\mu m$；赤外波長帯 2：$11.5 \sim 12.5\,\mu m$），水蒸気画像（赤外波長帯 3：$6.5 \sim 7.0\,\mu m$）および赤外と可視の中間における画像（赤外波長帯 4：$3.5 \sim 4.0\,\mu m$），および太陽光が地球表面から反射されるエネルギーを観測する可視画像（$0.55 \sim 0.90\,\mu m$）があります（「2.4　気象衛星観測」参照）．それらの観測資料の中で，通常，赤外波長帯 1 は赤外画像として，赤外波長帯 3 は水蒸気画像として活用され，なじみの深いものとなっています．また，可視波長帯は可視画像として，赤外画像とともに，定着しています．一方，赤外波長帯 4 は下層雲と地表との堺目を際立たせる効果のある波長帯です．この中で，例えば

赤外画像と可視画像，および水蒸気画像を用いて，雲の形や動きなどが気象解析に用いられるほかに，風や海面水温の計算などにも用いられます．なお，日本の気象衛星は，正確には運輸多目的衛星（MTSAT）ですが，気象観測機能（気象ミッション）については，「ひまわり」の愛称で呼ぶことにしているので，本節では「ひまわり」と呼ぶことにします．

このような気象衛星の資料は，地球上に 70％以上もあるといわれる海洋や山地・砂漠などの「気象資料の空白域」を，常時，観測できることが最大の特徴です．気象衛星観測が開始されてからは，周囲を海で囲まれた日本でも，小型の台風などの不意打ちにあうことはなくなりました．

それでは，気象衛星画像の利用について，その一端を以下に具体的に述べます．

① 赤外画像と可視画像

ⅰ）雲形の判別

雲は，さまざまな高度に現れ，また水平に広がる雲（層状）と上空に発達する塔状（積雲系の雲）の雲などの違いにより，地上からの気象観測法では 10 種の雲に大別されています（国際 10 種雲形，「2.1〔3〕目視観測の観測項目と方法」参照）．このような各種の雲が気象衛星画像上でどのように見えるかを**表 6.1** に示します．表からわかるように，上層雲である巻雲は赤外画像では白く可視画像では灰色に見え，中層雲である高層雲などは，赤外画像では灰色に可視画像では白く見えます．霧や層雲などの下層雲は，赤外画像では濃い灰色か陸地や海と判別し難いほどの黒さですが，可視画像では白く輪郭が明瞭な雲域として見えます．

赤道の上空約 36 000 km から地球を見下ろす気象衛星から観測した雲の形は，地上から空を見上げて観測した雲の形と，すべてが一対一に対応するとは限りませんが，多くの雲は衛星観測で判別できることがわかります．一方，層状の雲が観測されているところでは，大気状態は鉛直的に比較的安定であり，発達した積雲系の雲が観測されているところでは，鉛直的に不安定な大気状態であることなど，雲の広がり方と大気状態を関連させて判断できるので，気象衛星画像で雲形（雲型）を判別する利点は大きいといえます．

ⅱ）温帯低気圧や台風の発達段階

温帯低気圧や台風はそれぞれに特有の雲パターンを伴い，その雲パターンは温帯低気圧や台風の発達状況で変化します．このため，そのような雲パターンから，温帯低気圧や台風の発生を知ったり，その位置を決めたり，おおよその発達状況

表 6.1　気象衛星画像上の雲と地上観測での 10 種雲形との対応
(出典：予報技術研究会 編，天気図の作り方とその利用，恒星社厚生閣（1988）に加筆)

衛星観測による雲形	衛星画像上での分類	10種雲形	衛星画像上の特徴 赤外	衛星画像上の特徴 可視
巻雲（Ci）	上層雲	巻雲 巻積雲 巻層雲	白色 層状（部分的に筋状に見えることあり） 帯状（縦じわが現れることあり）	灰色〜灰白色 層状（滑らか，中・下層雲が透けて見えることがある） 帯状
高層雲（As）	中層雲	高積雲 高層雲 乱層雲	灰白色〜灰色 層状	白色 層状（細かい凸凹が見られることあり）
層積雲（Sc）	下層雲	層積雲	灰色 層状 細胞状	白色 細胞状
層雲（St）または霧（Fog）	下層雲	層雲 （霧）	灰色 層状	白色〜灰白色 層状（滑らかで境界が明瞭）
積雲（Cu）	積雲系	積雲	灰色 列状，細胞状	灰色 列状，細胞状
積乱雲（Cb）	積雲系	積乱雲	ごく白い 房状	ごく白い 房状

を推定することもできます．

　温帯低気圧の場合には前線を伴うので，低気圧の中心付近の厚い雲域と寒冷前線に伴う帯状の雲などにより渦巻きを形成します．発生期には，帯状や団塊上の雲の一部が厚くなり，雲域の西端が凹状（低気圧性）から凸状（高気圧性）に変わるところ（変曲点）があれば，その付近に地上の温帯低気圧の中心があります．温帯低気圧の発達初期には渦は不明瞭ですが，発達するにつれて極側に凸状に膨らんだ（バルジという）厚い雲域の中に切れ込み（ノッチあるいはドライスロット）が現れ，それが温帯低気圧の発達につれてその中心付近まで延びて渦が明瞭になります．渦巻きの中心の南西にある帯状の雲は寒冷前線に，中心の東にある雲域は温暖前線に対応します．衰弱期には，温帯低気圧の中心付近では，雲の高度が低くなります．

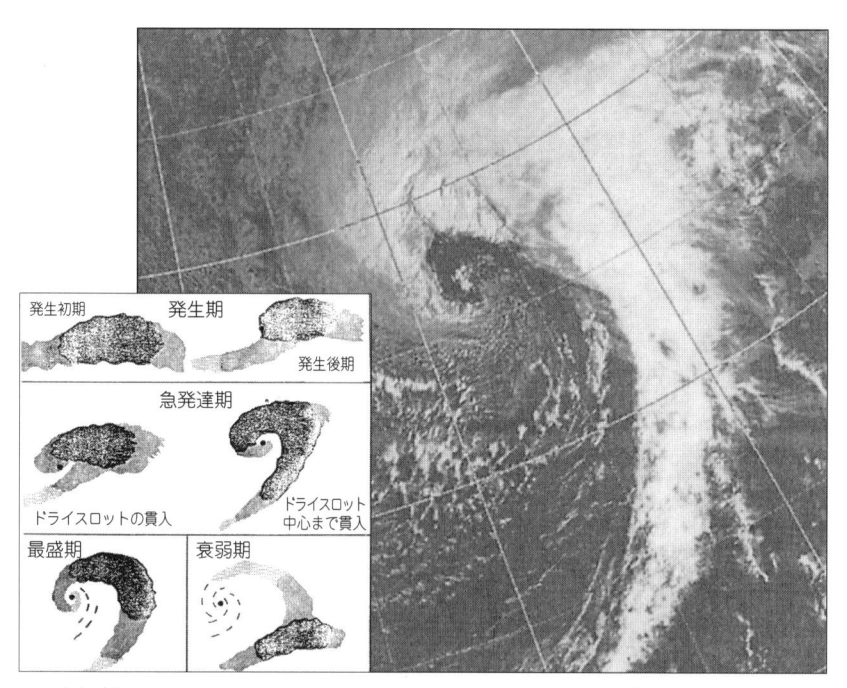

6.2 大気状態の表し方−実況・解析資料

地上低気圧の発達段階により，雲パターンは変化します．図の雲の渦巻中心が地上低気圧の中心です．地上低気圧の中心の南東から南にかけて延びる雲の帯（雲バンド）は寒冷前線に対応し，中心の東側の雲域は温暖前線に対応しています（Brodric, 1964）．

図 6.1　地上低気圧の発達と雲パターンおよび発達した低気圧の可視画像（気象庁提供）

　このような，低気圧の発達に伴う雲パターンの変化を模式的に示した図と発達した低気圧に伴う可視画像を**図 6.1** に示します．上述した雲パターンの特徴から，低気圧の発達段階をおおよそ推定することができます．

　一方，台風に伴う雲パターンも，その強さ（中心付近の最大風速）に応じて変化します．変化の仕方にはさまざまな型が見られるので複雑ですが，発達した台風に伴う典型的な雲は中心付近に円形の厚い雲域が小さな眼を持ち，これを雲バンドが取り巻いています．台風の強さは，このような典型的な雲パターンでは，中心付近の厚い雲域の大きさはどれくらいか，あるいは眼があるかどうか，また，これらを取り巻く雲バンドの長さがどれくらいかなどにより，推定されます．

　図 6.2（a）は台風の可視画像です．温帯低気圧ほど複雑ではありませんが，同

148　第6章　実技試験対策−気象衛星画像・天気図・エマグラムの読み方−

(a)

典型的な台風の可視画像．
台風の眼は，台風の中心を取り巻く眼の壁と言われる，非常に発達した積乱雲で構成されます．眼の外側における雲域は平坦に見えます．眼の南〜西に見られる雲バンドは，台風の中心付近に反時計回りに回り込んでいます．雲バンド内に見られる激しい雲頂の凹凸は，雲列が積乱雲によって構成されている特徴をよく表しています．

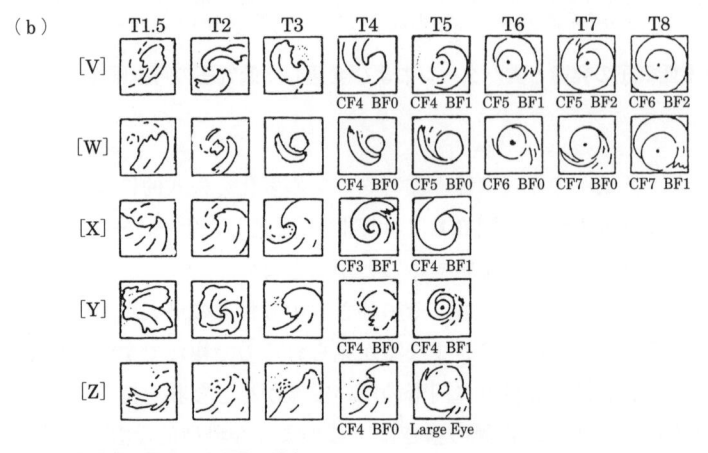

(b)　　　　T1.5　　T2　　T3　　T4　　T5　　T6　　T7　　T8

[V]　　　　　　　　　　　　　　　CF4 BF0　CF4 BF1　CF5 BF1　CF5 BF2　CF6 BF2

[W]　　　　　　　　　　　　　　　CF4 BF0　CF5 BF0　CF6 BF0　CF7 BF0　CF7 BF1

[X]　　　　　　　　　　　　CF3 BF1　CF4 BF1

[Y]　　　　　　　　　　　　CF4 BF0　CF4 BF1

[Z]　　　　　　　　　　　　CF4 BF0　Large Eye

雲の模式的な図で示す台風の強さ．
図bにおけるv，w，x，y，zは台風に伴う雲域をパターン別に示しており，Tの番号が大きくなるほど中心付近の最大風速が強く（中心気圧は低く）なります．

図 6.2　台風の発達（気象庁提供）

6.2 大気状態の表し方－実況・解析資料　　149

じ発達段階でも種々の雲パターンが異なるので，台風に伴う雲がこれまでどんな変化をしてきたかなども考慮しながら，台風の雲パターンを図6.2 (b) 等に当てはめて，その強さを推定する方法があります（ドヴォラック法）．

② **水蒸気画像**

水蒸気画像は $6.5 \sim 7.0\ \mu m$ の波長帯により観測した結果です．この波長帯では，対流圏の上層・中層の水蒸気量の多寡を測定し，水蒸気の多い地域は白く，乾燥している地域は黒く表現されるので，積乱雲や厚い雲あるいは発達中の温帯低気圧や台風に伴う雲域とその周辺域は白く（明域），高気圧に覆われた下降流域などでは黒く（暗域）表現されます．亜熱帯高気圧は，大気の上・中層の大気は乾燥していますが，海上にあるため海面から大量の水蒸気が補給されるので水蒸気画像では薄い灰色に写ります．

このような水蒸気画像により，湿潤な空気塊が温暖前線や停滞前線に向かって流入する様子や湿潤な（暖かい）空気と乾燥した（冷たい）空気が合流している

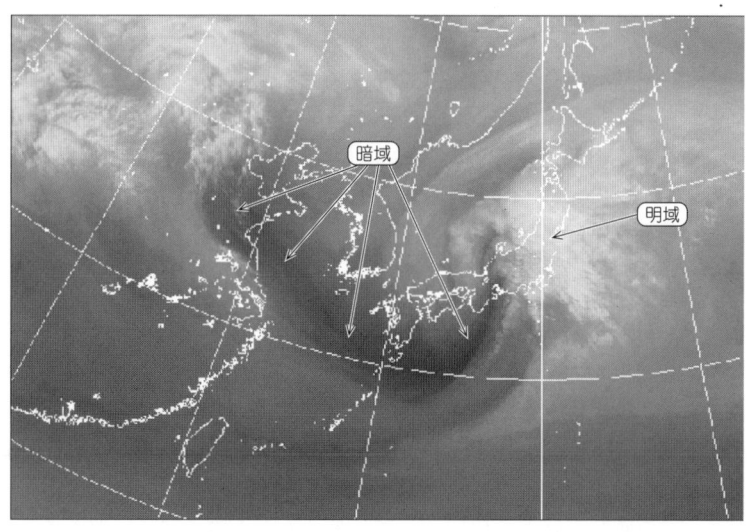

白い部分（明域）は上昇流に伴う積乱雲があるなど，大気の上・中層での水蒸気の多い地域です．図では，特に東海・北陸地方以東で見られ，低気圧に伴う雲域が対応します．濃い灰色から黒色の部分（暗域）は，大気の上・中層にかけて乾燥した水蒸気の少ない地域を表し，下降流によると考えられます．山東半島の南から黄海・九州の南海上を経て，近畿東部から東海・北陸地方にかけて見られます．

図6.3　水蒸気画像の例（2006年3月16日21時（12UTC））（気象庁提供）

様子などが観測できます．水蒸気画像の例を図 **6.3** に示します．

(b) レーダーエコー合成図

気象レーダー（以下，単にレーダー）観測は，レーダーのアンテナからパルス状の電波を発射し，それが降水粒子に当たって反射してきた電波の強度を降水強度に換算して，降水を観測します．反射してきた電波には，距離による減衰や不必要な地形性エコーが除去されるなどの補正が施されます（「2.3　気象レーダー観測」参照）．レーダーエコーは 10 分ごとに観測され，複数のレーダー観測所のレーダーエコーを合成して用いられます（レーダーエコー合成図）．

レーダーエコー合成図は，地方気象台などで小さな気象擾乱やこれに伴う降水の監視用としてリアルタイムで利用されます．レーダーエコーの強さや移動などを監視することにより，小さな，しかし激しい気象擾乱の移動や強まり・弱まりを知ることができます．また，降水域の移動や強弱の変化などを知ることにより，短時間の降水予報にも利用されるほか，警報や注意報などの防災気象情報の発表にも役立てられます．

複数の観測所のレーダーエコーを合成することにより，1 か所のみの観測では得られない山に隠れた降水域などの資料を得ることもでき，降水の広範な探知が可能となります．また，全国の各レーダー観測所で観測したレーダーエコーを合成し，後述する降水短時間予報のための初期値を作成する際にも利用されます．このようなレーダーエコー合成図の例として，梅雨前線に伴う観測結果を図 **6.32** に示すので参照してください．

(c) エマグラム

エマグラム（emagram）は，大気の熱力学的な特性を調べるための図です．それは大気の鉛直安定性や空気塊の断熱過程などを調べる図として利用されます．したがって，断熱図ともいいます．縦軸を気圧の自然対数（$\ln p$）で，横軸を気温（T，℃）で目盛ってあり，乾燥断熱線や湿潤断熱線および等飽和混合比線などが記入されています．これを図 **6.4** に示します．

ラジオゾンデで観測された値に基づいて，地上から上空までの気温や露点温度などをエマグラム上に記入して連結したものを「状態曲線」と呼び，観測点付近の代表的な大気状態を表します．空気塊は，乾燥している場合には乾燥断熱線に沿って上昇し，飽和している場合には湿潤断熱線に沿って上昇します．空気塊をエマグラム上で仮想的に上昇させ，これを状態曲線と比較することにより，鉛直

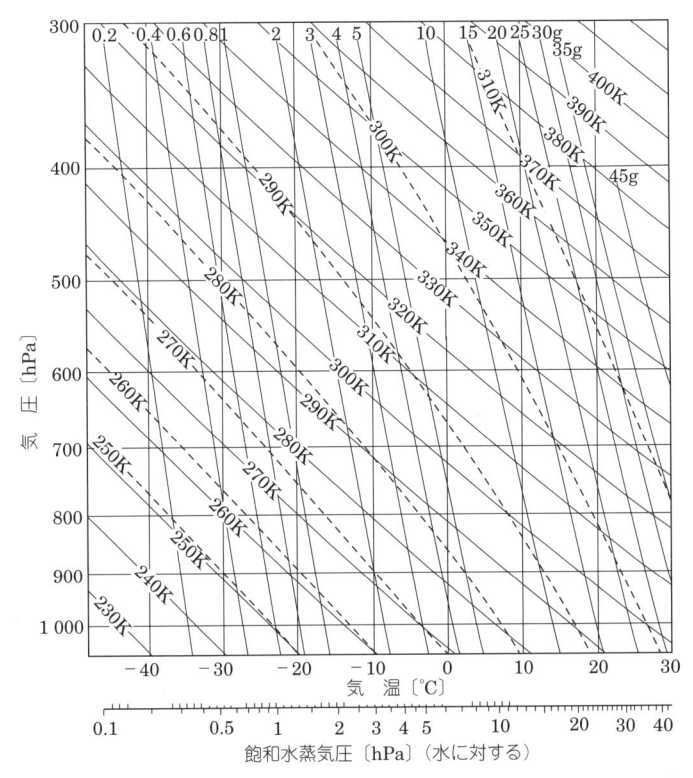

6.2 大気状態の表し方－実況・解析資料

縦軸は気圧（hPa：自然対数表示），横軸は気温〔℃〕です．気圧（高度）を示す水平な線に直交する気温の等値線から見て，最も傾斜の小さい実線は等混合比線，次に緩やかな破線は湿潤断熱線，最も大きな角度を持つ実線は乾燥断熱線です．図の外側下方に，水の水平面に対する飽和水蒸気圧が示してあり，相対湿度を求めるときなどに用いられます．

図 6.4　エマグラム

的（静的）な大気の安定・不安定を判断することができます．

大気の熱力学の基礎については 3 章で述べましたが，エマグラムを実際に見るに当っては 3.3〔3〕，〔4〕を，もう一度読んでください．

(d) エマグラムから大気の鉛直安定度を読む

（「3.3〔4〕大気の鉛直安定度」参照）

① 絶対不安定

乾燥断熱線（$\Gamma_d = 9.8℃/km$）よりも大きな気温減率（$\Gamma_d < \Gamma$）を持つ状態曲線（気温減率：Γ）を図 6.5 (a) に示します．このような大気では，空気塊 X （a）絶対不安定（$\Gamma > \Gamma_d$）の例　　（b）絶対安定（$\Gamma < \Gamma_w = 0.49\Gamma_d$）の例

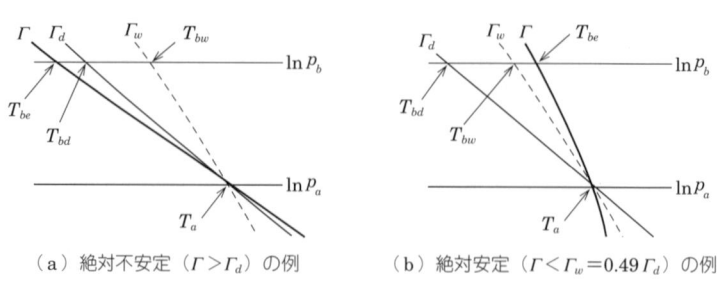

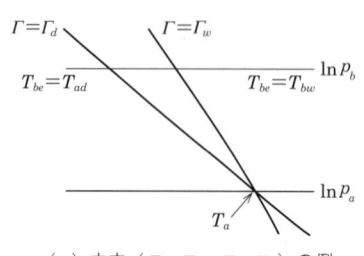

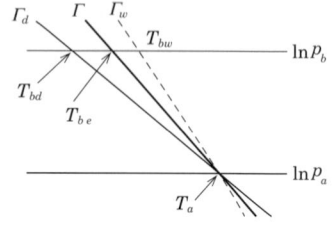

（c）中立（$\Gamma = \Gamma_d$，$\Gamma = \Gamma_w$）の例　　（d）条件付き不安定（$\Gamma_d > \Gamma > \Gamma_w$）の例

図中の横軸は気温（右のほうが暖かい），縦軸は気圧（$p_b < p_a$：自然対数表示）です．また，Γ（太い実線）は状態曲線，Γ_d（細実線）は乾燥断熱線，Γ_w（破線）は湿潤断熱線，p_aとp_bは，それぞれ空気塊の元の高度と持ち上げたときの高度です．

図 6.5　エマグラムにおける鉛直安定性

（高度p_a，気温T_a）を高度（$\ln p_b$）まで上昇させると，未飽和の場合にはT_{bd}となり，飽和している場合にはT_{bw}となります．一方，高度（$\ln p_b$）での周囲の気温はT_{be}ですから，上昇させた空気塊 X の気温（T_{bd}，T_{bw}）との差（ΔT）$_{\ln p_b}$は，未飽和の場合には（ΔT）$_{\ln p_b} = T_{be} - T_{bd} < 0$，飽和している場合には（$\Delta T$）$_{\ln p_b} = T_{be} - T_{bw} < 0$で，いずれの場合にも負となります．

　これは，上昇させた空気塊 X の気温が周囲の空気の温度よりも高いことを表しており，上昇させた空気塊 X は周囲の空気よりも暖かいので，正の浮力を得てどこまでも上昇し続けることを表します．このように，乾燥断熱減率Γ_d（$= 9.8℃/km$）よりも大きな気温減率（$\Gamma_d < \Gamma$）を持つ大気の状態を，絶対不安定といいます．

② **絶対安定**

　図 6.5（b）の状態曲線（気温減率：Γ）は，湿潤断熱線（$\Gamma_w = 0.49\Gamma_d$）よりも小さな気温減率を持っています（$\Gamma < \Gamma_w < \Gamma_d$）．絶対不安定のときのように，空

気塊 X（高度 p_a，気温 T_a）を高度（$\ln p_b$）まで上昇させると，空気塊 X が未飽和の場合には T_{bd} となり，飽和している場合には T_{bw} となります．高度（$\ln p_b$）における周囲の気温は T_{be} なので，上昇させた空気塊 X の気温（T_{bd}，T_{bw}）との差 $(\Delta T)_{\ln p_b}$ は，未飽和の場合には $(\Delta T)_{\ln p_b} = T_{be} - T_{bd} > 0$，飽和している場合には $(\Delta T)_{\ln p_b} = T_{be} - T_{bw} > 0$ ですから，いずれの場合にも正になります．

これは，上昇した空気塊 X の気温は周囲よりも冷たいことを表しているので，負の浮力を得ます．すなわち，上昇させた空気塊 X は元の高度（$\ln p_a$）まで戻ることになります．このように，湿潤断熱線（$\varGamma_w = 0.49\varGamma_d$）よりも小さな気温減率を持った大気の状態（$\varGamma < \varGamma_w$）を絶対安定といいます．

⑤ 中　立

状態曲線（気温減率：$\varGamma$）が図 6.5 (c) のように，乾燥断熱線に沿っている（$\varGamma = \varGamma_d$）場合や湿潤断熱線に沿っている場合（$\varGamma = \varGamma_w$）を考え，未飽和空気塊を乾燥断熱線に沿って，湿潤域空気塊を湿潤断熱減率線に沿って，空気塊 X（高度 p_a，気温 T_a）を上昇させます．

いずれの場合も，上昇させた空気塊 X の気温は周囲の気温と同じ（$(\Delta T)_{\ln p_b} = T_{be} - T_{bd} = T_{be} - T_{dbw} = 0$）になるので，上昇させられた空気塊 X はその位置に留まり，上昇し続けることも元に戻ることもありません．このような大気の状態（$\varGamma = \varGamma_d$ または $\varGamma = \varGamma_w$）を中立といいます．

④ 条件付き不安定

乾燥断熱減率（$\varGamma_d$）と湿潤断熱減率（$\varGamma_w$）の中間の気温減率（$\varGamma_d > \varGamma > \varGamma_w$）を持つ状態曲線（気温減率：$p$）を図 6.5 (d) に示します．

空気塊 X（高度 p_a，気温 T_a）を高度 $\ln p_b$ まで上昇させると，未飽和空気塊の場合の気温は T_{bd} であり，飽和空気塊の場合の気温は T_{bw} となります．周囲の気温は T_{be} ですから，未飽和空気塊の場合の周囲との気温差は，$(\Delta T)_{\ln p_b} = T_{be} - T_{bd} > 0$ で安定ですが，飽和空気塊の場合は，$(\Delta T)_{\ln p_b} = T_{be} - T_{bw} < 0$ となって不安定になります．

このような状態曲線の場合には，未飽和の間は安定ですが飽和すると不安定となるので，条件付き不安定と呼ばれます．実際の大気（気温減率：$\varGamma$）は，通常，条件付き不安定（$\varGamma_d > \varGamma > \varGamma_w$）です．

(e)　エマグラムでみる対流雲の生成

下層で条件付きの状態曲線を**図 6.6** に示します．このような大気状態を考えて

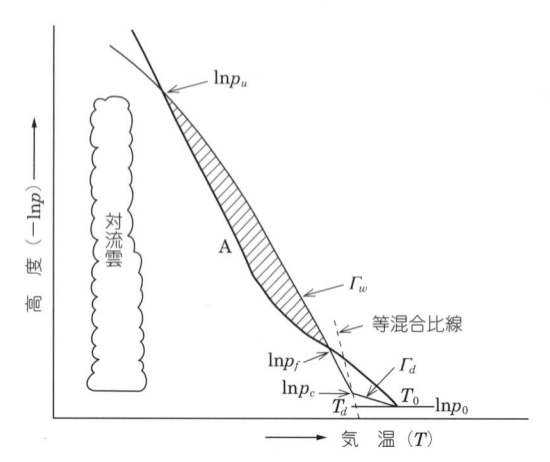

Aは状態曲線，T_0とT_dは地上気圧（$\ln p_0$）における気温と露点温度，Γ_dはT_0を通る乾燥断熱線，Γ_wは$\ln p_0$にある空気塊の持ち上げ凝結高度（LCL）を通る湿潤断熱線です．$\ln p_0$にある未飽和空気塊（気温T_0，露点温度T_d）が山の斜面などにより強制的に上昇させられたとき，T_dを通る等飽和混合比線と交わる持ち上げ凝結高度（LCL）$\ln p_c$で飽和して湿潤断熱的に上昇させられます．空気塊がさらに上昇して自由対流高度（LFC：$\ln p_f$）を超えると，周囲の空気よりも暖かくなってひとりでに上昇します．そのため，この高度を自由対流高度と言います．さらに上昇を続けて$\ln p_u$に達すると，空気塊の上昇は止みます．$\ln p_f$と$\ln p_u$の間でΓ_wと状態曲線（A）で囲まれた斜線の領域内の面積を対流有効位置エネルギー（CAPE：Convective Available Potential Energy）と呼び，鉛直（静的）不安定の大きさの目安となります．一方，$T_0 - \ln p_c - \ln p_f - T_0$で囲まれた面積をCIN（Convective Inhibition）と言い，対流雲発生を抑止するエネルギーを示します．

図 6.6　積乱雲発生の模式図

対流雲の発生を検討してみます．

　地上の未飽和空気塊X（気圧$\ln p_0$，気温T_0，露点温度T_d）を持ち上げると，空気塊Xは，乾燥断熱線に沿って上昇して気温が下降します．空気塊Xの気温が初期（地上気圧$\ln p_0$，露点温度T_d）の高度における飽和混合比線と交差する高度$\ln p_c$まで上昇すると，空気塊Xは飽和します．この高度$\ln p_c$は，地上付近の空気塊が山の傾斜などの強制上昇に伴って飽和する高度で，持ち上げ凝結高度（LCL）と呼ばれます．

　空気塊Xを高度$\ln p_c$からさらに湿潤断熱的に持ち上げて高度$\ln p_f$に達するまでは，空気塊の気温は周囲の気温よりも低く安定ですが，高度$\ln p_f$を超えると周囲の空気よりも暖かくなって不安定となります．最初に地上にあった未飽和空気塊Xがこの高度p_fに達すると，空気塊は自動的に上昇し続けて対流雲が発生

するので,この高度 $\ln p_f$ を自由対流高度(Level of Free Convection:LFC)と呼び,対流雲の発生の目安とされます.なお,図 6.6 における $\ln p_f$ の持ち上げ凝結高度(LCL)を雲底高度に対応させ,図 6.6 の $\ln p_u$ の高度を雲頂高度に対応させます.図 6.6 では $\ln p_f$ から $\ln p_u$ までの湿潤断熱線(Γ_w)と状態曲線(A)で囲まれた斜線の領域の面積は,対流雲が発生・発達するためのエネルギー(対流有効位置エネルギー:CAPE)を表しています.その面積が大きいほど活発な対流雲が発生しやすいことになります.

なお,大気の鉛直安定度を示すショワルター安定指数(SSI)は,850 hPa の空気塊を持ち上げ凝結核高度(LCL)を経て断熱的に 500 hPa まで持ち上げたとき,周囲の気温と上昇させた空気塊の気温との差を 1℃ 単位で表した値です.SSI が -3 以下で雷雨発生の可能性があるといわれています.

〔2〕 解析図
(a) 高層天気図

高層天気図は,300 hPa,500 hPa,700 hPa,850 hPa などの各等圧面における風・高度・気温・湿度(500 hPa 以下)などを客観的に解析した結果です.

高層天気図は総観場(大規模場)の気象擾乱を表し,地表面の形や地表面温度の違いなどの影響を強く受けることは少なく,大気の水平的な流れや温度分布も比較的単純でわかりやすいパターンです.それらの天気図の特長を,以下に簡単に述べます.なお,実際の天気図を用いた大気状態については,「6.4 大気の状態を読む」で詳しく述べます.

300 hPa:対流圏上部の流れを把握するのに適しています(図 6.13 (a) 参照).特に,300 hPa の強風軸は,温帯低気圧の発達と関連する寒帯前線ジェット気流との対応が非常に良く,また太平洋高気圧の縁をめぐる亜熱帯ジェット気流との対応も大略良いので,半球や全球的な大規模な流れを見るのに適しています.

500 hPa:対流圏内の上部と下部の大気状態との関連がわかりやすい対流圏中部(約 5500 m 上空)を代表します(図 6.13 (b)).温度集中帯は寒帯ジェット気流に沿っており,地上の高・低気圧に対応する長波が良く表現されます.また,ほぼ非発散高度に相当するので,主として渦度の移動予想により気象擾乱の移動が予想されます.数値予報では,高度・気温・渦度分布が出力されます.

700 hPa：対流圏中部と下部の中間にあたり，850 hPa よりも流れが単純で気温場や水蒸気分布などわかりやすい層です．温帯低気圧の発達初期に鉛直 p 速度（上昇流・下降流）が大きいとされ，数値予報では鉛直流と湿数（気温と露点温度の差：$T - T_d$）分布が出力されます．

850 hPa：対流圏下部（約 1 500 m）を代表する層です．接地境界層の上にあって地表の影響が少なく，地上天気図よりも高度場や温度場がより単純化されてわかりやすくなります（図 6.13 (c)）．低気圧の発達にかかわる温度や湿度の分布やそれらの移流などが明瞭に表現されます．数値予報では風・気温・相当温位分布などが出力されます．

(b) 地上天気図

天気変化をもたらす低気圧・高気圧・前線の配置や風・天気・雲などの観測値が表示されています（図 6.11 参照）．気圧が同じ地点を結んだ等圧線の形から高気圧や低気圧の位置やそれらの配置が確かめられ，また等圧線の向き（走行）と間隔（気圧傾度）から風向と風速が推定できます．

地上天気図の等圧線は，普通，4 hPa ごとに引かれます．距離 Δn の等圧線間隔を Δp として地衡風の関係を用いると，緯度 ϕ における風速（V）は，以下の式で表すことができます．

$$V \propto (\Delta p / \Delta n) / \sin \phi$$

この式から，風速は等圧線の傾度（$\Delta p / \Delta n$）に比例し，緯度の正弦（sin）に反比例することがわかります．同じ緯度では等圧線が混んでいるところほど風は強く，また正弦（sin）は低緯度ほど小さいので，同じ等圧線間隔であれば緯度が低いほど風は強いことになります（**表 6.2**）．ただし，地衡風の関係は，主に中・高緯度の大規模運動場で成り立つ近似ですから，例えば緯度 20 度よりも低いところでは不適切といわれています．

風は気圧の高い方（高気圧）から時計回りに吹き出し（発散），気圧の低い方（低気圧）に反時計回りに集まります（収束）．これには地面摩擦の影響もかかわっています（図 3.16 参照）．前線では，等圧線は低気圧性に曲ります．このような風系の特徴から，一般には，低気圧や前線では風が集まって（収束）上昇流が発生するので悪天となり，高気圧では風は吹きだす（発散）ので下降流となって晴天となります．

温帯低気圧に伴う寒冷前線は，冷たい空気が暖かい空気を押し上げながら東ま

6.2 大気状態の表し方−実況・解析資料

表 6.2 等圧線の間隔と風速の関係
4 hPa の等圧線間隔を緯度で測ったときの地衡風速〔m/s〕と緯度による風速の変化を示します．

緯度〔度〕 \ 等圧線間隔〔度〕	1	1.5	2	2.5	3	3.5	4
50	24.9	16.6	12.5	10.0	8.3	7.1	6.2
45	27.0	18.0	13.5	10.8	9.0	7.7	6.8
40	29.7	19.8	14.8	11.9	9.9	8.5	7.4
35	33.3	22.2	16.7	13.3	11.1	9.5	8.3
30	38.2	25.5	19.1	15.3	12.7	10.9	9.6
25	45.2	30.1	22.6	18.1	15.1	12.9	11.3
20	55.9	37.2	27.9	22.3	18.6	16.0	14.0

たは南へ移動し，温暖前線では暖かい空気が冷たい空気の上を這い上がりながら東または北へ移動します．前線付近では，そのような上昇流に伴って雲が発生します．温帯低気圧が発達して反時計回りの低気圧性循環（北半球）が強まると，低気圧の中心付近では寒冷前線が温暖前線に追いつくようになります．これが閉塞前線で寒冷型と温暖型があります．追いついた寒冷前線の後側の寒気が，温暖前線の前方にあった寒気よりも冷たい場合には寒冷型，暖かい場合には温暖型といわれます．

温帯低気圧に伴う各種前線の近くにみられる雲の様相を図 6.7 に，また高気圧や低気圧と前線の付近の天気分布を図 6.8 に示します．

（c） 局地天気図

局地天気図は，地域気象観測システム（アメダス）による観測結果などから局地的な現象や小規模な現象を解析するための天気図です．天気図に現れる擾乱は，前述した地上天気図では表すことができないほど小さい水平的な広がりを持ち，時間的な変化も早いために，数値予報で予想することは困難なことが多いのです．このため，局地的な風の収束や気温の不連続な時間変化やレーダーエコーとの対応などを解析して擾乱を特定し，過去の移動や盛衰などに基づく外挿を基本とする予想を行います．なお，局地天気図としてのアメダス資料の解析に基づく局地的な収束線を図 6.9 に示します．本例は，1997 年度第 1 回気象予報士試験問題として出題されたものに加筆したものです．なお，局地天気図における矢羽の表

(a)

寒冷前線．
寒気が暖気を押し上げながら暖気側に進む際に、前線付近の比較的狭い範囲で積乱雲が発生して強い降水や突風が発生し、雷を伴うこともあります．

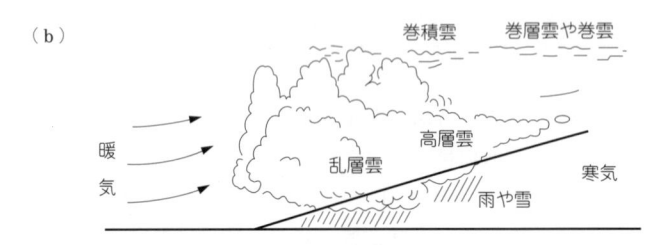

(b)

温暖前線．
暖気が寒気の上を這い上がりながら寒気側に移動します．前線付近では広範囲にわたって雲ができ、広い範囲で雨を伴います．

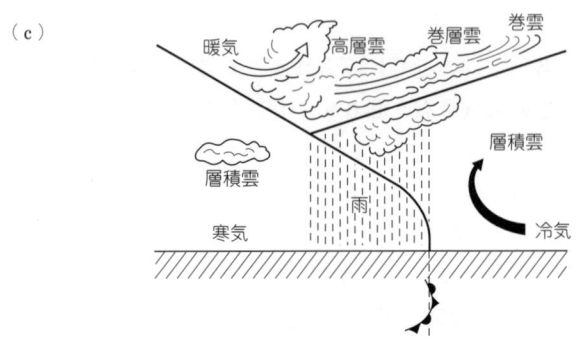

(c)

閉塞前線．
閉塞前の暖気は上空に押し上げられて層状の雲を発生させ、前線の近くでは降水が見られます．広い範囲にわたって雲が発生して降水があり、強く降る場合があり雷を伴うこともあります．

図 6.7 前線近傍における雲の様相（出典：田沢秀隆・土屋喬・饒村曜，天気のことがわかる本，新星出版社（1996））

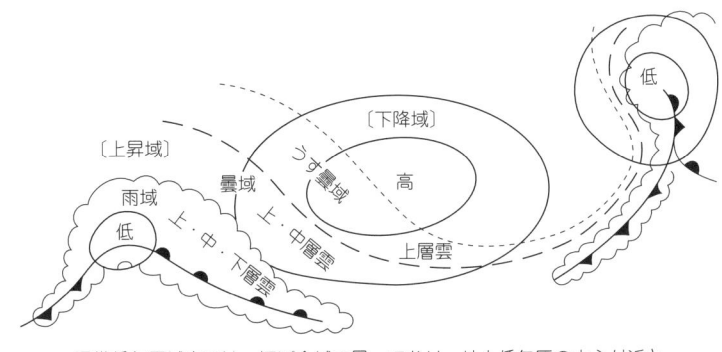

6.2 大気状態の表し方−実況・解析資料

温帯低気圧域内では，ほぼ全域で曇っており，地上低気圧の中心付近と前線の近くでは雨が降っています．他方，高気圧域内では，中心より東側で晴れていますが，西側では雲が多くなります．

図 6.8 気圧系（温帯低気圧・高気圧・前線など）周辺の天気分布
（出典：田沢秀隆・土屋喬・饒村曜，天気のことがわかる本，新星出版社（1996））

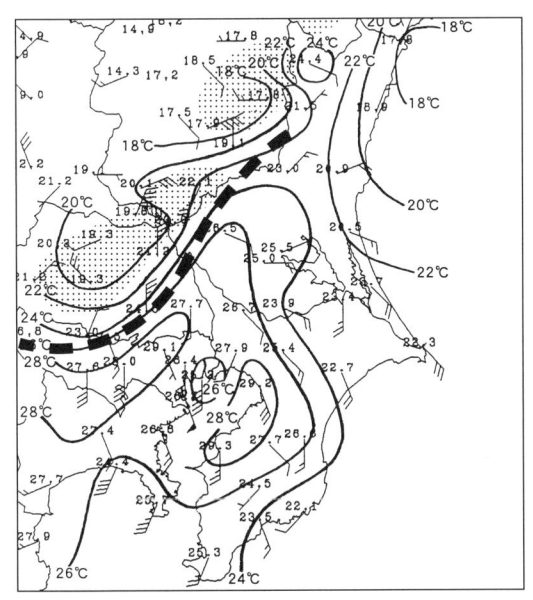

強い降水を伴う積乱雲から吹き出した冷たい北よりの空気と南からの暖かい湿った空気との間に，風の収束（太破線）が見られます．このような現象は，局地天気図でないと解析できません．
短矢羽は 1 m/s，長い矢羽は 2 m/s，旗矢羽は 10 m/s．等値線は等温線を示します．点彩域は 24 mm/h 以上の降水域を表します．

図 6.9 積乱雲に伴う収束線の例（1997 年度第 1 回気象予報士試験の実技 1 解答例に加筆）

示は国際式ではない場合があることに注意してください（図6.9の説明参照）．

（d） 地上気象観測値時系列図

地上気象観測値を時間軸に対して時系列的に記入した図です（図6.25参照）．その内容は，風向・風速，気温，露点温度，1時間降水量などがあり，前線の通過や小規模擾乱の通過などによる気象の変化などを検出するのに用いられます．ここでは，矢羽の単位は国際式ではない（局地天気図と同じ）ことが多いので，注意してください．

6.3 数値予報の資料 — 数値予報図

数値予報の資料には，初期値と予想値があります．この場合の初期値とは，数値予報を行うための初期値であり，予想は数時間から数百時間，あるいはそれ以上先までの大気状態を予想します．数値予報の特徴は，大気運動を支配する物理法則に基づく客観的な予報であり，あわせて観測では直接得られない渦度や鉛直流などの物理量の分布も表現できることです．

〔1〕 初期（解析）値

予想値に対する初期状態を示すためのもので，高度場や温度場および渦度や鉛直流などが含まれます．渦度と高度は500 hPaの初期（解析）値が，鉛直p速度は700 hPaの初期（解析）値が，気温と風は850 hPaの初期（解析）値が出力されます．500 hPaは渦度が保存されやすい非発散高度に近いことから，高度と渦度の組合せによる渦度移流を予想して気象擾乱の移動を予想することもできます．下層で顕著といわれる気温の移流を表現するために，850 hPaの風と気温の組合せが出力されます．それらは，地上低気圧の発達初期に大きいといわれる700 hPaの鉛直流の初期（解析）値の出力によって，500 hPaでの渦度移流と850 hPaでの温度移流の効果などを考察するのに好都合な組合せとなっています．

ただし，それらは数値予報のための初期値であるために，気温は観測値を解析した結果ではなく，平均的な気温を表す層厚（上・下二面間の高度差：h）から

求められます．このように，数値予報図としての初期値図は一般の高層天気図解析の結果とは異なることがあるので，利用に際して注意が必要です．したがって，この種の初期（解析）値を利用する際には，内容をよく知り，常に見慣れておくことが必要です．とりあえず，6.4 節で示される各種の初期値（解析）図を理解できるようにすることが大切です．

〔2〕予想値

　予想値は，数値予報モデルによって，初期値から出発して少し先の大気状態を予報し，これを繰り返し行って数時間から 200 時間先あるいはそれ以上先までの気象状態を予想した結果です．予想値は初期値と対比させて検討するので，出力される予想値の種類や諸気象量の組合せは初期値とほぼ同様です．したがって，利用の仕方もほぼ同じといえます．

　気象庁で計算する各種の予想値のうち，天気（短期）予報に用いられるのは，$t = 0$（初期値）から出発して $t = 12, 24, 36, 48$ 時間先までの大気状態を予想した値が主となります．それらの予想値のうち，48 時間先までは領域モデル（Regional Spectral Model：RSM）とメソ数値予報モデル（Meso-Spectral Model：MSM）の予想結果であり，72 時間先までは全球モデル（Global Spectral Model：GSM）での予想結果です．予想値は，計算する数値予報モデルによって多少異なりますが，利用する際に特に気にかける必要はありません．しかし，第 1 章で説明した数値予報の各モデル特性や各モデルに取り入れられた物理過程については，よく理解しておいてください．予想値の具体例を 6.4 節に種々示してあるので，それらを参照しながら予想値の見方に慣れておくことが大切です．

6.4 大気の状態を読む

　温帯低気圧や台風などがどのような状態になっているかは，観測された地上・高層などの資料を解析することによって知ることができます．気象予報士試験の

162　第6章　実技試験対策－気象衛星画像・天気図・エマグラムの読み方－

　実技試験のテーマである日本の天気に大きく影響する温帯低気圧や台風，および前線などがどのような状態になっているかなどを，予報の現場で用いられる各種の天気図や数値予報図を用いて，以下に示します．

〔1〕温帯低気圧（2005年11月28～29日）

　大部分が中緯度に位置する日本では，ほぼ1年を通じて上空には西風（偏西風）が吹いており，天気は偏西風帯の中を東に進む長波長の谷の影響を受けて，主に変化します．そのような偏西風帯上の主な気象擾乱は，移動性の高気圧と前線を伴いながら発達する温帯低気圧で，特に温帯低気圧は日本海や四国・本州の南岸を発達しながら通過し強風・大雨・高波などをもたらします．温帯低気圧の通過後は移動性の高気圧の影響で晴天となります．そのような温帯低気圧の発生場所と通過する経路は，図6.10に示すように，おおよそ限られています．

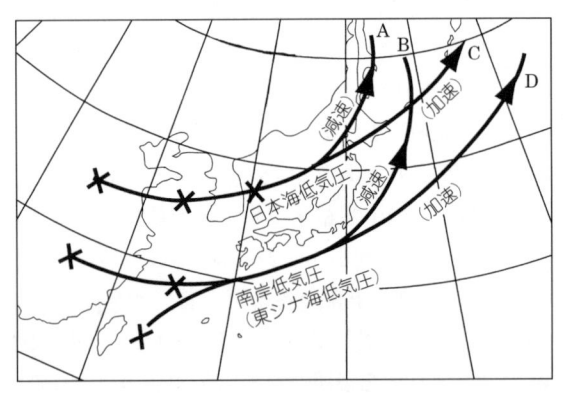

図6.10　日本付近で発達する温帯低気圧の主な経路と発生域

　ここでは，11月末に日本海を発達しながら進んだ温帯低気圧について，温帯低気圧の3次元的な構造と発達する時の状態（傾圧不安定）を示します．

　図6.11によれば，温帯低気圧は11月28～29日にかけて，ほぼ図6.10のAの経路をとって，28日09時から29日09時にかけて26 hPa/24hも発達して北海道の西方海上に達し，その後，温帯低気圧はさらに北東進して北海道北部に達しました．この温帯低気圧の発達に伴って，主に日本海側と北日本に激しい天気

6.4 大気の状態を読む

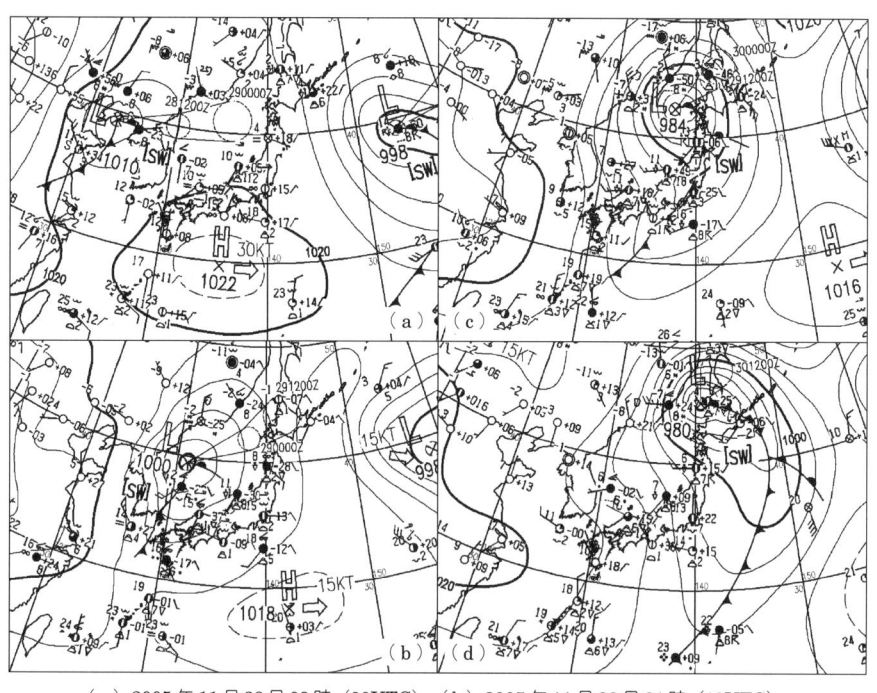

(a) 2005年11月28日09時 (00UTC), (b) 2005年11月28日21時 (12UTC),
(c) 2005年11月29日09時 (00UTC), (d) 2005年11月29日21時 (12UTC)
28日09時に渤海にあった温帯低気圧 (中心気圧1010hPa) は (図(a)), 発達しながら12時間後は日本海西部に達し, その後も北東進を続けて24時間後の29日09時には日本海北部にあって中心気圧は984hPaに達しました (図(c)). この間の中心気圧の下降は26hPa/24hでした. 発達はその後も続き, 29日21時には, 中心気圧が980hPaに達しました (図(d)). 日本付近は, 温帯低気圧の発達と寒冷前線の通過による強風・高波・強雨など大荒れとなりました.

図 6.11　地上天気図 (気象庁提供)

をもたらしました. 29日09時 (00UTC) の気象衛星画像 (図 6.12) を示します. 可視画像 (図6.12(a)) では, 渦巻きの中心は北緯42度東経138度付近にあり, ドライスロットが中心付近まで延びています. その南西方には寒気移流に伴う積雲列があり, また, その南には寒冷前線に伴う雲バンドが延びています. 赤外画像 (図6.12(b)) では, 発達中の低気圧に伴うバルジは沿海州に見られます. 雲バンドは低気圧付近の雲域から南西方に延びています. 一方, 水蒸気画像 (図6.12(c)) では, 大陸から東に延びる暗域があります. それは中国大陸から黄海を経て日本海南部を通り, 可視画像 (図6.12(a)) に見られるドライス

（a）

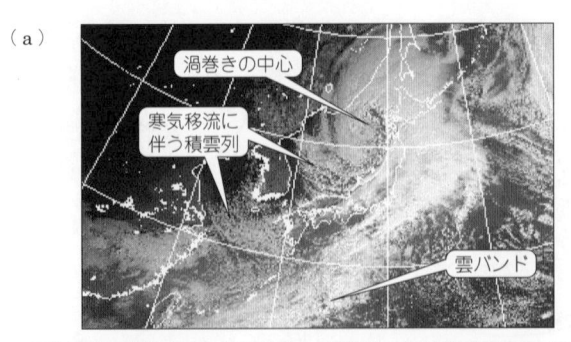

可視画像：渦巻きの中心は北緯42度東経138度付近にあり，ドライスロットが中心付近に延びています．南西方には寒気移流に伴う積雲列とその南に雲バンドが延びています．

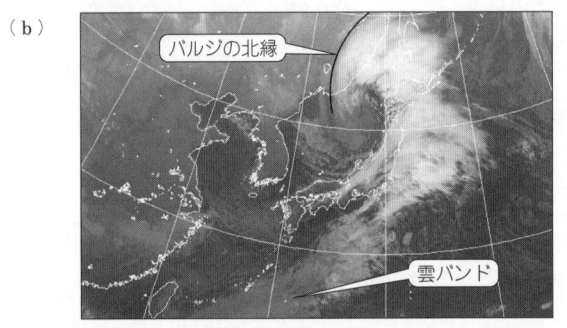

（b）

赤外画像：発達中の低気圧に伴うバルジは沿海州に見られます．雲バンドは低気圧から南西に延びています．

（c）

水蒸気画像：大陸から延びる暗域は，ドライスロットに沿って低気圧の中心にまで達していることがわかります．一方，明域は，主に，雲頂高度の高い雲域に対応しているように見えます．

図 6.12　気象衛星画像（11月29日09時）

6.4 大気の状態を読む

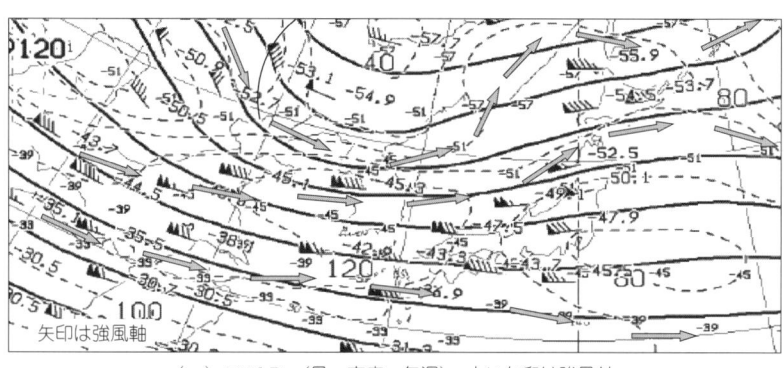

(a) 300 hPa（風・高度・気温），太い矢印は強風軸

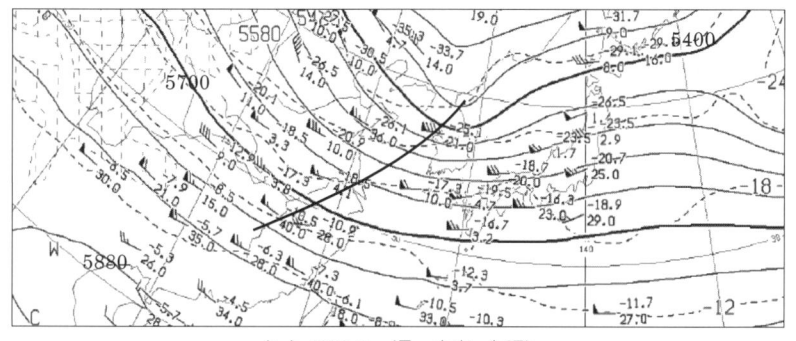

(b) 500 hPa（風・高度・気温）

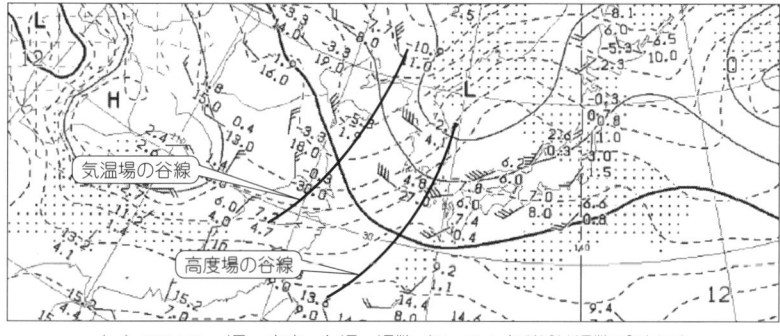

(c) 850 hPa（風・高度・気温・湿数（$T-T_d$：点彩域は湿数3℃以下））

図 6.13　高層解析図（2005 年 11 月 28 日 21 時（12UTC））（気象庁提供）

ロットに沿って低気圧の中心付近に達しています．一方，明域は赤外画像に見られる雲頂高度の高い雲域（図 6.12 (b)）に，ほぼ対応しています．このような気象衛星画像の特徴は，発達中の温帯低気圧に伴う雲域にほぼ共通しています．

発達中の低気圧の気象状況を示すために，28 日 21 時（12UTC）における各種天気図と数値予報資料を示します（図 6.13 ～図 6.15）．

最初に，大規模な流れを**図 6.13** (a) の 300 hPa で見てみます．北の寒帯前線ジェット気流軸に対応する強風軸（北の強風軸と呼ぶ）はバイカル湖方面（図省略）から渤海の西に南下して沿海州を経て稚内の北を通っています．南の寒帯前線ジェット気流に対応する強風軸はヒマラヤ山脈の南を通って朝鮮半島南部を横切り，日本海中部と津軽海峡付近を経て太平洋に向かいます．この強風軸は，その北側の強風軸との間に，日本海に発散場を形成しているので，下層における低気圧の発達に好都合な立体構造となっています．一方，亜熱帯ジェット気流軸に対応する強風軸は北緯 30 度帯をほぼ緯度圏に沿って走っています．

500 hPa の天気図（図 6.13 (b)）では，300 hPa の流れにほぼ沿って，日本付近を含む中緯度は等高度線の比較的狭い偏西風帯となっており，その流れの中に，谷線（トラフライン）が朝鮮半島から南西に延びています．この谷線は地上天気図に見られる日本海西部の温帯低気圧（図 6.11 (b)）に対応しています．この流れでは等高線の間隔が比較的狭く，等温線の間隔も同様な状態となっています．この時期の寒帯前線ジェット気流軸は，通常，300 hPa 面高度の近傍を走行しており，500 hPa の温度集中帯（前線帯）の上空に沿って走っています．300 hPa でみた北の 2 本の強風軸（図 6.13 (a)）と 500 hPa の温度場（図 6.13 (b)）を対応させてみると，それらの寒帯ジェット気流軸に対応する強風帯にほぼ沿い，日本付近での等温線は混んでいることがわかります．図 6.3 (b) では等温線は 6℃ごとに解析されていますが，これを 3℃ごとに解析すると，気温の集中帯がより明瞭になります．

850 hPa では，日本海西部に低気圧があり，そこから延びる谷線は南々西に延びています．この低気圧付近には，3℃～－9℃の等温線の集中帯がかかり，その気温の集中帯は前線帯に対応しています．850 hPa でも高度場の谷線と尾根線は温度場の谷線や尾根線よりも，位相が進んでいるので，500 hPa と同じように，高度場の谷線の東では暖気移流が，西では寒気移流がみられます．このような場では，高度場の振幅が増すことが考えられるので（図 6.13 (c)），温帯低気圧の

6.4 大気の状態を読む

発達に寄与します．

地上の温帯低気圧の発達を数値予報資料（**図 6.14**）で確かめてみます．急速に発達をはじめる 28 日 21 時（図 6.11 (b)）には，地上低気圧は日本海西部にあるので，この上流に正渦度の極大域があると考えられます．これを確かめるために，500 hPa の正渦度を数値予報資料で見てみると，正渦度の極大は朝鮮半島北部にありますので地上低気圧の上流（西）にあることになります（図 6.14 (a)）.

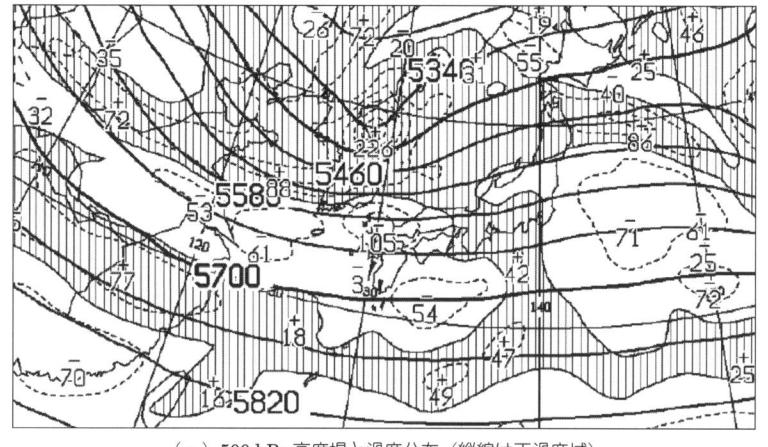

（a）500 hPa 高度場と渦度分布（縦線は正渦度域）

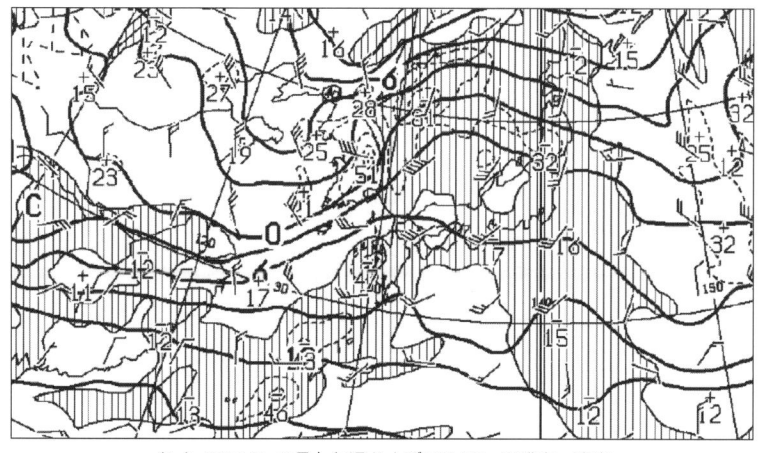

（b）850 hPa の風と気温および 700 hPa の鉛直 p 速度

図 6.14 数値予報資料（初期値 2005 年 11 月 28 日 21 時（**12UTC**））（気象庁提供）

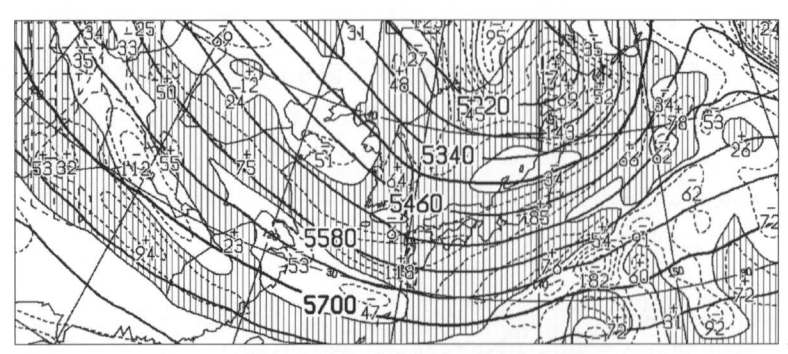

（a）500 hPa 高度場と渦度分布（縦線は正渦度域）

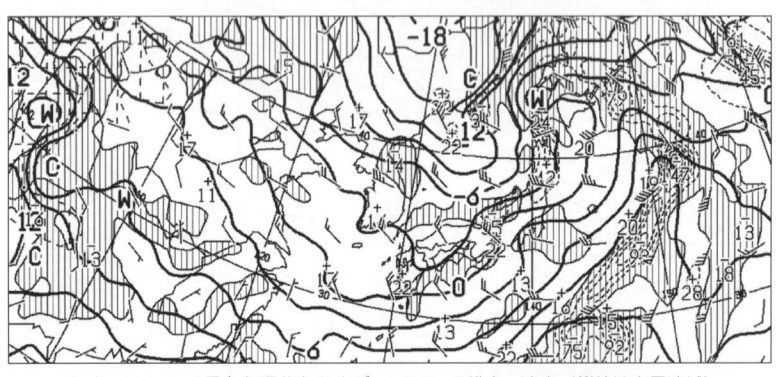

（b）850 hPa の風と気温分布および 700 hPa の鉛直 p 速度（縦線は上昇流域）

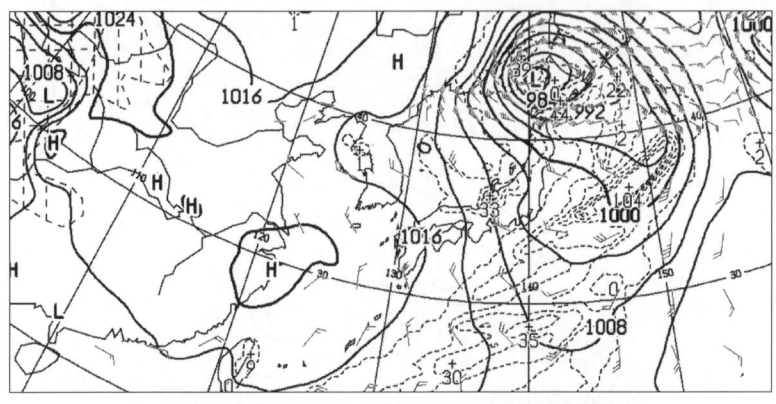

（c）地上の予想気圧配置と予想風，および 12 時間予想降水量

図 6.15 数値予報資料（2005 年 11 月 29 日 09 時（00UTC）の初期値から 24 時間先の予想図）（気象庁提供）

6.4 大気の状態を読む

このように，発達する温帯低気圧に伴う正渦度の軸は上空ほど上流（西）に傾いていることがわかります．なお，渦の軸とは，地上から上層まで，渦度の極大（小）域を連ねた軸のことです．

一方，500 hPa の気圧の谷周辺での上昇流（700 hPa）を 850 hPa の温度場や 700 hPa の上昇流（図 6.14 (b)）で見てみると，地上低気圧の東には上昇流が，その西に下降流があります．

すなわち，渦軸は高度とともに西（上流）に傾き，谷の東（下流）で暖気と暖気移流が，谷の西（上流）で寒気と寒気移流がみられるような流れの場と気温の場では，谷の東（下流）に上昇流が，西（上流）に下降流があることになります．このような場では，谷の周辺では暖かい空気が上空に，冷たい空気が下層に移動する構造になっており温帯低気圧は発達します．このような状況下で，26 hPa/24h も発達したのが，図 6.11 (b) の日本海西部にある温帯低気圧です．

これらの詳細については，有効位置エネルギーが運動エネルギーに変換される構造を持つ傾圧不安定波について示した図 4.3 を参照してください．

11 月 28 日 21 時を初期値とする 24 時間先の数値予報資料（予想図）（**図 6.15**）で 500 hPa の高度場と渦度分布（図 6.15 (a)）を見ると，日本は幅の広い谷の前面にあって正渦度の極大域は沿海州から日本海西部と北海道北部にあります．一方，負渦度の極小軸は，東経 155 度付近の東方海上にあります．850 hPa の気温場の予想（図 6.15 (b)）で見てみると，温度場の尾根は北海道から三陸のはるか沖の北緯 40 度，東経 150 度付近に達し，そこから南々西に延びています．この気温の尾根の付近では 40 ノット以上の強風を伴う暖気移流と上昇流が予想されています．一方，気温場の谷線は日本海中部から南々西に延びており，30 ノット以上の北西の風による寒気移流と下降流が見られます．このような温度場と鉛直 p 速度から判断して，寒気の下降と暖気の上昇が考えられ，地上低気圧は今後も発達することが考えられます．なお，温帯低気圧が発達する場合には，強い風と海上での高波および強い降水に，また前線の通過に伴う短時間の強い降水や突風および風向の急変などに対する警戒が必要です．急速に発達する温帯低気圧が沿岸近くを通る場合には，高潮などにも警戒する必要があります．また，これまでに述べた温帯低気圧の発達が，春先など積雪が多く残る時期に起きる場合には，積雪地帯では，降水が無くても融雪洪水などにも警戒する必要があります．

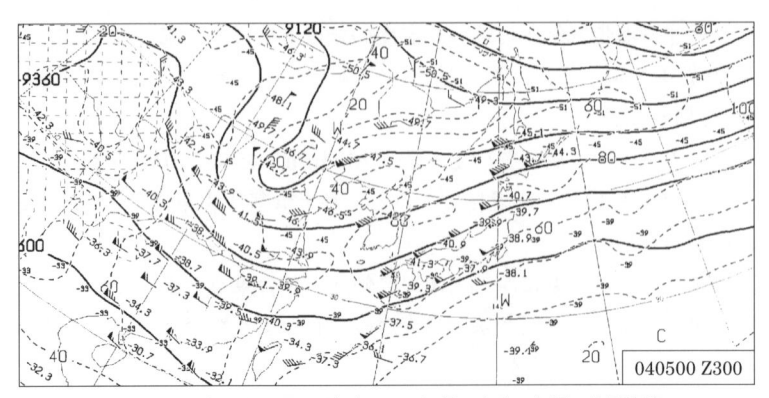

170　第6章　実技試験対策－気象衛星画像・天気図・エマグラムの読み方－

（a）1997年4月5日09時（00UTC）風・高度・気温・等風速線

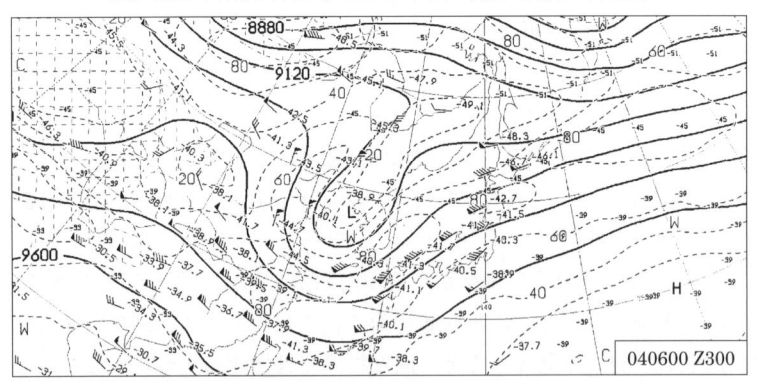

（b）1997年4月6日09時（00UTC）風・高度・気温・等風速線

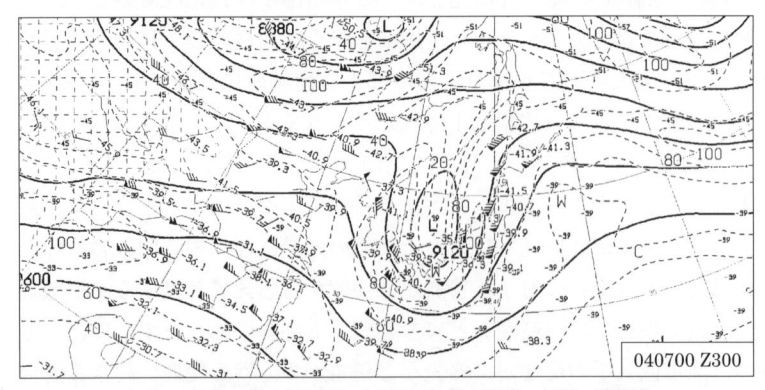

（c）1997年4月7日09時（00UTC）風・高度・気温・等風速

図6.16　寒冷低気圧（寒冷渦）の形成（気象庁提供）

〔2〕寒冷低気圧（寒冷渦：2005年10月22日）

　寒冷低気圧は上空に寒気を伴った低気圧で，寒冷渦とも呼ばれます．寒冷低気圧が通過する際には，暖かい陸地や海上を通過するときに鉛直的に不安定になって対流雲を発生させたり，寒気の縁辺で暖気を押し上げて不安定な天気現象をもたらすので注目されます．また，低気圧性循環は上層では明瞭ですが地上では目立たないのに，上記の激しい現象を起こすことがあるので，着目すべき現象といえます．

　最初に，偏西風帯の蛇行と寒冷低気圧の生成過程を300 hPa天気図で見てみます（図 **6.16**）．これは1997年4月4日09時（図省略）に，バイカル湖の南東方にあった谷が振幅を増しながら南東進し，5日09時には渤海の西に達し（図6.16 (a)），さらに振幅を増しながら南東進し，6日09時には黄海に達しました（図6.15 (b)）．その24時間後の7日09時には，低気圧性循環を持つ閉じた等高線の寒冷低気圧（寒冷渦）が日本海西部に達しました（図6.15 (c)）．寒冷低気圧の中心気温は約 -35℃で，周辺の気温よりも暖かく，このことも寒冷低気圧の特徴の1つです．この寒冷渦を回る強風軸がありますが，そのはるか上流には偏西風帯上に他の強風軸が北緯50度帯を走っています．これらの強風軸は，もともと1つの強風帯だったのが分離し，赤道側に分離した強風帯の振幅が増大して寒冷低気圧が生成されたのです．このような状況は，寒冷低気圧の生成に共通した現象といえます．

　ここでは，2005年10月22日21時（12UTC）に，日本に南下してきた寒冷低気圧の例を示します．本例で扱う寒冷低気圧も図6.16に示した寒冷低気圧と同様な過程を経て生成されました．**図6.17** (a)に強風軸を付した300 hPa高層天気図を示します．同図によれば，2本の強風軸とその走行および寒冷低気圧の状況は，図6.16 (c)と同様であり，この寒冷低気圧の中心における気温は -39℃で周囲の気温よりも高いことがわかります．

　寒冷低気圧の鉛直構造をより詳細に見るために，500 hPaよりも下層の天気図を図6.17 (b)〜(d)に示します．暖かい300 hPa寒冷低気圧の真下の500 hPaでは，約 -25℃の寒気を伴った低気圧が解析されています（図6.17(b)）．850 hPa（図6.17 (c)）では，500hPaの低気圧の下に1℃位の寒気が見られますが，低気圧性循環は不明瞭です．一方，地上（図6.17 (d)）での低気圧性循環は500 hPaの寒冷低気圧の真下には見られません．これらのことも寒冷低気圧

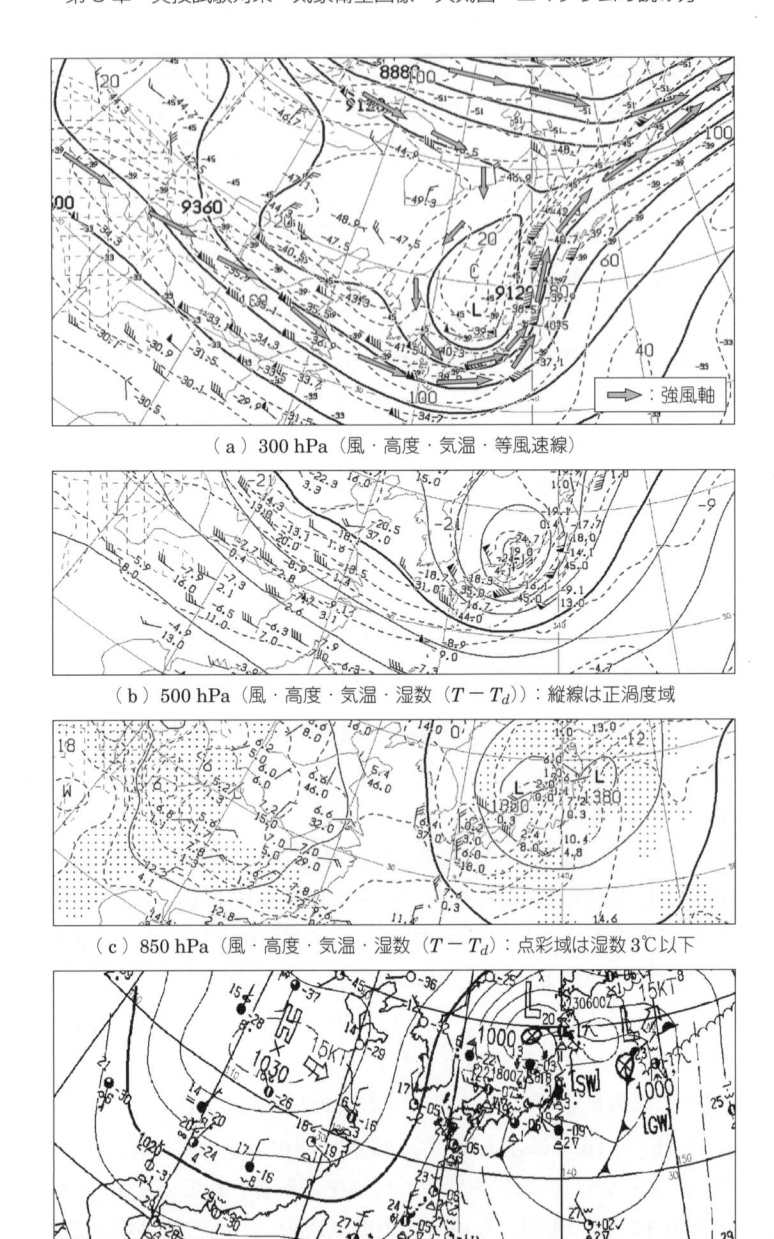

172 第6章 実技試験対策－気象衛星画像・天気図・エマグラムの読み方－

(a) 300 hPa（風・高度・気温・等風速線）

(b) 500 hPa（風・高度・気温・湿数（$T - T_d$））：縦線は正渦度域

(c) 850 hPa（風・高度・気温・湿数（$T - T_d$）：点彩域は湿数3℃以下

(d) 地上（等圧線・風・天気・気温など）

図 6.17　高層・地上天気図（2005年10月22日21時（12UTC））（気象庁提供）

6.4 大気の状態を読む

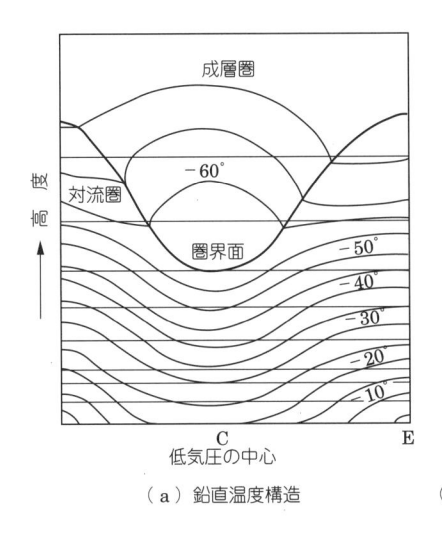

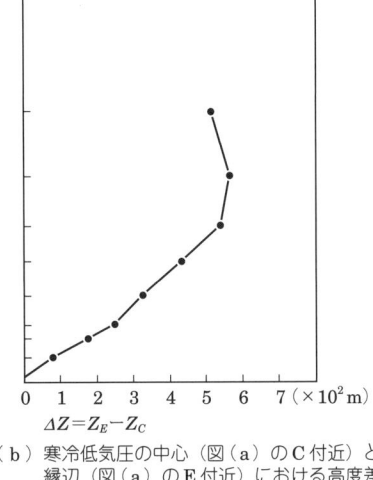

(a) 鉛直温度構造

(b) 寒冷低気圧の中心（図(a)のC付近）と縁辺（図(a)のE付近）における高度差（ΔZ）の鉛直プロファイル

図 6.18　寒冷低気圧の温度構造と高度差を示す模式図

の特徴です．すなわち，日本海の寒冷低気圧は，対流圏上部に暖気を伴い，中・下層には寒気を伴っていて，低気圧性循環は上空ほど明瞭であることがわかります．これらのことは，日本海にある低気圧は寒冷低気圧であることを示しています．

　寒冷低気圧とその周辺の気温分布を模式的に示すと**図 6.18**(a)になります．図の模式的な気温分布から計算した寒冷低気圧の中心部とその周辺部との高度差の鉛直分布も同図（図 6.18(b)）に示してあります．ある高度で計った気圧は大気の上端からその高度までの大気の重さですから，対流圏内での周辺部と中心部の気圧差は冷たく重い空気（寒気）がほとんどない圏界面付近では最も大きく，寒気が厚く堆積する下層ほど気圧差が小さくなっていることがわかります（図 6.18(b)）．このことは，寒冷低気圧では，下層ほど低気圧性循環が不明瞭になることをも表しています．さらに，寒気の中心位置は 300 hPa から 850 hPa まで大きくは変わっていません．この点は，気温の谷線と尾根線の位相は気圧の谷線と尾根線の位相よりも遅れることによって，温度移流場が生成されて発達する温帯低気圧と異なる点です．

　これを，数値予報資料（**図 6.19**）で見てみます．500 hPa では低気圧の中心

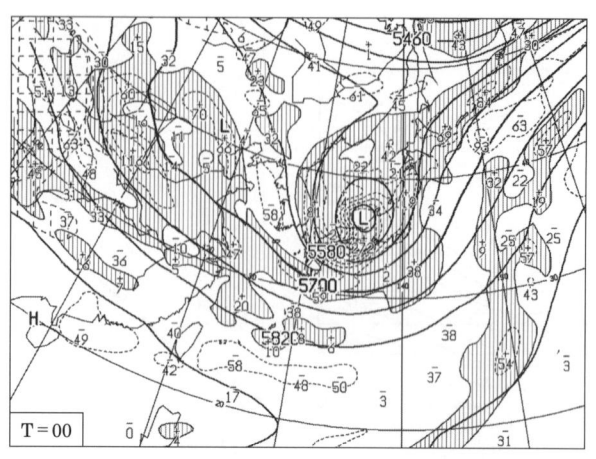

174　第6章　実技試験対策－気象衛星画像・天気図・エマグラムの読み方－

（a）500 hPa 高度場と渦度分布（縦線は正渦度域）

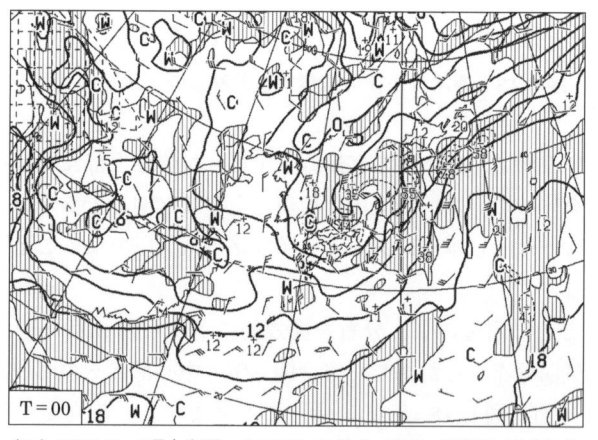

（b）850 hPa の風と気温，700 hPa の鉛直 p 速度（縦線は上昇流域）

図 6.19 数値予報資料（初期値　2005 年 10 月 22 日 21 時（12UTC））（気象庁提供）

に正渦度の中心があり（図 6.19 (a)），中心の南に上昇流が見られます（図 6.19 (b)）．この上昇流に対応して 850hPa の湿潤域（図 6.17 (c)）があります．一方，正渦度の中心付近に下降流があり，この下降流域は気象衛星画像の雲渦の中心に巻き込むように，可視画像（**図 6.20** (a)）のドライスロットと類似の形をしています．

　この雲渦は天気図類の解析時刻から 6 時間前のものですが，雲渦の位置などを

6.4 大気の状態を読む　175

(a)

雲渦の中心

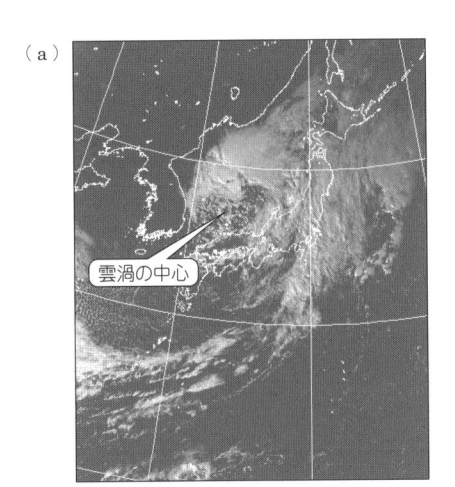

可視画像：日本海中部に雲渦があり，雲渦の北に寒気渦圏内の厚い雲が見られます．雲渦の中心を含む南側には厚い雲は見られません．その東側には傾圧帯に伴う別の帯状の雲が見られます．

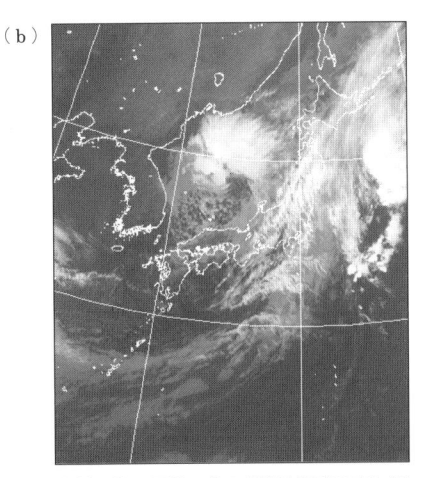

(b)

赤外画像：雲渦の北の部分は雲頂の高い雲で雲渦の中心を含む南半分の雲の雲頂は低く，特に発達した雲は見られません．雲渦の東にある帯状の雲の中で，特に発達した雲は無く，さらに東側の暖域内に積乱雲と見られる雲があります．

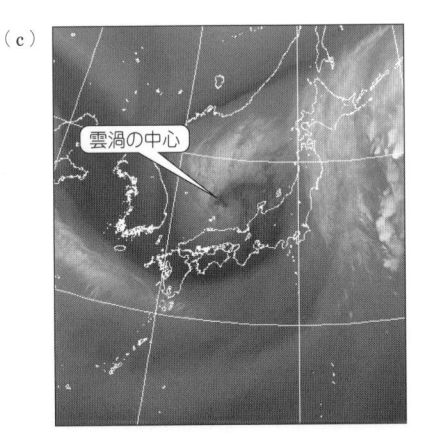

(c)

雲渦の中心

水蒸気画像：明域は雲渦の北側の雲域と海洋上の雲にほぼ対応しています．雲渦の南半分にも大気の中・上層に水蒸気の多いところが見られます．このことは，(a)の可視画像と(b)の赤外画像の両者と大きく異なる点です．暗域は，中国大陸から渤海・黄海を経て日本列島の南岸を通っています．

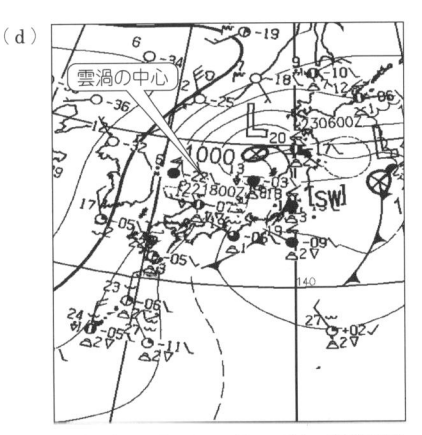

(d)

雲渦の中心

地上天気図（10月22日15時）：寒冷渦圏内では，寒気内の空気密度が大きいので，本例では，地上の低気圧は解析されません．寒気渦圏内とその外側を分離する傾圧帯があり，その傾圧帯上の日本海に低気圧があって前線を伴っています．

図 6.20　気象衛星画像（2005年10月22日15時）（気象庁提供）

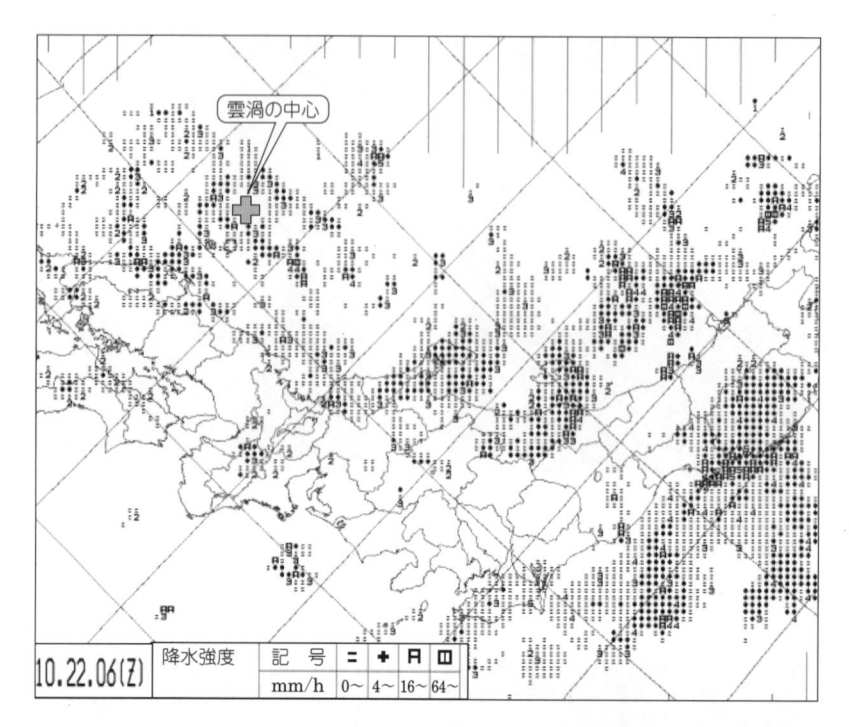

図 6.21　レーダーエコー合成図（2005 年 10 月 22 日 15 時）（気象庁提供）

除けば，それらの特徴は保存されるとみなすと，可視画像では北側に厚い雲があり，赤外画像（図 6.20 (b)）では白く雲頂高度が高いのです．雲渦の南側には雲頂の低い積雲系の雲が散在しているのが，可視画像と赤外画像でわかります．一方，寒冷低気圧圏外の傾圧帯上の雲と見られる雲バンドが東経 140 度に沿って見られ，さらに，その東の暖域内と見られる領域には，雲頂の高い積乱雲が観測されています．水蒸気画像にみる暗域は，雲渦の中心付近では，寒冷低気圧の中心部に可視画像で見られたドライスロットに似た形状になっています（詳細は図 6.20 の図説を参照）．

　このような気象衛星画像でみた特徴を降水分布であるレーダーエコー（**図 6.21**）で見ると，雲渦中心の南〜南西に見られる背の低い積雲による降水は山陰とその沖合いに見られ，これが 700 hPa の上昇流（図 6.19 (b)）に対応しています．雲渦の南東から東側の雲バンドに対応する降水も見られ，また傾圧帯上の比較的背の高い雲バンド，およびその東の積乱雲域に対応する降水域も見られます．こ

6.4 大気の状態を読む

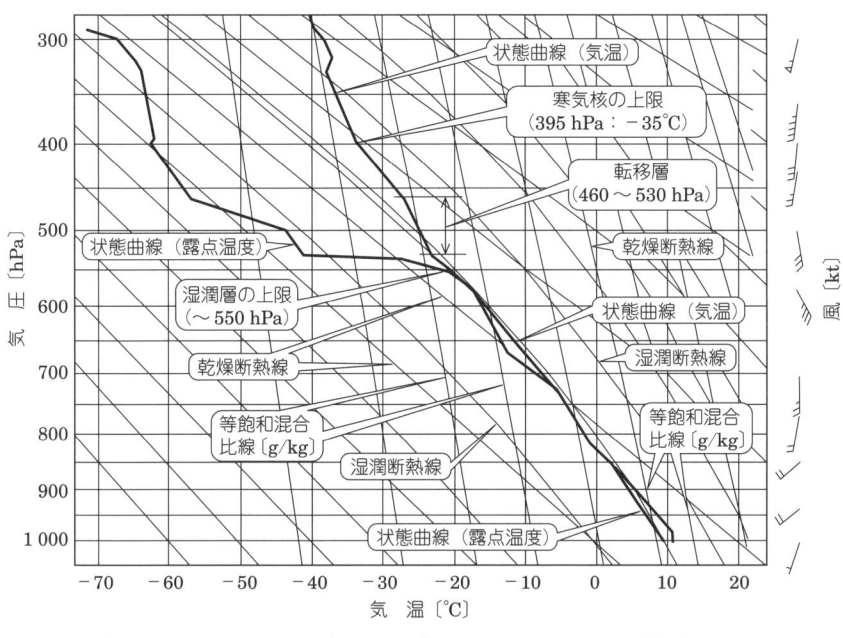

寒気核の上端は395 hPa で気温は-35℃, 460～530 hPa に安定層があって寒冷低気圧の南側を回る傾圧帯を示唆します. 湿潤層の上限は 550 hPa であることなどがわかります.

図 6.22　寒冷低気圧の中心付近における状態曲線
（2005 年 10 月 22 日 21 時（12UTC））

れらの降水域内には, 16～64 mm/h の強い降水域がいたるところで観測されています. なお, 雲渦北側の背の高い雲域内での降水の様相は, 陸地から離れているのでレーダーエコー合成図では不明です.

寒気の中心（寒気核）に近い輪島（国際地点番号：47600）の状態曲線（**図 6.22**）で寒冷低気圧の様相を鉛直的に見てみることにします. 対応する時刻の赤外画像（図省略）では, この時刻には, 輪島は雲渦の南東象限にあたり, 雲頂高度はそれほど高くない雲域内にあることが, 可視と赤外の画像（図 6.20 (a)・(b)）でわかります. 図 6.22 によれば, 寒気核の上端は 395 hPa で気温は-35℃であること, 460～530 hPa に安定層があること, および湿潤層の上限は 550 hPa であることなどがわかります. この安定層は寒気の境界を示していると考えられ, その傾圧帯上に生成された雲は気象衛星画像で見られる東経 140 度に沿う雲バ

ンドに対応し，湿潤層の上限は雲渦の南側にあたる雲頂高度の低い積雲系の雲頂に対応すると考えられます．

　本例で取扱った寒冷低気圧は，雲渦を伴って本州の上空を通過して悪天をもたらしました．寒冷低気圧の接近・通過の際には，短時間の強い降水，落雷，突風などに警戒する必要があります．

〔3〕台風（2003年9月11日）

　熱帯地方に発生する低気圧性擾乱は熱帯低気圧と呼ばれます．熱帯低気圧は中心付近の最大風速の違いにより，世界気象機関（World Meteorological Organization：WMO）では4段階に分類されていて，台風の中心付近における最大風速の違いにより呼び名が違っています．これを表6.3に示します．日本では，中心付近での最大風速が17.2 m/s以上の熱帯低気圧を「台風」と呼び，最大風速がそれよりも弱い熱帯低気圧を「熱帯低気圧」と呼びます．

表6.3　熱帯低気圧の分類（気象庁の分類と国際的な分類（WMO））

分類	気象庁の分類	国際分類（WMO）
	域内の最大風速	略号：域内の最大風速
熱帯低気圧	17.2 m/s（34ノット）未満または風力7以下	TD：17.2 m/s 未満（トロピカル・デプレッション）
台風	17.2 m/s（34ノット）以上または風力8以上	TS：17.2〜24.4 m/s（トロピカル・ストーム） STS：24.5〜32.6 m/s（シビア・トロピカル・ストーム） T：32.7 m/s 以上（タイフーン）

　なお，気象庁が一般に提供する地上天気図（通称ASAS）は国際的な役割も担っているので，地上天気図では熱帯低気圧は国際的な分類に従った呼び方が用いられます．

　台風の中心や台風に巻き込む雲バンドは積乱雲で構成されており，そこでは激しい風や雨が観測され，特に眼の壁（eye wall）を構成する積乱雲では，普通，最も激しい現象が観測されます（「4.3　対流圏内の中小規模運動」参照）．ここでは，2003年9月11日に宮古島を襲った台風14号を主に扱い，後半で用いる

6.4 大気の状態を読む

台風の基本的な構造に関する基礎的な資料は1996年度第2回気象予報士試験の実技2で出題された台風（XX年X月11〜13日）から求めた資料をもとに，台風内の気象要素の分布などにより台風の特徴を示します．

台風の経路を示した図（台風経路図）を図6.23 (a)に示します．台風は宮古島に南東から最接近し，その後北北東に向きを変えて遠ざかりました．台風が宮古島に近づいた前後のほぼ12時間（11日03時〜15時）に進んだ距離は約250 kmですから，台風は平均的に20 km/hで進んだことになります．

このときの気象衛星画像は図6.23 (b)です．台風の伴う雲頂の高い雲は台風の中心とその北側および外側の雲バンド（アウターバンド）に見られます．雲渦の中心にみられる台風の眼は，緯度にして約0.6度（〜70 km）で，宮古島がすっぽりと入ってしまうほどです．

これをレーダーエコー合成図（**図6.24**，口絵参照）で見てみると，強い降水域は台風の中心付近と周辺部にある雲バンドによることがわかります．また，台風の眼の中に宮古島が入っているように見える状況は，気象衛星画像のときと同

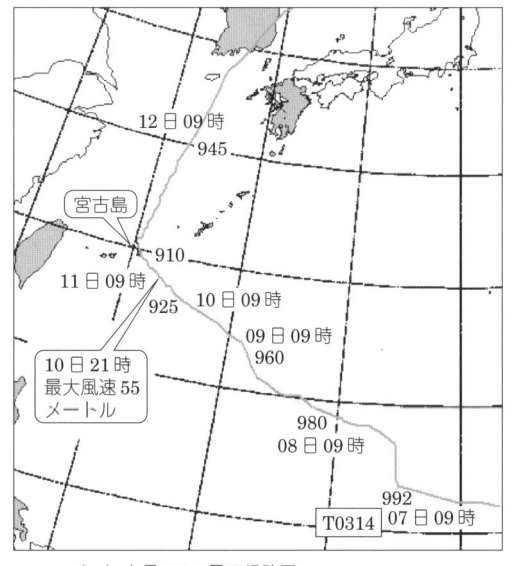

（a）台風0314号の経路図
　　（2003年9月7日09時〜12日09時）

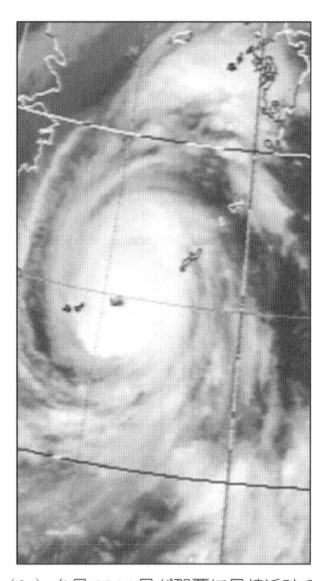

（b）台風0314号が那覇に最接近時の
　　赤外画像（2003年9月11日09時）

図6.23　台風経路図（気象庁提供）

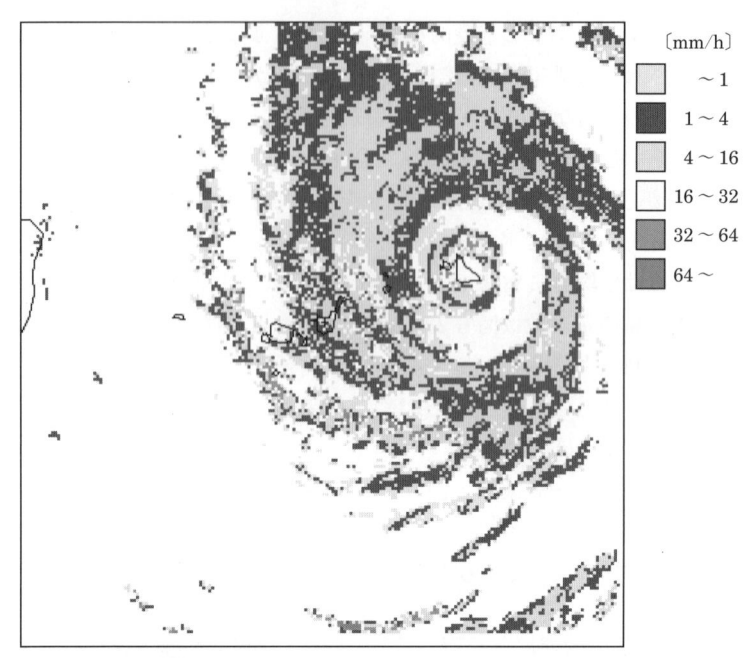

宮古島は台風の眼の中にあります．眼の壁付近に 64 mm/h 以上の強い降水エコーが見られ，また，外側の雲バンド（アウターバンド）内にも，同様に強い雨雲が観測されています．

図 6.24　台風のレーダーエコー合成図（2003 年 9 月 11 日 05 時（10 日 20UTC））（気象庁提供，口絵参照）

じです．

　この台風の接近・通過に伴って宮古島で観測された地上の風・気圧・降水量の時系列を図 6.25 に示します．同図から以下のことがわかります．

① 風向・風速：風向の時間変化を見ると，10 日は北分の風が次第に強まりました．11 日 01 時からは 20m/s を越す風速となって，最大は 11 日 03 時に 38.4m/s を，その直後の 03 時 12 分に最大瞬間風速 74.1m/s の強い風を記録しました．その後 05 時には西風 14m/s に変わり，06 時〜08 時に南西 36〜38m/s の風が吹き，その後次第に弱まっていったことがわかります．

② 地上気圧：10 日には気圧が次第に低くなり，特に 11 日 00 時〜03 時に急速に気圧の低下が見られます．その後，05 時までは気圧の下降と上昇の傾向は比較的穏やかです．最低気圧は，11 日 04 時 12 分に 912.0 hPa を記録しています

6.4 大気の状態を読む

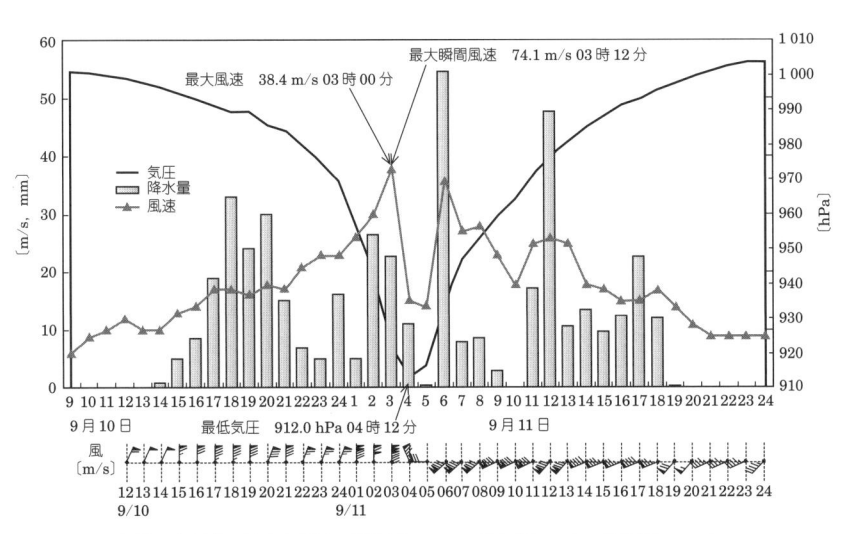

図 6.25 宮古島における海面気圧，風，降水量の時系列図
（2003 年 9 月 10 日 09 時～11 日 24 時）（気象庁提供）

（図 6.25）．この最低気圧は歴代 4 位で，最大瞬間風速の強さもうなずけます．11 日 05 時を過ぎ 11 時にかけて気圧の急上昇が見られます．この前にある気圧変化の比較的小さい時間帯（11 日 03 時～05 時）には，宮古島は台風の眼の中にあったと考えられます．

③降水分布：20 mm/h 以上の強い降水に着目すれば，10 日 18 時～20 時と 11 日 02 時～03 時，06 時，12 時，17 時に見られます．10 日の降雨域は台風前面の雨であり，11 日 02 時～03 時と 06 時の極大降水は眼を囲む積乱雲の壁によると考えられ，それ以降の降水は台風の外側にある雲バンドに対応していると見なせます．これらの降水の特徴は，図 6.24 のレーダーエコー合成図とも合致します．

①～③を総合すると，11 日 02 時～03 時および 06 時頃に，風速の極大と降水強度も強いことから，この時刻に眼の壁が宮古島を通過したと考えられます．この間の 3～4 時間の間は，宮古島は台風の眼の中にあったことになり，最接近はその中間の 11 日 04 時～05 時と考えられます．

台風が宮古島に接近・通過の間，その強さなどが大きく変化しないとすれば，

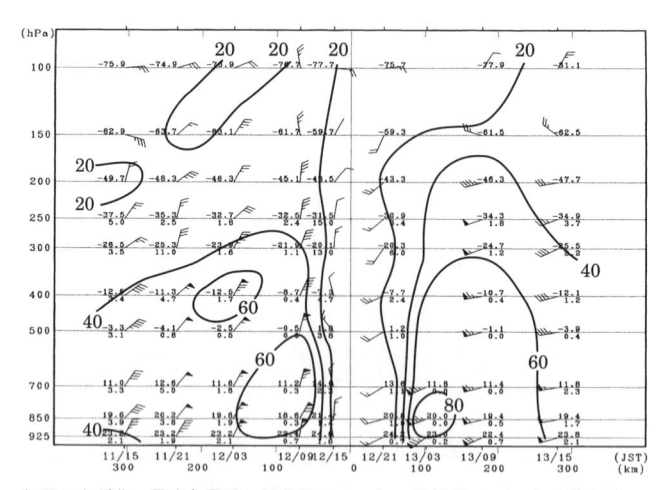

矢羽：上が北，風向と風速：短矢羽5ノット，長矢羽10ノット，旗矢羽50ノット，矢羽の横の数値：上／気温〔℃〕下／湿数〔℃〕．等値線は20ノットごとで，台風の中心から50〜100 kmの下層（850 hPa）における風速の極大があります．

図6.26 台風域内の鉛直断面図（風・気温・湿数（$T-T_d$））19XX年XX月 11日15時〜13日15時（1996年度第2回気象予報士試験実技2から作成）

図6.25の時系列資料は，台風域内での地表の風・気圧・降水の分布とみなすことができます．このように考えると，台風の平均時速は約20 kmですから，眼の直径は，おおよそ60〜80 kmと考えられます．一方，11日05時に観測された台風のレーダーエコーを図6.24でみると，台風の中心を取り巻くひときわ強い雨雲（眼の壁）の大きさは，中心部の白い部分を眼の直径とみなすと，緯度にして約0.6〜0.7度ですから，時系列資料から決めた眼の大きさとほぼ同じです．

台風の基本的な構造を知るために，他の台風資料から得られた図を示します（図6.26〜図6.28）．台風資料は，1996年度第2回気象予報士試験の実技2で出題された台風（XX年X月11日〜13日）の沖縄における高層観測資料の時系列資料から求められています．

最初に，地上資料のときと同様に考え，台風域内の高層気象観測の時系列資料が台風域内の構造を示すとみなし，等風速線を書き加えたのが**図6.26**です．同図は地上から上空までの台風域内の風や気温などの分布を示すことになります．

風速の分布をみると，極大は60〜80ノットで，中心から約100 km離れたところの850 hPa付近に見られます．これまでの調査結果でも，同様の結果が得ら

6.4 大気の状態を読む

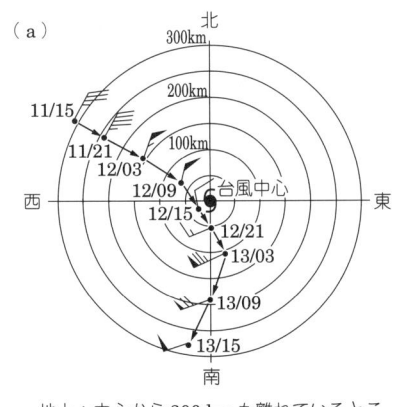

(a) 地上：中心から300kmも離れているところでも，中心に向かう風の成分が観測され上地における風の収束の範囲が広いことがわかります．

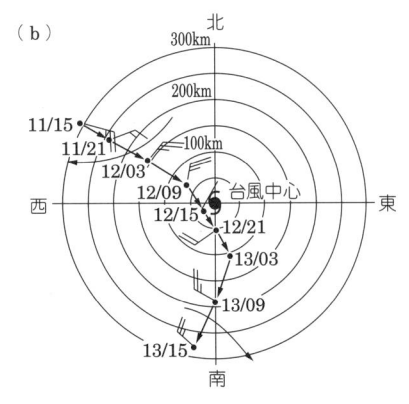

(b) 150hPa：100km以内では中心に向かう風の成分は見られますが，それよりも外側では外に発散する風の成分が見られます．

図6.27　台風域内の風　19XX年XX月11日15時～13日15時
（1996年度第2回気象予報士試験実技2から作成）

れています．図6.27は台風域内の風です．風向は，台風の北西方では（11日15時～12日09時）北成分を持つ風，中心の南では（12日15時～13日15時）南成分を持つ風で，風向は地上から200hPaくらいまでほとんど同じです（図6.26）．これは，台風の中心に向かう成分（動径方向）により，周辺の空気は中心に向かって収束していることを具体的に表しています．一方，150hPaの風（図6.27(b)）は，例えば那覇が台風の西北西にあった12日03時から台風の南にあった12日21時までは台風の中心に向かう成分を持った風となっています．これは台風の中心からほぼ150km以内の領域で，台風から50km以内にあった眼の中にあるとみられる12日15時には風は弱くなっています．一方，台風の中心からほぼ200km以遠では，台風の中心の外向きの成分を持つ風となっています．すなわち，図6.27(b)に矢印で示すように，例えば，11日15時～21時および13日09時～15時です．これらの風系は，台風域内で収束した空気が上昇し，上空で発散する様相を示しています．100hPaにおける風系は，台風の風系とはかかわりなく，ほとんど東分の風が卓越していることがわかります（図6.26）．

気温分布（図6.28）は，台風域外と見なせる中心から約300km離れた場所

(11日15時および13日15時)の観測値からの差(偏差)として示します．気温は中心に向かうほど暖かく，300 hPaから200 hPa付近に気温偏差の極大があり，この例では＋6℃にも達しています．また，台風域内の湿度分布(省略)では，その極大域は気温の極大域付近に観測されます．これらのことは，台風域内の強い収束により発達した積乱雲内の強い上昇流で輸送された水蒸気が，上空で凝結して潜熱が放出されたことにより，高温域と湿潤域がほぼ同じ場所で観測されたと考えられます．すなわち，台風中心で暖気核(ウォームコア)が形成されています．

コラム　台風の強さ・大きさ

　台風の強さや大きさは，以前には中心気圧の深さと1000 hPaの等圧線の大きさで決められていました．しかし，中心気圧が同じくらいの値であっても，中心付近の最大風速が強い台風とそれほど強くない台風があります．また，1000 hPaの等圧線が小さい台風の及ばす影響の範囲は一般には小さいのですが，1000 hPaの等圧線が大きい台風の及ぼす影響の範囲は，必ずしも大きいとは限りません．

　このため，1990年から台風の強さは中心付近の最大風速で，台風の大きさは強風(15 m/s)の吹いている範囲の大きさで，決めることにしました．これは，台風の運動エネルギーは風速に関係することから，台風の中心付近における風速の強さと強風域の広がりによって，強さと大きさを決めることになり，適切と考えられるからです(表参照)．

表　台風の強さと大きさの分類

強さの階級

階　級	中心付近の最大風速
	33 m/s (64ノット) 未満
強い	33 m/s (64ノット) 以上～44 m/s (85ノット) 未満
非常に強い	44 m/s (85ノット) 以上～54 m/s (105ノット) 未満
猛烈な	54 m/s (105ノット) 以上

大きさの階級

階　級	風速15 m/s以上の半径
	500 km 未満
大　型 (大きい)	500 km 以上～800 km 未満
超大型 (非常に大きい)	800 km 以上

注：表中ブランクの部分は，単に「台風」とします．

6.4 大気の状態を読む

[図: 台風域内の鉛直気温偏差図]

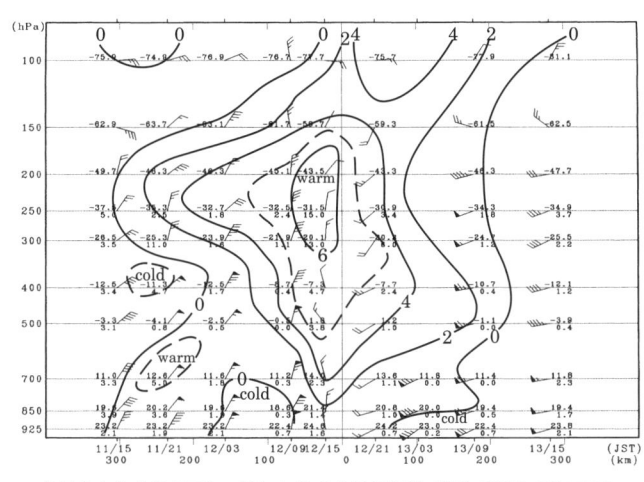

台風の中心から300km離れた地点からの偏差〔℃〕で表しています．中心に近いほど正の偏差が大きく（暖かく），正の偏差値は上層で極大になります（最も暖かい）．

図6.28 台風域内の鉛直気温偏差 19XX年XX月11日15時〜13日15時
（1996年度第2回気象予報士試験実技2から作成）

このように，台風は前線を伴う温帯低気圧とは大きく異なる構造を持っていることがわかります．なお，台風が接近・通過する場合には，暴風・高波・大雨・雷などのほかにも，気圧の急下降と強風による海面上昇（高潮）などにも厳重な警戒が必要であり，早めに対策をとる必要があります．

〔4〕梅雨前線（1977年7月9〜11日，2004年7月9日）

例年7月になると，九州・四国・本州では，梅雨前線の大雨による大きな被害が発生することがあります．梅雨前線は，通常オホーツク海から延びる高気圧やそれに連なる日本海の高圧部と，その南側に位置する太平洋高気圧との間の停滞前線です．梅雨前線の典型例を図6.29に示します．

梅雨前線の北の日本海に冷たい高気圧があり，日本の南東海上にある太平洋高気圧からの尾根が東シナ海に延びています．それらの高気圧の間にある梅雨前線は日本列島を横断し，西は九州から中国内陸部に，東は東北南部から東海上に延びています（図6.29(a)）．梅雨前線上の東北南部に低気圧があり，その西の九州北部と上海付近には，小さな擾乱（波動）があることを示す前線の折れ曲がり

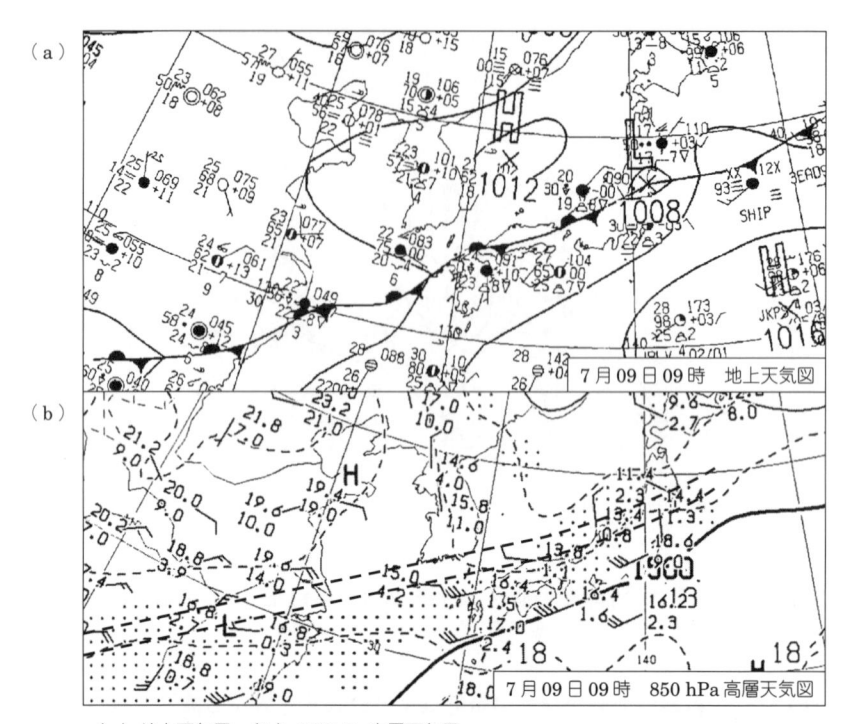

186　第6章　実技試験対策－気象衛星画像・天気図・エマグラムの読み方－

(a) 地上天気図, (b) 850 hPa 高層天気図
典型的な梅雨前線が日本とその周辺海域にある時の天気図です．地上天気図 (a) では日本海と日本の南海上にある高気圧の間に梅雨前線があり，前線の周辺部では悪天となっています．地上の梅雨前線の北には，850 hPa (b) で収束線 (====) が見られます．収束線の南側には湿った空気が，北側には乾いた空気の流入があります．

図 6.29　梅雨前線の代表例（1977 年 7 月 09 日 09 時（00UTC））（気象庁提供）

（キンク）があります．それらの間隔はおおよそ 1 000 km で，通常このような梅雨前線上の低気圧や波動の周辺では，強い雨が観測されます．このような気圧配置は梅雨前線の代表的なパターンです．

　850 hPa では（図 6.29 (b)），梅雨前線の北に南西〜西南西の風と北〜東の風による収束線があります．収束線の南側には湿った空気が流入し，その北側には乾いた冷たい空気があります．このような収束線は典型的な梅雨前線で見られるものです．このため，このような状況下では，特に気温と湿度で変化する相当温位の図で解析できる場合が多いのです．

　次に，梅雨前線の実例として取り上げるのは，2004 年 7 月 9 日に北陸地方に

6.4 大気の状態を読む

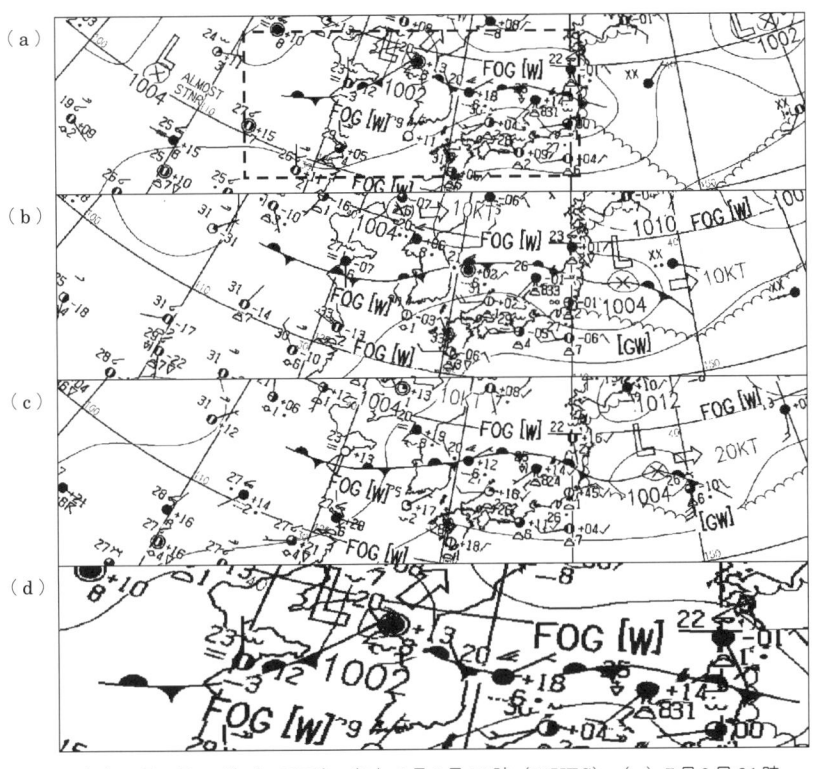

(a) 7月9日09時（00UTC），(b) 7月9日15時（06UTC），(c) 7月9日21時（12UTC），(d) 7月9日09時（(a)の部分拡大）

梅雨末期に北陸地方で大雨が降ったときの地上天気図です．梅雨前線は北陸地方から東に延びて関東地方の東海上に，西へは日本海中部から朝鮮半島を経て中国大陸に延び，途中の朝鮮半島北部に低気圧があります．梅雨前線の位置はほとんど変化は無くほぼ停滞していますが，15時には朝鮮半島の低気圧は弱まり，関東地方の東海上に低気圧が発生しています．

図 6.30　梅雨期の地上天気図（2004年7月9日（00UTC））（気象庁提供）

大雨を降らせた例です．7月9日09時には，図 6.30 (a) に示すように，オホーツク海から延びる高圧部は日本海北部に達し，朝鮮半島の低気圧から東に延びる梅雨前線が日本海中部から北陸・東北南部を経て太平洋に延びています．能登半島の北西方の日本海中部には前線の波動（キンク）が見られます．一方，図 6.30 (b) の9日15時には朝鮮半島の低気圧は消滅し，代わって三陸沖に地上低気圧が解析されています．この地上低気圧はその後の同日21時も同様に解析

(a)

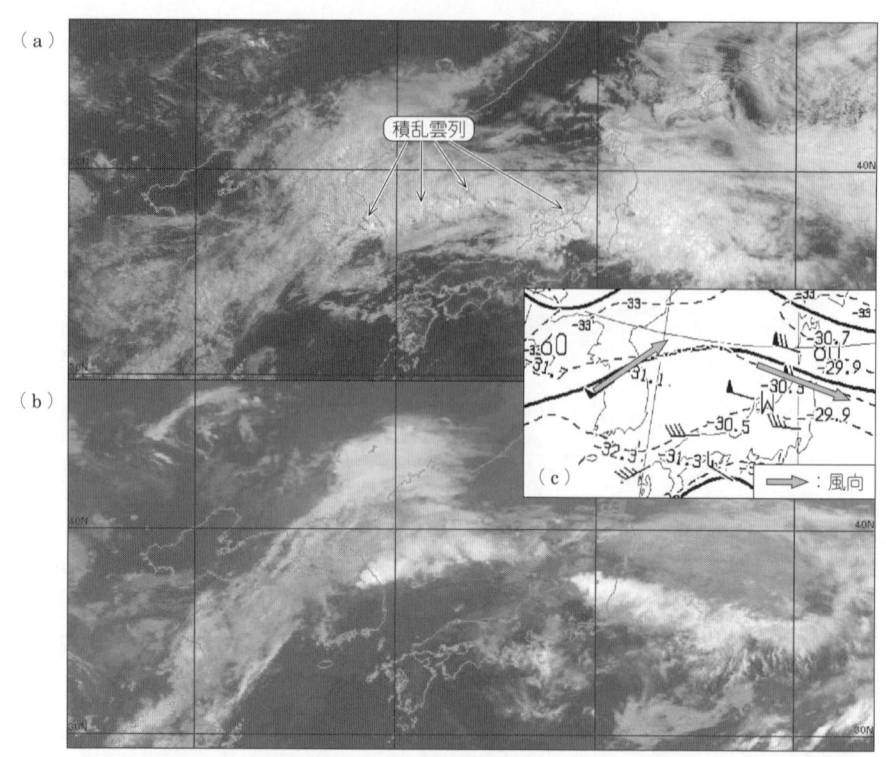

(b)

積乱雲列

(c)

⟶：風向

(a) 可視画像, (b) 赤外画像, (c) 300 hPa 天気図
可視画像では北陸地方から西に延びる積乱雲列が朝鮮半島に達しています．これは可視画像での凹凸の激しい形状と赤外画像で雲頂高度の高い白い雲がその凹凸に対応していることからも言えます．可視画像では，雲頂高度の高い雲は，風上では丸く風下では巻雲系の雲が棚引いていることが，300 hPa 高層天気図との対応でもわかります（詳細本文参照）．

**図 6.31　気象衛星画像と 300 hPa 高層天気図
(2004 年 7 月 9 日 09 時（00UTC）)**（気象庁提供）

され，ゆっくり東に移動しています（図 6.30 (c)）．日本海中部のキンクは，09時のまま持続しています．

地上天気図（図 6.30 (a)）の破線の領域を拡大して図 6.30 (d) に示します．同図によれば，梅雨前線の北側では日本海北部の高気圧の張り出しから北東の冷たい風が吹き，気温は北日本では 22℃程度です．一方，梅雨前線の南では，太平洋高気圧からの南西風でほぼ 25～30℃となっています．前線を挟んだ暖気と寒気の気温差は 5℃程度とみられます．天気は，前線の北側と周辺部では曇り

6.4 大気の状態を読む

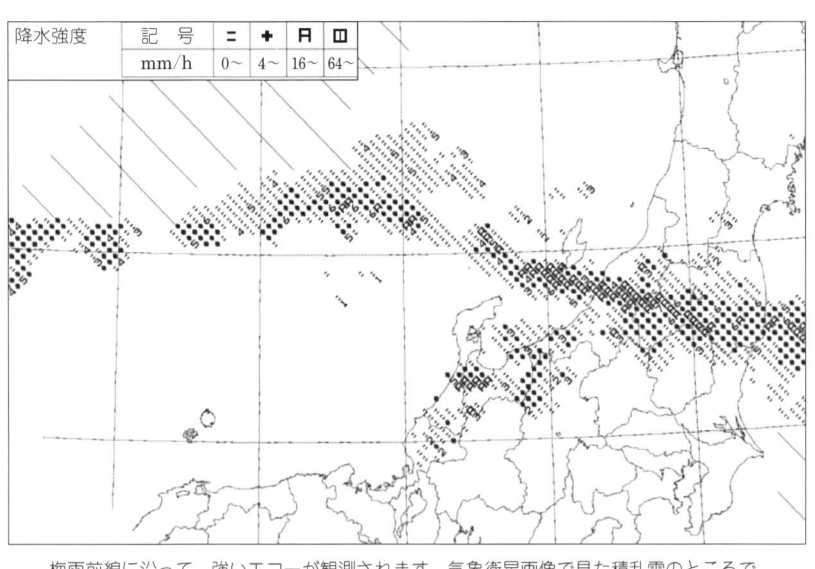

降水強度	記号	=	✦	⊞	⊡
	mm/h	0〜	4〜	16〜	64〜

梅雨前線に沿って，強い工コーが観測されます．気象衛星画像で見た積乱雲のところで，特に強い降水エコーが観測されています．

図 6.32 レーダーエコー合成図（2004 年 7 月 9 日 10 時）（気象庁提供）

や雨で，輪島ではしゅう雨が観測されていますが，南側のところどころで晴れています．

気象衛星画像（**図 6.31**）でみると，中国大陸で北上した雲の帯（雲バンド）は，朝鮮半島南部から日本の北陸〜東北南部に達し，日本の東海上での雲の幅は広くなっています．可視画像（図 6.31 (a)）では，この雲バンドの中，北陸地方から西に延び朝鮮半島南部に達する凹凸の激しい雲列が見られます．この雲列は，可視画像で凸状に白く見える部分は赤外画像（図 6.31 (b)）では白く，雲頂高度が高い雲であることがわかります．気象衛星画像から判断して，本例の雲列は梅雨前線に沿う活発な積乱雲が連なっていることがわかります．北陸地方の大雨はこのような発達した積雲系の雲によってもたらされたのです．これを 300 hPa 天気図（図 6.31 (c)）と可視画像を対応させてみると，雲頂高度の高い雲の風上側では雲の輪郭は明瞭ですが，風下側では雲頂から吹き出す氷晶から成る上層雲が棚引いて雲の輪郭は不明瞭です．

これを，レーダーエコー合成図（**図 6.32**）と対比させてみると，雲の帯に対

(a)

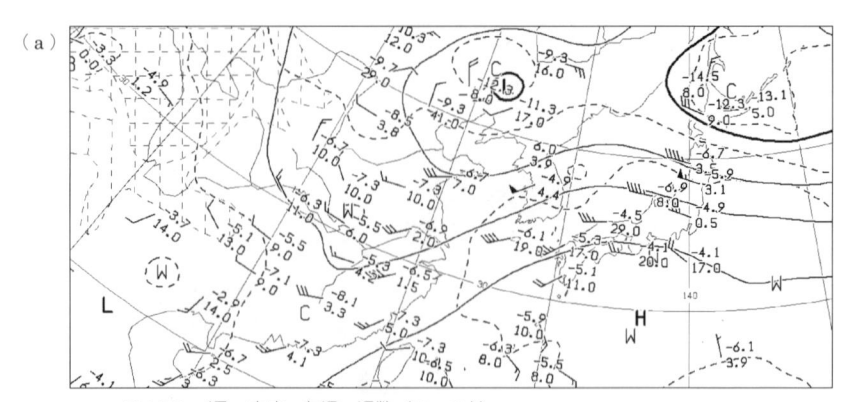

500 hPa（風，高度，気温，湿数（$T-T_d$））
地上天気図に見られる日本海の高気圧に対応する尾根は日本海西部に，また，谷
は日本の東海上と中国大陸に見られます．

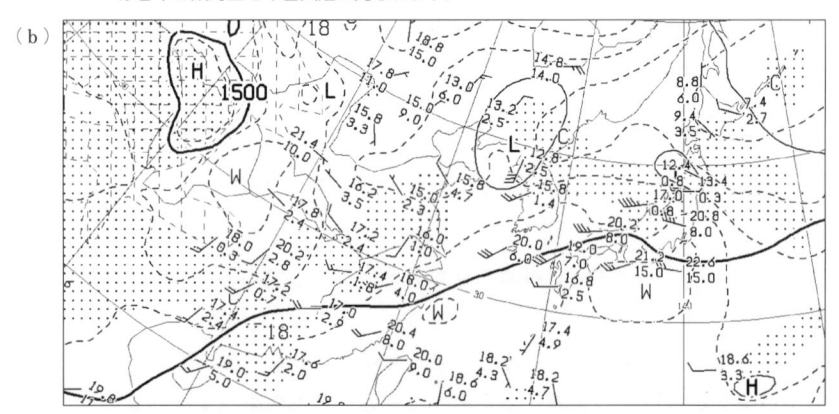

(b)

850 hPa（風，高度，気温，湿数（$T-T_d$））：点彩域は湿数3℃以下
気象衛星画像に見られる雲バンドに対応して湿潤域が見られ，また，その南には
南成分を持つ風が，北側には北成分または東成分の風が吹いています．

図 6.33　高層天気図（2004 年 7 月 9 日 09 時（00UTC））

応して，東北地方南部から西に延び北陸地方を経て日本中部から地方朝鮮半島方面に延びる，強い降水エコーが見られ，ちょうど気象衛星画像で見た積乱雲による雲列に対応しています．特に北陸地方では，強いレーダーエコーが前線の南側にも観測されています．

このような梅雨前線を高層天気図（**図 6.33**）で見ると，500 hPa（図 6.33 (a)）では，日本海の地上高気圧に対応する気圧の尾根が日本海西部にあり，気圧の谷

6.4 大気の状態を読む

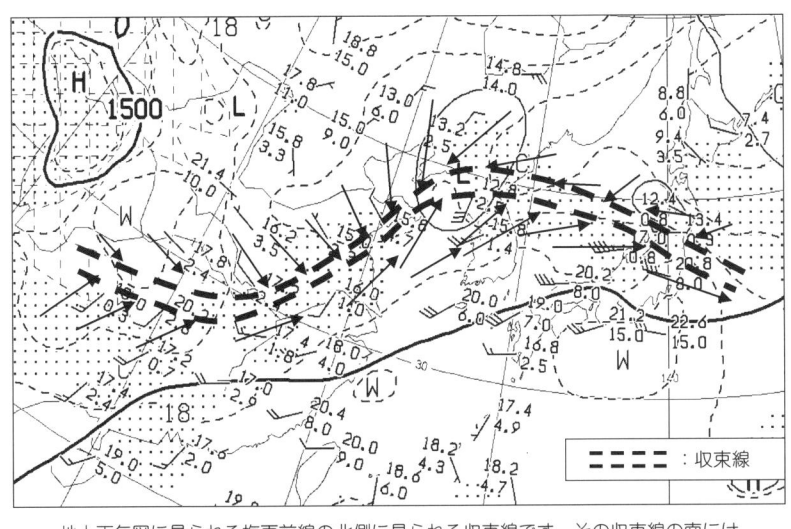

地上天気図に見られる梅雨前線の北側に見られる収束線です．その収束線の南には湿った暖かい空気が，北には冷たい湿った空気が流れ込んでいます．

図 6.34　850 hPa に見られる収束線（2004 年 7 月 9 日 09 時（00UTC））

は渤海の北から南に延びているものと日本の東海上に解析されます．東北地方から朝鮮半島にかけては 50 ノット以上の風速で，気温は $-5 \sim -6$ ℃，湿数（気温と露天温度の差 $= T - T_d$）は 5 ℃以下で比較的湿っています．これを同時刻の 850 hPa（図 6.33 (b)）で見ると，東北地方南部から北陸地方および日本海西部を経て朝鮮半島北部にかけても湿数 3 ℃以下の湿潤域となっており，気象衛星画像（図 6.31）の積雲列に対応しています．これらの地方には，下層から中層まで湿った空気が流入していることがわかります．

850 hPa に見られる 3 ℃以下の湿潤域の近くでは，30 〜 45 ノットの強い南西風が観測されていて，その東側や北側における北や東の成分の弱い風との間に収束線が解析されます（**図 6.34**）．この収束線は地上の梅雨前線の北側にあり，その幅は狭くたかだか 100 km くらいと考えられ，収束線の北側での気温はほぼ 12 〜 18 ℃以下，南側では 16 〜 20 ℃以上の気温となっています．したがって，湿った北成分と南成分の風の収束により，先に見た積乱雲列（図 6.31）が生成されたとも考えられます．

通常，850 hPa でみる梅雨前線は，特に中国大陸から西日本にかけては，風向

や湿度の違い（不連続）として観測されます．このため，気温と湿度の違いで変化する相当温位（$θ_e$）を用いて梅雨前線を解析することがあります．この点は気温差が明瞭な寒帯前線と異なって，梅雨前線の特徴の1つともいえます．

これまでみてきたように，梅雨前線は北と南の高気圧の間にあって，ほぼ日本付近に停滞して南北に移動し，時として大雨を降らせ，河川の増水・堤防の決壊・土砂崩れなどの災害をもたらします．それは梅雨前線の南の高気圧から流れ込む高温湿潤な（高相当温位の）空気が北の高気圧との境界で上昇し，大雨を降らせるからです．

練習問題

問題1
気象衛星画像に関する次の文章のうち，正しい記述の文章を番号で答えなさい．
① 赤外画像で白く見える雲は，雲頂高度が低い雲である．
② 可視画像で白く見える雲は，（光学的に）厚い雲か，あるいは雲粒子の密度が大きい雲である．
③ 水蒸気画像で黒く見える部分は，大気の下層における水蒸気量が多いことをし，白く見える部分は大気の中・上層における水蒸気量が多い部分を表す．
④ 可視画像で白く，赤外画像で濃い灰色の雲は下層雲であり，霧といえる．
⑤ 可視画像では灰色で，赤外画像では白い雲は上層雲としての巻層雲である．

問題2
エマグラム上の状態曲線に関する次の文章のうち，誤った記述のある文章を番号で答えなさい．
① 乾燥断熱減率よりも小さい気温減率を持つ乾燥空気は安定である．
② 乾燥断熱減率よりも大きい気温減率を持つ空気は絶対不安定である．
③ 湿潤断熱減率よりも大きい気温減率を持つ飽和空気は不安定である．
④ 湿潤断熱減率よりも小さい気温減率を持つ空気は絶対安定である．
⑤ 湿潤断熱減率よりも大きく，乾燥断熱減率よりも小さい気温減率を持つ空気は安定である．

問題 3

温帯低気圧について述べた以下の文章のうち，誤った記述のある文章を番号で答えなさい．

① 温帯低気圧の前面では，中心から 100 km 程度離れていても，雲の多い天気となることは稀である．
② 温帯低気圧の周辺域では，通常，風が強く，降水現象が見られる．
③ 温帯低気圧に伴う典型的な寒冷前線の通過に伴って，落雷や突風などの顕著現象が見られることが多く，温暖前線の通過に伴ってそのような顕著現象が見られることは無い．
④ 温帯低気圧の発達に伴い，寒冷前線が温暖前線に追いつき，閉塞前線を伴うようになる．寒冷前線と温暖前線が交差する点を閉塞点という．
⑤ 温帯低気圧が伴う閉塞前線の閉塞点付近では，しばしば，顕著現象が見られることが多い．

問題 4

台風に関する以下の文章のうち，誤った記述のある文章を番号で答えなさい．

① 台風の中心付近での等圧線の形状はほぼ円形であるので，風はその等圧線に沿って吹いている．
② 台風が接近する前であっても，台風に伴う南よりの風が山地を這い上がることによって大雨が降ることがあるので，警戒する必要がある．
③ 発達した典型的な台風の中心付近には，積乱雲の壁に囲まれた眼が見られ，眼の壁では風雨とも最も激しい．
④ 台風の接近・通過に伴い，海上では暴風や高波などに，陸上でも暴風・大雨・土砂災害などに警戒する必要がある．
⑤ 台風の接近・通過に伴って，強風が吹く方角に開けた港などでは，特に，高潮にも警戒が必要である．

メ モ

第7章
気象予報士試験に臨むためのアドバイス

本章について
　本章では，過去の気象予報士試験の出題傾向を分析し，受験対策を進める際の重点の置き方を述べていきます．これから受験対策をはじめ，さらにステップアップして，晴れて合格するまでの道しるべとしてほしいと思います．

7.1 気象予報士試験とは

　すでに第0章でも述べたように，気象予報士試験は「気象現象の予測を的確に行うに足る能力をもつことを認定するために行う」もので，「気象予報士の業務に必要な知識および技能について行う（気象業務法 第24条の二第2項）」ことになっています．具体的には，(財)気象業務支援センター資料を参考にすると，以下に述べる知識と技能を試すことを目的としています．
① 今後の技術革新に対処しうるように必要な気象学の基礎的知識
② 各種データを適切に処理し科学的な予測を行う知識と能力
③ 予測情報を提供するに不可欠な防災上の配慮を的確に行うための知識と能力

　①～③までをまとめると，「気象予報を行うために，基礎な知識といろいろな気象資料の内容を把握してそれを利用できる技能を試したり，どのような激しい現象が予想されるか，それによって予想される気象災害と防災対応には，どのようなものがあるか」などの判断力が試されるのが気象予報士試験です．また，気象庁が示した試験科目と出題の範囲（表7.1）を見ると，気象学と気象技術，気象(予報)業務，気象業務関連法令などかなり多岐にわたるので，部分的に深く勉強するよりも，広く，適度な深さで知識や技術を身につけておいた方が有利です．

　第0章でも述べたように，気象予報士試験は「学科試験」と「実技試験」に分けて行われます．学科試験は，さらに「気象学の基礎（予報業務に関する一般知識　以下，一般知識と呼ぶ）」と「気象予測の基礎（予報業務に関する専門知識　以下，専門門知識と呼ぶ）」に分けて受験者の知識が試されます．実技試験では，気象庁の予報の現場で用いられる資料をもとに，気象災害をもたらすような気象現象に対する学問的な理解を試したり，気象の変化を推測するために，実際の予報作業を行わせたりして，受験者の実践能力が判断されます．

　採点は，最初に「学科試験」を行い，一般知識と専門知識の両方が合格点に達した人についてのみ「実技試験」の採点がなされます．ただし，「学科試験」に一度合格すると，その科目については1年間有効です．例えば，「学科試験」の「一般知識」と「専門知識」の両方に合格して「実技試験」に失敗した人がいた

表 7.1 学科試験と実技試験の試験科目 (2000 年 9 月 1 日:気象庁)

試　験	学科試験と実技試験の試験科目		
学科試験	(1) 予報業務に関する一般知識	イ ロ ハ ニ ホ ヘ ト チ	大気の構造 大気の熱力学 降水過程 大気における放射 大気の力学 気象現象 気候の変動 気象業務法その他の気象業務に関する法規
	(2) 予報業務に関する専門知識	イ ロ ハ ニ ホ ヘ ト チ リ	観測の成果の利用 数値予報 短期予報・中期予報 長期予報 局地予報 短時間予報 気象災害 予想の精度の評価 気象の予想の応用
実技試験	(1) 気象概況及びその変動の把握		
	(2) 局地的な気象の予報		
	(3) 台風等緊急時における対応		

とすれば，その人は，後の1年間は，学科試験は免除され「実技試験」のみに専念して挑戦できます．

　このような気象予報士試験の採点方式からすると，気象予報士試験の「合格」へのステップは，まず「学科試験」に合格することを目指し，その知識をもとに予報作業の知識と技術を習得して「実技試験」に合格する，といった心構えで望むことが良いと考えます．近年，インターネットが普及するにつれて，観測方法の改善，予報業務のレベルアップなどの学科試験に関する事項，および実技試験に関連するアメダス（地域気象観測システム）資料や気象衛星による可視・赤外・水蒸気の各チャネルで観測した画像などは，気象庁のホームページ上でも提供されるようになりました．このようにインターネットを活用することによって，学科・実技試験に関する最新の知識や技術の習得が便利に行えるようになってきています．

　以下に，気象予報士試験の準備のための心構えや，知識や技術を習得するための具体的な対策を述べます．

7.2 学科試験の傾向と対策

　一般知識と専門知識からなる「学科試験」は，基本的には多岐選択方式で，設問に対するいくつかの記述を示し，その中から正しい記述や誤った記述を判断し，それを解答する方式です．最近では，いくつかの記述があって，その中で正しい記述あるいは誤った記述はいくつかを答えたり，正誤の組合せを選択したりする形式の問題が目立ちます．出題形式に工夫を凝らして，偶然の正解を防ぐ工夫をしていることがうかがえます．

　「学科試験」における出題内容を表 **7.2** に示します．その「学科試験」では，一般知識・専門知識各 15 問を，それぞれ 60 分で解きます．平均すると 1 問当り 4 分しか時間がないので，正確な知識と的確な判断が要求されます．

〔1〕一般知識のポイント

　「一般知識」では，法令を除けば，気象学に関する広い範囲にわたって（ほぼすべての試験科目から）出題されるので，気象学の基礎を一通り勉強しておくことが必要です．特に，地球大気の性質としての「鉛直構造」，「熱力学」，「降水過程」，「大気力学の基礎」，「大規模場な大気の運動」，「気候変動」は出題されやすく，また最近では，地球の温暖化に関連する知識も問われているので，新しい気象の用語などについても気を配り，知識として身に付けておきたいものです．重点は「熱力学」と「大気力学の基礎」です．

　過去の出題では，「気象の知識」が約 10 問，「関連法規」が約 5 問の割合です．このような配分は，第 1 回の気象予報士試験から基本的に継続されており，時により多少変化しますが，これは今後も特に変わらないと考えます．「関連法規」に関する問題は，学科試験 30 問中に約 5 問も出題されるので，「関連法規」の問題でも有効に得点する必要があります．

　「一般知識」に関していえば，気象（学）の知識を広げたり深めたりするための特効薬はないので，多少時間がかかっても，じっくりと勉強するほかはないと思われます．特に，基礎的な事項を体系的に勉強するように心掛けることが大切

表 7.2　学科試験の試験科目とその概要 (2000 年 9 月 1 日：気象庁)

試験科目			試験科目の概要
(1) 予報業務に関する一般知識	イ	大気の構造	地球・惑星の大気及び海洋の基本的な特徴と構造等
	ロ	大気の熱力学	理想気体の状態方程式，大気中の水分の相変化及び大気の鉛直安定度等
	ハ	降水過程	雨粒・氷晶等の生成と成長などのメカニズム等
	ニ	大気における放射	太陽放射，太陽放射の吸収・反射・散乱等の過程及び地球大気の熱収支や温室効果等
	ホ	大気の力学	大気の運動を支配する力学法則，質量保存則，コリオリ力，地衡風及び大気境界層の性質等
	ヘ	気象現象	様々な時間・空間スケールの現象 (地球規模の大規模運動，温帯低気圧，台風，中規模対流系等) の構造と発生・発達のメカニズム等
	ト	気候の変動	地球温暖化等の気候変動に対する温室効果ガスの増加，火山噴火，海洋の影響等
	チ	気象業務法その他の気象業務に関する法規	民間における気象業務に関連する法律知識 (気象業務法及び災害対策基本法その他関連法令) 等
(2) 予報業務に関する専門知識	イ	観測の成果の利用	各種気象観測 (地上気象，高層気象，気象レーダー，気象衛星等) の内容及び結果の利用法等
	ロ	数値予報	数値予報資料を利用するうえで必要な数値予報の原理，予測可能性，プロダクトの利用法等
	ハ	短期予報・中期予報	短期予報・中期予報を行ううえで着目する気象現象の把握，予報に必要な各種気象資料の利用方法等
	ニ	長期予報	長期予報を行ううえで着目する気象現象の把握，予報に必要な各種気象資料の利用方法等
	ホ	局地予報	局地予報を行ううえで着目する気象現象の把握，予報に必要な各種気象資料の利用方法等
	ヘ	短時間予報	短時間予報を行ううえで着目する気象現象の把握，予報に必要な各種気象資料の利用方法等
	ト	気象災害	気象災害の概要の注意報・警報等の防災気象情報
	チ	予想の精度の評価	天気予報が対象とする予報要素に応じた精度評価の手法等
	リ	気象の予想の応用	交通，産業等の利用目的に応じた気象情報の作成手法等

で，基礎的な知識を少しずつ深めるのがよいと考えます．なお，1つのことに興味がわいてその知識を深めることになれば，それを核にして興味の範囲が次第に広がり，試験対策よりも上の水準にまで達することが考えられますが，そのような状況になれば，はじめの目標以上に喜ばしい状況といえます．

「関連法規」では，「気象業務法」と「災害対策基本法」の知識に関する出題が多く，あとは「警報やその他の防災情報」に関する気象（予報）業務の実際面についての問題です．

気象業務にかかわる問題としては，気象業務法の目的や概要などのほかに，気象庁が行う観測や予報業務や防災に関する警報の発表など，実際の業務面についても出題されます．また，気象業務法の範囲に入る気象予報士制度に関して，許可の要件に関することなどが出題されています．災害対策基本法に関しては，これまでに発見者通報制度や予報警報の伝達・避難などについて，また消防法や水防法に関しては，洪水予報や火災警報の目的などについて出題されています．

そのような「関連法規」に関する勉強は，気象業務に関する「法令」をよく読むことが大切です．しかし，特に法令の条文そのものを丸暗記する必要はなく，それぞれの条文がどんな主旨で書かれていて，その背景にある考え方が何であるかをよく理解することが最も大切です．また，予報業務の実際に関しては，日常的に関心を持つことと，過去の問題に関する解説をよく読むことにより，例えば，防災気象情報がどんな時に発表され，どんな経路で伝達されるのかなどを理解することができます．

〔2〕 専門知識のポイント

気象予測の基礎としての「専門知識」では，大気がどのような状態になっているかを知るための観測（実況）や解析図（天気図），大気状態が将来どのように変化していくかなどを知るための数値予報やガイダンスはどのように作られるか，どのように見ればよいか，どのように利用すればよいか，さらに総観規模やメソスケール（中小規模）の気象擾乱の特性などについて，さまざまな角度から知識が試されます．

このため，地上気象観測（レーダーやアメダスを含む）や高層気象観測（ラジオゾンデやウィンドプロファイラなど），および気象衛星観測による資料の取得方法やその原理，種々の気象現象が天気図や数値予報図でどのように表されるの

か，数値予報はどんな原理に基づいているのか，降水短時間予報はどのような手順で作成されるのか，予報の成績はどのようにして評価されるのか，気象災害にはどんな種類があるのか，など多岐にわたるので，専門的な広い知識がなければなりません．つまり，学科知識が実技試験の裏づけになるわけです．

これまでの試験では，気象の観測に関する問題が4問，大きなスケールの現象に関することや数値予報に関する問題で6問，降水確率，降水短時間予報，予報の精度評価，防災気象情報，気象災害の概要，長期予報などで合計5問といった出題配分が多く見られます．

気象観測では出題される範囲が比較的限定されていて，観測の方法や測定誤差などが多く出題される傾向にあります．降水短時間予報では作成の手順やレーダー・アメダス解析雨量図との関連についての問題，降水確率ではその意味を問う問題が多く，予報の精度評価では分割表を用いたスコアや降水確率の精度評価が出題されています．この種の問題については，過去の問題をおさらいすることも効果的な勉強法の1つと考えられますが，特に参考書や解説書をよく読み問題自身に関する知識を確かなものにし，それにかかわる周辺の知識にも広げておくと体系的に知識の習得ができるので最も有利な学習方法といえます．その場合，最近の過去問から遡って行くのが良いでしょう．

総観気象や数値予報に関する問題では，温帯低気圧に関する傾圧不安定や台風の構造，エマグラム上の状態曲線から大気状態を判断する問題など，大気の熱的な特徴が断熱図（エマグラム）でどのように表されるか，また数値予報に関する知識を試すために，予測計算手順を含めてその原理をどの程度知っているかを問う問題など，基礎的な知識が具体的に試されるといえます．また，海陸風などの局地的な現象に関する問題もあります．したがって，「気象学の基礎（一般的な知識）」に含まれる地球大気の性質や運動などの基本的な知識とも密接にかかわるので，天気図やエマグラムおよび数値予報図などの各種天気図類に表現されたさまざまな規模の気象現象を，解説書などでじっくりと納得のいくまで勉強することが第一です．日常的には，新聞の天気図で大気状態と気圧配置との関係を少しずつでも理解するよう努力することも大切です．

防災関連では，気象災害はどんな気象状況のときに発生するか，警報はどんな場合に発表されるか，そのような防災気象情報はどのように伝達されるかなどについて出題されます．したがって，気象災害の種類，警報や気象情報などの防災

気象情報の種類と発表のタイミング，およびそれらの伝達などについて，参考書などで知っておく必要があります．防災に関する気象業務は「一般知識」における「関連法令」ともかかわるので，そのことも頭に入れて勉強する必要があります．

長期予報関連の設問は，その導入以降毎回1問出題されていますが，これまでのところ予報法そのものでなく，背景となる気象の長期変動の総観的知識を問うタイプの問題が出題されています．

7.3 実技試験の傾向と対策

「実技試験」では，まず主テーマが何であるかを判断しなければなりません．これまでの10年余りの実技試験の主テーマとしては，温帯低気圧が約60％，台風が約20％，寒冷渦（寒冷低気圧）が約10％で，その他梅雨前線（とそれに伴う大雨），北東気流などが約10％となっています．次に，主テーマのストーリー展開があります．そのストーリーに沿って，予報作業で日常的に用いられる観測（実況）・解析・予想に関する資料を用いて，前線の位置を決めたり温帯低気圧が発達するかどうかを判断したり，警戒しなければならない気象現象を予想したりして，その結果を文章で答える問題が主です．問題の中には，風や気温に関して計算する基礎的な問題が含まれることもあります．ここで注意してほしいことがあります．気象予報士に期待されている能力は，気象庁の予報官と同じ仕事をすることではなく，気象資料や予想資料，および気象庁が発表した天気予報や各種の防災気象情報などをかみくだいて，一般の利用者（ユーザ）に使いやすく役立つ形で提供するとともに，防災上も貢献できる「応用力」も備えることです．したがって，実技試験の問題もそのような観点から出題されています（**表 7.3**）．

出題の対象となるのは，先に述べた主な気象現象，すなわち日本に天気変化をもたらす温帯低気圧，台風，寒冷低気圧（ポーラーローを含む），梅雨前線，西高東低の冬型の気圧配置や北東気流などについて，その「構造」を解析するなど実践的な力が試されます．加えて，数値予報図を用いて「発達・衰弱」の判断を

表 7.3　実技試験の科目と概要 (2000 年 9 月 1 日：気象庁)

実技試験の科目	実技試験の科目の概要
(1) 気象概況及びその変動の把握	実況天気図や予想天気図等の資料を用いた，気象概況，今後の推移，特に注目される現象についての予想上の着眼点等．
(2) 局地的な気象予報	予報利用者の求めに応じて局地的な気象予報を実施するうえで必要な，予想資料等を用いた解析・予想の手順等．
(3) 台風等緊急時における対応	台風の接近等，災害の発生が予想される場合に，気象庁が発表する警報等と自らの発表する予報等の整合を図るために注目すべき事項等．

してその根拠を記述したり，「顕著現象（大雨や大雪など）」が発生する気象状況に関する知識なども問われます．また，天気予報を実際に考えさせて「実践的な能力」を評価する問題も出されます．これらの設問は，ストーリー展開に沿って出題されており，その意味で各問題間の関連性が高いといえます．

　それらの問題を解くには，現象をよく知る必要があります．出題されるのは典型的な例ですから，出題されやすい温帯低気圧・寒冷低気圧・台風などの立体構造やそれに伴う気象現象や気象変化・天気変化などについての一般的な知識を知っておく必要があります．しかし，気象予報士試験では，ある特定な日の現象に関する天気図や数値予報図が出題されるので，擾乱の典型的な構造を十分に知ったうえで，実際に，それらがどのようにそれから偏っているのかについても十分に把握して解答しなければなりません．それには問題文をよく読み，題意を的確に把握する能力を身につけることが大切です．そのためには，基礎的な力をしっかりと付けておくことが必須です．

　気象予報士試験に出題される気象資料は，最近では（株）ハレックスの気象情報サービスのような，一般の民間気象会社や気象庁のホームページなどで入手しやすくなりましたが，まだ一般的とまではいえないように思います．したがって，はじめのうちは量をこなすのではなく，実際に出題された問題や参考書など，手元にある実際例をじっくりと検討して資料に慣れておくこと，および納得できるまで十分に理解することも大切です

　実際の現象は，典型的な例から外れた部分も多いので，わからなくなったら基礎的な本を読み返して現象を理解するなどを繰り返しながら，理解の度合いを深めていくとよいと思います．学科試験とは異なり，現象をある程度深く理解して

いないと，試験の最中に応用が利かなくなることがあります．なぜなら，問題として出された温帯低気圧は，過去に勉強した温帯低気圧と同じものが出題されることはないと考えるのが普通だからです．典型的な例を十分に理解しておくと，それから異なっている部分がどのあたりなのかがわかるようになるので，勉強したのと同じ温帯低気圧が出題されなくても，同じように対処できるようになります．

出題される天気図や数値予報図などは，特に「専門知識」で要求される種々の知識が具体的な図として表現されます．それらの図から，傾圧大気や傾圧不安定波の特徴や構造などがどのように表されているかを読み取る訓練も必要です．一方，実技試験で出題される計算問題は，地衡風や傾度風の関係式や温度移流などに関することが出題されるので，学科試験に受かった後であっても，学科試験に関連する事項に関して手を抜くことはできません．

最近の傾向としては，気象現象に関して基礎的な気象の知識を応用してその理解度を試す設問が増えていることが注目されます．また，学科試験の出題形式では知識を問うには十分ではないこともあるのか，学科試験の延長線上にあるような設問も見られます．最近の観測技術や予想技術の進歩に伴う気象庁のプロダクトも，順次，出題される傾向にあるので，気象庁のホームページなどに，常に気を配って見ておく必要があると思います．

最後に 2002 年 5 月 17 日に（財）気象業務支援センターより発表された合格基準（**表7.4**）をみてください．各試験とも 7 割以上の正解率を求められているので，本書を手始めにしっかりとした準備を行ってください．

表7.4　合格基準（2002 年 5 月 17 日：（財）気象業務支援センター）

学科試験（予報業務に関する一般知識）	15 問中正解が 11 以上
学科試験（予報業務に関する専門知識）	15 問中正解が 11 以上
実技試験	総得点が満点の 70%以上

＊ただし，平均点により調整する場合があります．
＊（財）気象業務支援センターでは，合否および試験の採点結果に関する照会を受け付けておりません．

付録

1 数式に慣れよう
数値予報で使用されている主な式

ここでは，数式になじんでもらうために数値予報で使用する主な式に限って紹介します．これらの数式のもつ意味や適用の仕方については次のステップで勉強してください（＜　＞は本文中の章節）．

次の6つの方程式（◎印）は現在数値予報に使われている基礎方程式で，全体としてプリミティブ方程式と呼ばれています．プリミティブというのは，「省略していない」，「原型的な」という意味です．最近は，さらに一般的な数式も使われています．

全体を通して使われる記号は次のとおりです

x, y, z：直交座標系の原点からの距離

p：気圧　　　　p_0：1 000 hPa

t：時間

u, v, w：それぞれ x, y, z 方向の速度，$u = \dfrac{dx}{dt}$，$v = \dfrac{dy}{dt}$，$w = \dfrac{dz}{dt}$

鉛直 p 速度：$\omega = \dfrac{dp}{dt}$

ρ：密度

α：比容（$\alpha = 1/\rho$）

q：水蒸気量

温位：$\theta = T\left(\dfrac{p_0}{p}\right)^{R/c_p}$　　＜3.3節〔5〕温位と相当温位＞

R：気体定数　　　　g：重力の加速度（9.80 m/s^2）

c_p：定圧比熱　　　Ω：地球回転角速度（7.3×10^{-5} s^{-1}）

c_v：定積比熱　　　ϕ：緯度

◎鉛直方向の運動方程式（大規模運動の場合）

＜3.3節〔1〕基本的な物理法則等　参照＞

（意味）ニュートンの運動の第2法則「力＝質量×加速度」を鉛直方向に適用し，卓越する2つの力が釣り合うとしたものです．

$$-\frac{1}{\rho}\frac{\partial p}{\partial z} = g \quad （静力学の式）$$

- $-\frac{1}{\rho}\frac{\partial p}{\partial z}$：鉛直方向の気圧傾度力
- g：重力

この式は，鉛直スケールが水平スケールに対してはるかに小さい現象について成立します．変形すると次の式が得られます．

$$\omega = w\frac{\partial p}{\partial z}$$

この式は，x-y-z系とx-y-p系の関係を示すので，x-y-z系とx-y-p系の変換に用います．

メソスケールの現象に対するメソ数値予報モデル（MSM）は，非静力学モデルなので，静力学の式ではなく一般的な鉛直方向の運動方程式（省略）を用います．

◎水平方向の運動方程式　＜3.4節〔1〕大気に働く力　参照＞

（意味）ニュートンの運動の第2法則「力＝質量×加速度」を水平方向に適用したものです．

x-y-z座標系

$$\frac{\partial u}{\partial t} = -u\frac{\partial u}{\partial x} - v\frac{\partial u}{\partial y} - w\frac{\partial u}{\partial z} + 2\Omega\sin\phi\cdot v - \frac{1}{\rho}\frac{\partial p}{\partial x} + F_x$$

- $\frac{\partial u}{\partial t}$：固定点で見たx方向の加速度
- 速度移流
- コリオリ力
- 水平気圧傾度力
- 摩擦力

$$\frac{\partial v}{\partial t} = -u\frac{\partial v}{\partial x} - v\frac{\partial v}{\partial y} - w\frac{\partial v}{\partial z} - 2\Omega\sin\phi\cdot u - \frac{1}{\rho}\frac{\partial p}{\partial y} + F_y$$

- $\frac{\partial v}{\partial t}$：固定点で見たy方向の加速度
- 速度移流
- コリオリ力
- 水平気圧傾度力
- 摩擦力

x-y-p座標系（各項の意味はx-y-z座標系に準じます）

$$\frac{\partial u}{\partial t} = -u\frac{\partial u}{\partial x} - v\frac{\partial u}{\partial y} - \omega\frac{\partial u}{\partial p} + 2\Omega\sin\phi\cdot v - g\frac{\partial z}{\partial x} + F_x$$

$$\frac{\partial v}{\partial t} = -u\frac{\partial v}{\partial x} - v\frac{\partial v}{\partial y} - \omega\frac{\partial v}{\partial p} - 2\Omega\sin\phi \cdot u - g\frac{\partial z}{\partial y} + F_y$$

◎**連続の式** ＜3.4節〔4〕収束・発散，上昇流，渦度　参照＞
（意味）この式は，空気の質量が保存されるという内容を表しています．

*x-y-z*座標系

$$\underbrace{\frac{\partial \rho}{\partial t}}_{\text{固定点で見た密度の時間変化}} = \underbrace{-u\frac{\partial \rho}{\partial x} - v\frac{\partial \rho}{\partial y} - w\frac{\partial \rho}{\partial z}}_{\text{密度の移流}} \underbrace{-\rho\left(\frac{\partial u}{\partial x} + \frac{\partial v}{\partial y} + \frac{\partial w}{\partial z}\right)}_{\text{収束・発散による密度変化}}$$

*x-y-p*座標系

$$\underbrace{\frac{\partial u}{\partial x} + \frac{\partial v}{\partial y} + \frac{\partial \omega}{\partial p}}_{\text{収束・発散}} = 0$$

連続の式を *x-y-p* 座標系で表すと非常に簡単な形になります．ここにもこの座標系の優れた点が見られます．なお，それは静力学の式からそうなるのであって，けっして密度 ρ を一定としたわけではないので，誤解をしないように注意してください．

◎**水蒸気の輸送方程式** ＜3.3節〔2〕大気中の水蒸気　参照＞
（意味）この式は，水蒸気量 q は保存される（蒸発と降水があれば，その差になる）という内容を表しています．

*x-y-z*座標系

$$\underbrace{\frac{\partial q}{\partial t}}_{\substack{\text{固定点で見た}\\\text{水蒸気の時間変化}}} = \underbrace{-u\frac{\partial q}{\partial x} - v\frac{\partial q}{\partial y} - w\frac{\partial q}{\partial z}}_{\text{水蒸気の移流}} + \underbrace{E}_{\text{蒸発量}} - \underbrace{P}_{\text{降水量}}$$

*x-y-p*座標系（各項の意味は *x-y-z* 座標系に準じます）

$$\frac{\partial q}{\partial t} = -u\frac{\partial q}{\partial x} - v\frac{\partial q}{\partial y} - \omega\frac{\partial q}{\partial p} + E - P$$

◎熱力学方程式 ＜3.3節〔1〕基本的な物理法則等　参照＞

（意味）　熱力学の第1法則「外から加えられた熱量＝空気塊のする仕事＋内部エネルギーの増加（温度上昇）」を時間変化の式として表したものです．

x-y-z 座標系

$$c_v \underbrace{\frac{dT}{dt}}_{\substack{気温時間\\変化}} + \underbrace{p \frac{d\alpha}{dt}}_{\substack{空気塊の仕事\\の時間変化}} = \underbrace{\frac{dQ}{dt}}_{\substack{地表面からの加熱や放射冷却など\\非断熱過程に伴う熱量の時間変化}}$$

あるいは，

$$c_p \frac{dT}{dt} - \alpha \frac{dp}{dt} = \frac{dQ}{dt}$$

ここに，x-y-z 座標系で

$$\frac{d(\ )}{dt} = \frac{\partial(\ )}{\partial t} + u\frac{\partial(\ )}{\partial x} + v\frac{\partial(\ )}{\partial y} + w\frac{\partial(\ )}{\partial z}$$

x-y-p 座標系（熱力学方程式の形は，x-y-z 座標系で示した最初の2つと同じ）

$$\frac{d(\ )}{dt} = \frac{\partial(\ )}{\partial t} + u\frac{\partial(\ )}{\partial x} + v\frac{\partial(\ )}{\partial y} + w\frac{\partial(\ )}{\partial p}$$

◎気体の状態方程式 ＜3.3節〔1〕基本的な物理法則等　参照＞

（意味）「気圧は密度×気温（絶対温度）に比例する」というボイル・シャルルの法則を表したものです．

$$p = \rho RT$$

参考文献

二宮洸三：気象がわかる数式入門，オーム社（2006）
気象庁予報部：数値予報の基礎知識—数値予報の実際—，気象業務支援センター（1995）
二宮洸三：数値予報の基礎知識，オーム社（2004）

2 天気図記入形式（地上・高層）

◎高層天気図記入形式（国際式）

図1 高層天気図の記入形式

図2 高層天気図の記入例
- 風向風速（NW 85 kt）
- 高度（5 420 m）
- 気温（−35.3℃）
- 湿数（18.0℃）

◎地上天気図記入形式（国際式）

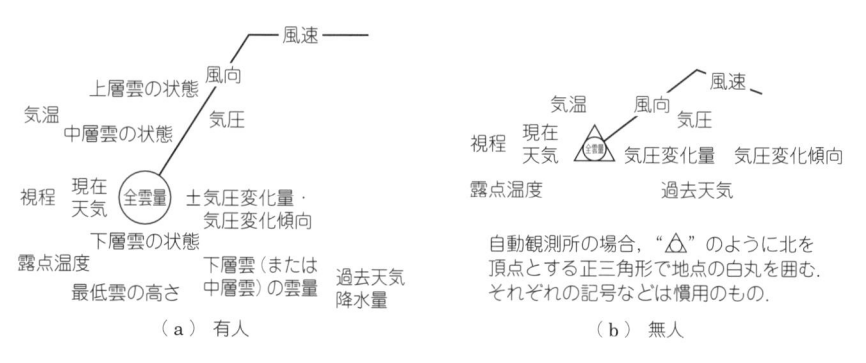

（a）有人

（b）無人

自動観測所の場合，"△" のように北を頂点とする正三角形で地点の白丸を囲む．それぞれの記号などは慣用のもの．

図1 国際式の記入形式
国際的に定められた通報式に基づく有人（a）と無人（b）の地上気象観測結果を地上天気図の各観測地点に記入する形式

雲量（10分量）	なし	1以下	2〜3	4	5	6	7〜8	9〜10⁻	10（隙間なし）	天空不明	観測しない
雲量（8分量）	なし	1以下	2	3	4	5	6	7	8	同上	同上
N	○	◓	◔	◐	◑	◒	◓	●	●	⊗	⊖

図2 雲量の表示
雲量10分量と8分量の対比と全雲量の場合の記号．雲量10分量は地上気象観測に用いられ，雲量8分量は国際的に用いられ，天気図等に記入される．

付録 2 天気図記入形式（地上・高層）

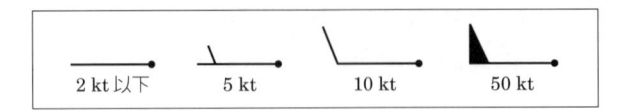

図3 風速の表示記号
風速の表示と風速（国際式）
（2 kt以下、5 kt、10 kt、50 kt）

符号	a
0	+/
1	+/
2	+
3	+/
4	
5	-\
6	-\
7	-
8	-\
9	

図4 気圧変化傾向を示す記号

C_L	C_M	C_H	コード	C_L	C_M	C_H
			0	Sc, St Cu, Cb なし	Ac, As Ns なし	Ci, Cc Cs なし
⌒	∠	⌒	1	Cu	As	Ci
⌒	≰	⌒	2		As または Ns	
⌒	⌣	⌒	3	Cb (無毛)		
⌒	6	∕	4	Sc	Ac	Ci と Cs
⌣	⌒	2	5			
—	⌢	2	6	St		
---	⌢	2⌒	7	悪天候下のCu·St		Cs
⌒	M	2⌒	8	Cu と Sc		
⌒	6	2⌒	9	Cb (多毛)		Cc
(a)				(b)		

St：層雲　　As：高層雲　　Cs：巻層雲
Sc：層積雲　Ac：高積雲　　Cc：巻積雲
Cu：積雲　　Ns：乱層雲　　Ci：巻雲
Cb：積乱雲

図5 上層雲（C_H），中層雲（C_M），下層雲（C_L）の状態を表すコード（0～9）と，そのコードに対応するそれぞれの記号（a）およびその意味（b）を表す図

VV（コード）	km（距離）	VV（コード）	km（距離）	VV（コード）	km（距離）
00	<0.1	34	3.4	68	18
01	0.1	35	3.5	69	19
02	0.2	36	3.6	70	20
03	0.3	37	3.7	71	21
04	0.4	38	3.8	72	22
05	0.5	39	3.9	73	23
06	0.6	40	4	74	24
07	0.7	41	4.1	75	25
08	0.8	42	4.2	76	26
09	0.9	43	4.3	77	27
10	1	44	4.4	78	28
11	1.1	45	4.5	79	29
12	1.2	46	4.6	80	30
13	1.3	47	4.7	81	35
14	1.4	48	4.8	82	40
15	1.5	49	4.9	83	45
16	1.6	50	5	84	50
17	1.7	51		85	55
18	1.8	52		86	60
19	1.9	53	使用しない	87	65
20	2	54		88	70
21	2.1	55		89	>70
22	2.2	56	6	90	0.05
23	2.3	57	7	91	0.1
24	2.4	58	8	92	0.2
25	2.5	59	9	93	0.5
26	2.6	60	10	94	1
27	2.7	61	11	95	2
28	2.8	62	12	96	4
29	2.9	63	13	97	10
30	3	64	14	98	20
31	3.1	65	15	99	≧50
32	3.2	66	16	//	観測しない
33	3.3	67	17		

図6　視程を表すコード（**VV**）と距離（**km**）の対応表

212　付録　2　天気図記入形式（地上・高層）

WW	0	1	2	3	4	5
00～19 観測時または観測時前1時間内（ただし09,17を除く）に降水、霧、氷霧（11,12を除く）、砂じんあらしまたは地ふぶきがない．	00 観測時間内の雲の変化不明．	01 前1時間内に雲消散中または発達がにぶる．	02 前1時間内に空模様全般に変化がない．	03 前1時間内に雲発生中または発達中．	04 煙のため視程が悪い．	05 煙霧
	10 もやあり．	11 地霧または低い氷霧が散在している（眼の高さ以下）．	12 地霧または低い氷霧が連続している（眼の高さ以下）．	13 電光は見えるが雷鳴は聞えない．	14 視界内に降水があるが地面または海面に達していない．	15 視界内に降水，観測所から遠く5km以上あり．
20～29 観測時前1時間内に観測所に霧、氷霧、降水雷電があったが観測時にはない．	20 霧雨または霧雪があった．しゅう雨性ではない．	21 雨があった．しゅう雨性ではない．	22 雪があった．しゅう雪性ではない．	23 みぞれまたは凍雨があった．しゅう雨性ではない．	24 着氷性の雨または霧雨があった．しゅう雨性ではない．	25 しゅう雨があった．
30～39 砂じんあらし、地ふぶきあり．	30 弱または並の砂じんあらし，1時間内にうすくなった．	31 弱または並の砂じんあらし，前1時間内変化がない．	32 弱または並の砂じんあらし，始まったまたはこくなった．	33 強い砂じんあらし，前1時間内にうすくなった．	34 強い砂じんあらし，前1時間内変化がない．	35 強い砂じんあらし，前1時間内に始まった，またはこくなった．
40～49 観測時に霧または氷霧あり．	40 遠方の霧または氷霧，前1時間内観測所にはない．	41 霧または氷霧が散在する．	42 霧または氷霧，空を透視できる，前1時間内にうすくなった．	43 霧または氷霧，空を透視できない，前1時間内にうすくなった．	44 霧または氷霧，空を透視できる，前1時間内変化がない．	45 霧または氷霧，空を透視できない，前1時間内変化がない．
50～59 観測時に観測所に霧雨あり．	50 弱い霧雨，前1時間内に止み間があった．	51 弱い霧雨，前1時間内に止み間がなかった．	52 並の霧雨，前1時間内に止み間があった．	53 並の霧雨，前1時間内に止み間がなかった．	54 強い霧雨，前1時間内に止み間があった．	55 強い霧雨，前1時間内に止み間がなかった．
60～69 観測時に観測所に雨あり．	60 弱い雨，前1時間内に止み間があった．	61 弱い雨，前1時間内に止み間がなかった．	62 並の雨，前1時間内に止み間があった．	63 並の雨，前1時間内に止み間がなかった．	64 強い雨，前1時間内に止み間があった．	65 強い雨，前1時間内に止み間がなかった．
70～79 観測時に観測所にしゅう雨性でない固体降水あり．	70 弱い雪，前1時間内に止み間があった．	71 弱い雪，前1時間内に止み間がなかった．	72 並の雪，前1時間内に止み間があった．	73 並の雪，前1時間内に止み間がなかった．	74 強い雪，前1時間内に止み間があった．	75 強い雪，前1時間内に止み間がなかった．
80～89 観測時に観測所にしゅう雨性降水などあり．	80 弱いしゅう雨あり．	81 並または強いしゅう雨あり．	82 激しいしゅう雨あり．	83 弱いしゅう雨のみぞれあり．	84 並または強いしゅう雨性のみぞれあり．	85 弱いしゅう雪あり．
90～94 観測時にはないが前1時間内に雷電あり． 95～99 観測時に雷電あり．	90 並または強いひょう，あられを伴ってもよい，雷鳴はない．	91 前1時間内に雷電があった，観測時に弱い雨あり．	92 前1時間内に雷電があった，観測時に強い雨あり．	93 前1時間内に雷電があった，観測時に弱い雪，みぞれ，水あられまたはひょう．	94 前1時間内に雷電があった，観測時に並または強い雪，みぞれ，氷あられまたはひょう．	95 弱または並の雷電，観測時に雨，雪またはみぞれを伴う．

注1：カッコ（　）の記号は「視界内」，右側の鈎カッコ）は「前1時間内」に現象があったこと
注2：雨雪などの記号が横に並ぶのは「連続性」，縦に並ぶのは「止み間がある」ことを表す．左

図7　地上で観測された現象を現在天気（WW）と

付録　2　天気図記入形式（地上・高層）　213

	6	7	8	9	コード	W_1, W_2
	06 空中広くじんあいが浮遊（風に巻き上げられたものではない）.	07 風に巻き上げられたじんあいあり.	08 前1時間内に観測所または付近の発達したじん旋風あり.	09 視界内には前1時間内に砂じんあらしあり.	0	雲量5以下.
	16 視界内に降水,観測所にはない, 5km未満.	17 雷電,観測時に降水がない.	18 前1時間内に観測または視界内にスコール.	19 前1時間内に観測または視界内にたつまき.	1	雲量5〜6.
	26 しゅう雪またはしゅう雪性のみぞれがあった.	27 ひょう,氷あられ,雪あられがあった,雨を伴ってもよい.	28 霧または氷霧があった.	29 雷電があった,降水を伴ってもよい.	2	全期間 雲量6以上.
	36 弱または並の地ふぶき,眼の高さより低い.	37 強い地ふぶき,眼の高さより低い.	38 弱または並の地ふぶき,眼の高さより高い.	39 強い地ふぶき,眼の高さより高い.	3	砂じんあらしまたは高い地ふぶき.
	46 霧または氷霧,空を透視できる,前1時間内に始まった,またはこくなった.	47 霧または氷霧,空を透視できない,前1時間内に始まった,またはこくなった.	48 霧,氷霧が発生中,空を透視できる.	49 霧,氷霧が発生中,空を透視できない.	4	霧・氷霧または濃煙霧.
	56 弱い着氷性の霧雨あり.	57 並または強い着氷性の霧雨あり.	58 霧雨と雨あり,弱.	59 霧雨と雨あり,並または強.	5	霧雨.
	66 弱い着氷性の雨あり.	67 並または強い着氷性の雨あり.	68 みぞれまたは霧雨と雪あり,弱.	69 みぞれまたは霧雨と雪あり,並または強.	6	雨.
	76 細氷,霧があってもよい.	77 霧雪,霧があってもよい.	78 単独結晶の雪あり.	79 凍雨あり.	7	雪またはみぞれ.
	86 並または強いしゅう雪あり.	87 雪あられまたは氷あられ,弱,雨かみぞれを伴ってもよい.	88 雪あられまたは氷あられ,並または強,雨かみぞれを伴ってもよい.	89 弱いひょう,雨かみぞれを伴ってもよい,雷鳴ない.	8	しゅう雨性降水.
	96 弱または並の雷電,観測時にひょう,雨かみぞれまたは雪あられを伴う.	97 強い雷電,観測時に雨,雨はみぞれを伴う.	98 雷電,観測時に砂じんあらしを伴う.	99 強い雷電,ひょう,氷あられまたは雪あられを伴う.	9	雷電.

を意味する．
側に付した縦線は「現象の強化傾向」，右側の縦線は「現象の衰弱傾向」を表す．

過去天気（W_1, W_2）として表す国際式記号（有人観測所）

付録 2 天気図記入形式（地上・高層）

（気象庁提供に加筆）

付録 2 天気図記入形式（地上・高層） 215

現在天気符号

	00	01	02	03	04	05	06	07	08	09	過去天気符号
00	重要な天気が観測されない	観測前1時間内に雲が消散するか又は薄くなっている	観測前1時間内に空模様全般に変化がない	観測前1時間内に雲が発生しているか又は発達している	煙霧又は煙、又ははもりが浮遊している（視程1km以上）	煙霧又は煙、又ははもりが発生している（視程1km未満）	(保留)	(保留)	(保留)	(保留)	0 重要な天気が観測されなかった
10 もや		11 細霧	12 濃い電光	13	14	15	16 (保留)	17 (保留)	18 スコール	19 (保留)	1 視程不良
20 霧があった		21 降水があった	22 霧雨又は霧雪があった	23 雨があった	24 雪があった	25 着氷性の霧雨又は着氷性の雨があった	26 雷電があった（降水を伴っても伴わなくても）	27 地ふぶき又は風じん	28 地ふぶき又は風じん（視程1km未満）	29 地ふぶき又は風じん（視程1km未満）	3
30 霧		31 霧又は氷霧が散在している	32 霧又は氷霧が観測前1時間内にうすくなっている	33 霧又は氷霧が観測前1時間内に変化はなかった	34 霧又は氷霧が観測前1時間内に始まった又は濃くなった	35 霧、霧氷発生中	36 (保留)	37 (保留)	38 (保留)	39 (保留)	3
40 降水		41 降水、弱又は並	42 降水、強	43 液体降水、弱又は並	44 液体降水、強	45 固体降水、弱又は並	46 固体降水、強	47 着氷性の降水、弱又は並	48 着氷性の降水、強	49 (保留)	4 降水
50 霧雨		51 霧雨、弱	52 霧雨、並	53 霧雨、強	54 着氷性の霧雨、弱	55 着氷性の霧雨、並	56 着氷性の霧雨、強	57 霧雨と雨、弱	58 霧雨と雨、並又は強	59 (保留)	5 霧雨
60 雨		61 雨、弱	62 雨、並	63 雨、強	64 着氷性の雨、弱	65 着氷性の雨、並	66 着氷性の雨、強	67 みぞれ又は霧雨と雷、弱	68 みぞれ又は霧雨と雷、並又は強	69 (保留)	6 雨
70 雪		71 雪、弱	72 雪、並	73 雪、強	74 凍雨、弱	75 凍雨、並	76 凍雨、強	77 霧雪	78 単独結晶の雪、霧があっても	79 (保留)	7 雪又は凍雨
80 しゅう雨又は観測前1時間内に止み間があった降水		81 しゅう雨又は観測前1時間内に止み間があった降水、弱	82 しゅう雨又は観測前1時間内に止み間があった降水、並	83 しゅう雨又は観測前1時間内に止み間があった降水、強	84 しゅう雨又は観測前1時間内に止み間があった降水、激しい	85 しゅう雪又は観測前1時間内に止み間があった降雪、弱	86 しゅう雪又は観測前1時間内に止み間があった降雪、並	87 しゅう雪又は観測前1時間内に止み間があった降雪、強	88 (保留)	89 ひょう	8 しゅう雨性の雨又は止み間のあった降水
90 雷電		91 雷電、弱又は並、降水は伴わない	92 雷電、弱又は並、しゅう雨、しゅう雪、及び/又はしゅう雪を伴う	93 雷電、弱又は並、ひょう及び/又は雷雪を伴う	94 雷電、強、降水は伴わない	95 雷電、強、しゅう雨、しゅう雪、雨及び雪を伴う	96 雷電、強、ひょうを伴う	97 (保留)	98 (保留)	99 竜巻	9 雷電

(注) 斜線の欄の符号は当面使用しない。雷電及び雹害に係わる部分は当面自動観測はされないため。

(気象庁提供)

図8 地上で観測された現象を現在天気と過去天気として表す国際式記号（無人観測所）

参考図書・通信講座案内

〔1〕 参考図書
● 入門的なもの
(1) 二宮洸三・新田尚・山岸米二郎 編：図解　気象の大百科，オーム社（1997）
(2) 新田尚 編著：誰でもできる気象・大気環境の調査と研究，オーム社（2005）
(3) 下山紀夫：天気予報のための天気図のみかた（CD-ROM 付），東京堂出版（1998）
(4) 二宮洸三：図解　気象の基礎知識，オーム社（2002）
(5) 田沢秀隆・土屋喬・饒村曜：天気のことがわかる本，新星出版社（1996）
(6) 白木正規：百万人のお天気教室，成山堂書店（1993）
(7) 小倉義光：お天気の科学，森北出版（1994）
(8) 新田尚 監修／土屋喬・成瀬秀雄・稲葉征男 共著：よくわかる天気図の読み方・考え方，オーム社（2000）
(9) 二宮洸三：気象がわかる数式入門，オーム社（2006）

● 本格的なもの
(10) 天気予報技術研究会 編／新田尚・立平良三 共著：最新天気予報の技術―気象予報士をめざす人に（改訂版），東京堂出版（2000）
(11) 天気予報技術研究会 編／新田尚・稲葉征男・古川武彦 共著：気象予報士試験　学科演習，オーム社（2000）
(12) 天気予報技術研究会 編／新田尚・土屋喬・成瀬秀雄・稲葉征男 共著：気象予報士試験　実技演習，オーム社（2002）
(13) 小倉義光：一般気象学（第2版），東京大学出版会（1999）
(14) 松本誠一：新総観気象学―大気を診断し予測する，東京堂出版（1987）
(15) 二宮洸三：気象予報の物理学，オーム社（1998）
(16) 股野宏志：天気予報のための大気と運動の力学，東京堂出版（1997）

(17) 気象業務支援センター：平成16年版気象業務法，気象業務支援センター（2004）
(18) 鈴木和史・藤田由紀夫・江上公：気象衛星画像の見方と利用，気象業務支援センター（1997）
(19) 気象業務支援センター：気象予報士試験・試験問題の解き方（増補版），気象業務支援センター（1995）
(20) 天気予報技術研究会 編：第1回気象予報士試験　模範解答と解説（1994），以後毎回発行，東京堂出版
(21) 新田尚 監修：合格の法則　気象予報士試験［学科編］，オーム社（2005）
(22) 新田尚 監修：合格の法則　気象予報士試験［実技編］，オーム社（2006）

● 気象学の用語集・事典

(23) 和達清夫 監修：最新　気象の事典，東京堂出版（1995）
(24) 日本気象学会 編：気象科学事典，東京書籍（1998）
(25) 二宮洸三・山岸米二郎・新田尚 共著：わかりやすい気象の用語事典，オーム社（1999）

〔2〕通信講座

　気象予報士試験の受験のための講習会・通信講座は，たとえば次のところで行っています．詳細はそれぞれに問い合わせてください．

株式会社　ハレックス
　〒141-0022　東京都品川区東五反田2-7-8（フォーカス五反田ビル）
　TEL. 03（5420）4300　FAX. 03（5420）4319　通信講座係

財団法人　気象業務支援センター
　〒101-0054　東京都千代田区神田錦町3-17（東ネンビル）
　TEL. 03（5281）0440　FAX. 03（5281）0445

全国教育振興会
　〒171-0021　東京都豊島区西池袋5-17-11
　TEL. 0120（339）505

練習問題の答えと解説

第 1 章　天気予報のしくみ

問題 1

正解：②

解説：「1.3〔2〕初期値の作成」で説明したとおりです．格子点の数が $2 \times 2 \times 1.5 = 6$ 倍になり，それだけ計算量が増えます．実際には，格子間隔を小さくする場合には，予測計算の時間間隔も小さくする必要もあり，また，より精密な物理過程を採用しなければならないなどのため，これ以上の計算量になります．

問題 2

正解：③

解説：「1.3〔4〕数値予報モデルの予想の限界」で説明したとおりです．稀な気象現象の予測の難しさは統計的な予想技術である「天気ガイダンス」の弱点です．

問題 3

正解：②

解説：「1.4〔3〕ブライアースコア」で説明したとおりです．降水確率予報では雨の降りやすい山沿い，降り難い平野部など，予報対象地域内の区別はしていません．「雨の対策」は必ずしも一律ではありません．

問題 4

正解：④

解説：「1.4〔2〕適中率とスレットスコア」で説明したとおりです．午前 5 時に発表した予報で「今日」といった場合は 06〜24 時が予報期間となります．06〜24 時の間に 1 mm 以上の降水が観測された地点は 7 か所であり，

適中率は 7/10 = 70％となります．

第 2 章　観測とその成果の利用

問題 1

正解：④

解説：「2.1〔4〕アメダス観測」で説明したとおりです．アメダス 4 要素以外の気象要素については，気圧や湿度の自動観測は全国約 110 か所の気象台や測候所で，視程の自動観測は全国約 50 か所の特別地域観測所で行われています．

問題 2

正解：③

解説：「2.2〔2〕ウィンドプロファイラー観測」で説明したとおりです．大気中の水蒸気が多いと電波の散乱が大きくなり，より高い高度まで観測できます．

問題 3

正解：①と④

解説：「2.3〔1〕気象レーダー観測の原理」で説明したとおりです．研究用には波長の短い電波を使って霧（地表に達した層雲）を観測するレーダーもありますが，電波の途中減衰が大きく探知範囲は狭くなります．また，通常は受信電力と降水強度の換算式は 1 つに固定されており，雨量計としての気象レーダーの限界の一因です．

問題 4

正解：②と③

解説：「2.4〔1〕世界の気象衛星」と「2.4〔3〕衛星画像」で説明したとおりです．静止気象衛星は赤道上空から観測しているので，高緯度ほど斜めから観測していることになり分解能は低くなります．また，水蒸気画像は対流圏中・上層における水蒸気量の多寡の判別ができます．

第3章　気象と地球の基礎知識

問題1

正解：①と⑤

解説：「3.2 大気における放射」で説明したとおりです．地球温暖化による海面水位の上昇は，海水温の上昇による海水の膨張も原因の1つと考えられています．また，北極の氷は海に浮かんでいるので融けても水位は変化しませんが，南極の氷は陸氷ですから，氷河が融けると水位が上がります．

問題2

正解：③と④

解説：「3.3〔2〕大気中の水蒸気」で説明したとおりです．大気中の水蒸気が昇華して氷の結晶ができる時には昇華の潜熱を放出して大気を暖めます．条件付不安定の条件とは，気塊が乾燥している（不飽和）か，飽和しているかをいいます．

問題3

正解：②

解説：「3.4〔2〕上空の大気の運動」で説明したとおりです．

地衡風速は $V = \{-1/(2\rho\Omega\sin\phi)\}(\Delta P/\Delta n)$ なので，それぞれに値を代入すると $V = \{-1/(2 \times 1 \times 7.29 \times 10^{-5} \times 0.5)\} \times \{(3 \times 10^2)/(200 \times 10^3)\} = -20.5 \text{ m/s}$

になります．単位をそろえることに注意してください．

ここで，答えの負の符号のことを考えて見ましょう．一般に座標軸は北方向と東方向を正，南方向と西方向を負に考えます．上の回答では ΔP を正としたので気圧は北（東）に行くほど高いことになります．一方，答えは負ですから東（北）風ということがわかります．つまり，気圧の高い方を右にみて風が吹いていることになります．逆に ΔP を負とすると気圧は南（西）にいくほど高く，答えは正で西（南）風となり，気圧の高い方を右にみて風が吹いていることを示します．地衡風に矛盾していないことがわかります．

練習問題の答えと解説

第4章 さまざまな気象現象

問題1

正解：②と⑤

解説：②が間違っている例として挙げることができるのは，図4.14下でみた1 hPaの平均天気図（1月）で波数2の波がみられることです．このように超長波は超高層で観測されやすいものです．一方，温帯低気圧（長波）よりも短い波長に対応する台風によって発生する災害の激しさは周知であり，⑤の記述の間違いは明らかです．通常，現象のスケールと鉛直流は反比例するといわれており，それに伴う現象もスケールが小さいほど強いと考えられます．

問題2

正解：①と⑤

解説：好晴積雲は接地境界層における平均的な水蒸気量によって雲底高度が決まるといわれているので①は誤り．「雲底高度はほぼ同じ」が正解です．一方，陸風の鉛直方向に及ぶ範囲は海風の1/10程度といわれているので，⑤は間違いです．

問題3

正解：③と⑤

解説：③にある「1年程度の気候変動」は，30年間の統計的な値に埋没すると考えられるので間違いということになります．⑤は太平洋東部の海水温が高くなる現象であるから間違いであることは明らかです．

第5章 天気予報

問題1

正解：①

解説：①は，予報の修正が必要となったときは，随時に発表するので誤りです．他は，すべて正しい記述です．

問題 2
正解：すべて正しい
解説：週間天気予報は期間後半には，予報精度が落ちます．また，予報の日替わりが起こることがあり，発表したときの予報の確からしさを示したり，気温予報では予報誤差幅をつけたりしています．

問題 3
正解：①と④
解説：①は，6か月予報が間違いで，他に6～8月を対象とした暖候期予報と12～2月を対象とした寒候期予報があります．④は予報区の数が誤りです．地方季節予報は全国を11（北海道，東北，関東甲信，北陸，東海，近畿，中国，四国，北九州，南九州，沖縄）の地方に分けて発表しています．

問題 4
正解：③
解説：警報や注意報の基準は，地域ごとに，災害の規模と気象現象の強度との関連を調査し，地域の地方自治体などと協議して決められているので，全国一律ではありません．

第6章 実技試験対策
問題 1
正解：②
解説：赤外画像で白い雲は雲頂温度が高く（①），可視画像で白いのは厚い雲か雲粒子が密な雲（②）です．水蒸気画像では，大気の中・上層における水蒸気量を表し，黒い領域は乾燥，白い領域は水蒸気量が多いところ（③）です．④は下層雲を表しますが，霧と断定はできません．霧と層雲の違いは雲底が地上に届いているがどうかの違いだけですから，宇宙から観測する気象衛星の資料から判断することは不可能です．⑤は上層雲の特徴を表していますが，地上気象観測でいう10種の雲形すべてを衛星画像から判断することはできません．上層雲である巻雲系の雲を詳細に判別することは不可能なのです．したがって，②以外はすべて誤った記述です．

問題 2

正解：⑤

解説：湿潤断熱減率よりも大きく，乾燥断熱減率よりも小さい気温減率を持つ空気は「条件付不安定」です．この場合，空気が乾燥していれば（不飽和）「安定」，飽和していれば「不安定」です．他はすべて正しい記述です．

問題 3

正解：①と③

解説：温帯低気圧の前面には温暖前線があり，その傾斜は緩く，低気圧の中心から 150 km くらい離れていても，曇天や降水が観測されることがあるので，この文章は間違いです．また，温暖前線の通過に際しても，典型的な寒冷前線の通過時と同様に，強雨が観測されることがあるので，この文章は間違いです．他はすべて正しい記述です．

問題 4

正解：①

解説：等圧線の形状が円形であっても，地表摩擦効果によって，等圧線を切る流れとなるので，低気圧性の風となって台風の中心に向かう収束流となります．他はすべて正しい記述です．

索 引

■ あ 行 ■

暖かい雨　105
アメダス　38
アメダス観測　38
暗　域　149
アンサンブル予報　24

異常気象　110
位置エネルギー　93
位置エネルギーの大きさ　92
一般知識のポイント　198
移動性高気圧　90

ウィンドプロファイラ観測　41
ウィンドプロファイラ観測の
　しくみ　42
渦　度　83, 84
海　風　102
雨量計としての気象レーダー　46
雲形の判別　145
運動エネルギー　92
運動方程式　21
運輸多目的衛星　51
雲粒の生成　103
雲粒の成長　104

エクマン境界層　82
エマグラム　150
エマグラムでみる対流雲の生成　153
エマグラムにおける鉛直安定性　152
エルニーニョ現象　111
遠心力　81

鉛直安定度　72, 151
鉛直シアー　86

オゾン層　62
尾根線　92
オープンセル型　100
温　位　75
温室効果　67
温室効果気体　110
温帯低気圧　90, 162
温帯低気圧と前線　93
温帯低気圧の発達　94
温帯低気圧の発達段階　145
温暖型の閉塞前線　95
温度風　86

■ か 行 ■

開細胞型　100
解析雨量　54
解析図　155
解像度　20
ガイダンス　124
海陸風　101
カオス　24
確率予報　12
下降流　84
可視画像　52, 145
風の観測　35
学科試験の傾向と対策　198
学科試験の試験科目　197, 199
カテゴリー予報　12
花粉情報　12
空振り率　27

索 引

カルマンフィルター　*16*, *124*
寒候期予報　*127*
乾燥断熱減率　*72*
観測データの品質管理　*17*
寒冷渦　*171*
寒冷型の閉塞前線　*95*
寒冷低気圧　*171*
寒冷低気圧の温度構造　*173*

気圧傾度力　*77*
気圧の観測　*35*
気圧の谷線　*92*
気温の観測　*35*
気温の断熱減率　*71*
気候変動　*108*
気象衛星画像　*52*, *144*
気象衛星観測　*49*
気象観測データの収集と処理　*13*
気象関連情報の提供と利用　*136*
気象関連情報の伝達と利用　*137*
気象業務支援センター　*4*
気象現象の大きさと寿命による分類　*14*
気象現象の解析　*14*
気象災害　*127*
気象災害の種類　*129*
気象情報　*132*
気象情報伝送処理システム　*13*, *14*
気象資料総合処理システム　*13*
気象資料の流れ　*136*
気象ドップラーレーダー　*48*
気象に関連する情報　*132*
気象予報士試験　*196*
気象予報士試験のための勉強　*6*
気象予報士の位置づけ　*3*
気象予報士の仕事　*2*
気象レーダー観測　*44*
気象レーダーの原理　*45*

気象レーダーの探知範囲　*46*
気象レーダー配置図　*44*
季節予報　*11*, *125*, *127*
気体の状態方程式　*21*, *68*
輝度温度分解能　*51*
客観的予報技術　*17*
極軌道気象衛星　*50*
局地天気図　*157*
記録的短時間大雨情報　*133*

空間スケール　*14*
空間分解能　*51*
雲粒の生成　*103*
雲粒の成長　*104*
雲の観測　*37*
クローズドセル型　*100*

傾圧帯　*93*
傾圧不安定　*89*
傾圧不安定波　*90*
傾圧不安定波の鉛直構造　*91*
傾度風　*81*
警報　*130*
警報・注意報の種類と内容　*131*

航空機による観測　*43*
黄砂情報　*12*
格子点値　*4*, *20*
洪水予報　*133*
降水エコーの鉛直分布　*47*
降水確率予報　*28*
降水確率予報の精度評価　*29*
降水過程　*103*
降水短時間予報　*120*
降水ナウキャスト　*11*, *16*, *120*
降水量の観測　*36*
降雪の深さの観測　*36*
高層気象観測（網）　*39*, *40*

高層天気図　155
国際気象通信網　13
国際10種雲形　37
コリオリの力　78
混合比　70

■　さ　行　■

細分地域　141
細胞状の対流雲　99
さまざまな気象現象　87
サーミスター温度計　40

ジェット気流　85
紫外線情報　12
時間スケール　14

シークラッター　47
シスク　97
実技試験の概要　5
実技試験の鍵　144
実技試験の科目と概要　203
実技試験の傾向と対策　202
実技試験の試験科目　197
実況（観測）図　144
湿潤断熱減率　72
湿　数　70
湿度の観測　35
視　程　38
自動観測　34
週間天気予報　11，125
収　束　83
自由大気　82
自由対流高度　154，155
主観的予報技術　17
準2年周期振動　106
上空の大気の運動　80
条件付き不安定　153
上昇流　83，84

初期値　20，160
初期値の作成　19
ショワルター安定指数　155
シーロメーター　37

水蒸気画像　53，149
水平シアー　84
数値解析予報システム　13
数値予報　205
数値予報技術　15
数値予報計算　18
数値予報の実際　17
数値予報の資料　160
数値予報の手順　21
数値予報モデル　18
数値予報モデルの予想の限界　23
筋状の雲　99
スレットスコア　26，27

静止気象衛星　49
成層圏　62
成層圏と中間圏内の運動　105
静電容量変化型空ごう気圧計　40
静電容量変化型湿度計　40
精度の評価　28
静力学の式　69
世界の大雨　58
世界の気象衛星　49
積雲対流　98
赤外画像　52，54，145
積雪の深さの観測　36
積乱雲発生の模式図　154
絶対安定　152
絶対不安定　151
接地境界層　82
前線帯　93
洗濯指数　12
潜　熱　71

索　引

専門知識のポイント　200

層　厚　92
相対湿度　70
相当温位　75, 76
相変化　71

■　た　行　■

大気境界層　82
大気現象の観測　38
大気状態の表し方　144
大気中の水蒸気　70
大気中の水蒸気量の表わし方　70
大気における放射　63
大気に働く力　77
大気の運動の規模　88
大気の鉛直安定度　72, 151
大気の構造　60
大気の状態を読む　161
大気の静的安定度　72
大気の熱力学　68
大気の力学　77
第2種条件付不安定　97
台　風　95, 178
台風域内の降水量　98
台風情報　133
台風の大きさ　184
台風の強さ　184
台風の発達　148
台風の発達段階　145
台風の眼　97
台風予報　135
太陽放射　64
対流雲列　99
対流圏　61
対流圏内の大規模運動　88
対流圏内の中小規模運動　95
対流不安定　74

暖候期予報　127
断熱減率　71

地域時系列予報　117
地球温暖化　67, 110
地球温暖化予測情報　11
地球大気による放射の吸収　66
地球大気の鉛直構造　61
地球の熱収支　66
地球放射　64
地形エコー　47
地上気象観測　34
地上気象観測値時系列図　160
地上気象観測測器　35
地上低気圧の発達と雲パターン　147
地上天気図　156
地衡風　80
地表付近の風　82
地方天気分布予報　120
地方予報区　138
注意報　130
注意報の種類と内容　131
注意報や警報の精度の評価　28
中間圏　63
中間圏内の運動　105
中期予報　125
中　立　153
長期予報　11
超長波　88
長　波　89

冷たい雨　105

提供形態　136
適中率　26, 27
天気ガイダンス　16
天気図記入形式　209
天気（短期）予報　116

天気翻訳技術　15
天気予報　115
天気予報の技術　15
天気予報のしくみ　9, 12
天気予報の始まり　10
天気俚諺　11

土砂災害警戒情報　132
突然昇温　106
ドップラー効果　41
ドライスロット　146
トラフライン　92

■　な　行　■
ナウキャスト技術　16

日照時間の観測　36
日射量の観測　36
日本の大雨　58
日本付近の気団　93
ニューラルネットワーク　16, 124

熱　圏　63
熱帯低気圧の鉛直断面図　97
熱帯低気圧の発生域　96
熱対流　98
熱力学第一法則　69
熱力学方程式　21

ノッチ　146

■　は　行　■
梅雨前線　185
発　散　83
反射量分解能　51
半年周期振動　108

ひまわり6号　50

ひまわり6号の性能　51
ビヤークネス　15
氷晶の生成　103
氷晶の成長　104

府県天気予報　117
物理過程　21
ブライアースコア　28
ブライアースコアの計算　29
分解能　20
分割表　26

平均誤差　26
閉細胞型　100
変曲点　146

防災気象情報　127
防災気象情報の主な伝達経路　137
放射についての法則　63
放射平衡温度　64
方程式系　21
保存式　21

■　ま　行　■
毎時大気解析　55
毎日の予報　11

水の相変化　71
見逃し率　27

明　域　149

持ち上げ凝結高度　154, 155

■　や　行　■
予想値　161
予測計算の方法　22
予報技術の評価　30

索　引   229

予報業務とその許可　*2*
予報誤差　*25*
予報精度の評価　*25*

■　ら　行　■

ラジオゾンデ観測　*39*
ラニーニャ　*112*

陸風　*102*
離散化　*19*
リチャードソン　*15*
リチャードソンの夢　*15*
リッジライン　*92*
リモートセンシング技術　*13*

レーウィンゾンデ　*41*
レーダーエコー　*47*
レーダーエコー合成図　*47*, *48*, *150*

露点温度　*70*

■　わ　行　■

惑星としての地球大気　*60*

■　アルファベット・数字　■

AMeDAS　*38*
Automated Meteorological Data Acquisition System　*38*

Brier Score　*29*
BS　*29*

CAPE　*154*, *155*
CIN　*154*
CISK　*97*

Convective Available Potential Energy　*154*, *155*
Convective Inhibition　*154*
Conditional Instability of Second Kind　*97*

GPSゾンデ　*41*
GPV　*4*, *20*
Grid Point Value　*4*, *20*

IR1　*52*
IR3　*53*
IR4　*54*

KLM　*124*

LCL　*154*, *155*
LFC　*154*, *155*

NRN　*124*

QBO　*106*
Quasi-Biennial Oscillation　*106*

RMSE　*26*
Root Mean Squre Error　*26*

SSI　*155*

VIS　*52*

1か月予報　*127*
2乗平均平方根誤差　*26*
3か月予報　*127*

〈監修者略歴〉

新田　尚（にった　たかし）
1955年　東京大学理学部地球物理学科卒業
1965年　理学博士（東京大学）
1990年　気象庁予報部長
1992年　気象庁長官
1993年～2000年　東海大学教養学部特任教授
2000年～2006年　株式会社ハレックス相談役，顧問歴任

〈著者略歴〉

土屋　喬（つちや　たかし）
1961年　気象大学校卒業
現　在　株式会社ハレックス

田沢秀隆（たざわ　ひでたか）
1970年　気象大学校卒業
現　在　気象庁中部航空地方気象台
　　　　　　台長

市澤成介（いちざわ　じょうすけ）
1966年　気象大学校卒業
現　在　株式会社ハレックス気象担当
　　　　　　部長

- 本書の内容に関する質問は，オーム社出版部「(書名を明記)」係宛，書状またはFAX（03-3293-2824）にてお願いします。お受けできる質問は本書で紹介した内容に限らせていただきます。なお，電話での質問にはお答えできませんので，あらかじめご了承ください。
- 本書を発行するにあたって，内容に誤りのないようできる限りの注意を払いましたが，本書の内容を適用した結果生じたこと，また，適用できなかった結果について，著者，出版社とも一切の責任を負いませんのでご了承ください。
- 万一，落丁・乱丁の場合は，送料当社負担でお取替えいたします。当社販売管理部宛お送りください。
- 本書の一部の複写複製を希望される場合は，本書扉裏を参照してください。

JCLS ＜(株)日本著作出版権管理システム委託出版物＞

入門　気象予報士試験
よくわかる合格へのガイド

平成18年10月20日　第1版第1刷発行
平成19年5月30日　第1版第2刷発行

監修者　新田　尚
著　者　土屋　喬
　　　　田沢秀隆
　　　　市澤成介
発行者　佐藤政次
発行所　株式会社　オーム社
　　　　郵便番号　101-8460
　　　　東京都千代田区神田錦町3-1
　　　　電話　03(3233)0641（代表）
　　　　URL　http://www.ohmsha.co.jp/

© 新田　尚 2006

印刷　エヌ・ピー・エス　製本　協栄製本
ISBN4-274-20307-7　Printed in Japan

オーム社の気象関連実務書

数値予報の基礎知識
二宮洸三◆著　A5判・230頁

1日〜1週間の気象予報に必須の数値予報がしっかりわかる

　テレビの気象予報で紹介される予想天気図や降水量分布図は，数値予報の結果をもとに作られている．1日〜1週間の予報期間を対象とする短・中期気象予報の中心である数値予報に関して，その歴史的経緯から，実際のデータの利用・活用法までをていねいに解説した．現代の気象予報に必須でありながらブラックボックスとして扱われる数値予報を，実際に利用されている例を示し，具体的なイメージがわくようにまとめた一冊である．

気象がわかる数式入門
二宮洸三◆著　A5判・194頁

気象現象にかかわる数式を基礎からやさしく解説！

　気象分野で扱う数式の基礎について，公式の丸暗記ではなく気象現象と結びつけて理解できるように丁寧に解説している．基本単位，三角関数等のレベルから順を追って理解できる構成とし，数式に慣れていない文系の気象予報士試験受験者はもちろん，基礎的な数学を復習したい自然科学系の大学生にも理解できるようにまとめている．

図解　気象の基礎知識
二宮洸三◆著　A5判・240頁

これでわかる！気象の現象と数式

　初級〜中級の読者を対象に，気象現象の基礎的な事項について（日本に特有な現象を中心に），図表を豊富に用いて解説している．また，気象・気候を理解するには必須でありながら，初学者が理解しにくい気象現象の数式表現の意味を，図を用いてわかりやすく解説．既刊書「気象予報の物理学」，「気象がわかる数と式」よりも簡単な入門書としてまとめてあり，気象予報士試験の参考書としてもおすすめである．

誰でもできる　気象・大気環境の調査と研究
新田　尚◆編著　B5判・292頁

気象・大気環境に関連した気になる話題を自ら調べる方法を紹介

　最近は，従来の気象庁各種資料のみならず，インターネットをはじめさまざまなメディアを通して，各種の気象・環境情報が提供されている．本書では，気象・大気環境に関連した32テーマを取り上げ，基本的な解説をするとともに，テーマ・トピックを読者自らがインターネットなどを活用して，調査・研究し，立体的な知識を得るための指南書としてまとめている．また，さまざまなメディアの各種情報の活用法までを紹介している．

もっと詳しい情報をお届けできます．
※書店に商品がない場合または直接ご注文の場合は，右記宛にご連絡ください．

ホームページ http://www.ohmsha.co.jp/
TEL／FAX TEL.03-3233-0643　FAX.03-3293-6224